Web 前端学习笔记：HTML5+CSS3+JavaScript

杰瑞教育　组编

王　涛　杨延成　姜　浩　编著

机 械 工 业 出 版 社

本书以杰瑞教育前端课程大纲为基准，由浅及深地讲解了 Web 前端开发所需的知识。全书共 3 篇，涵盖了 HTML5、CSS3 以及 JavaScript 等多项技术，并提供学习视频，循序渐进地讲解每个知识点，同时每章均配有课堂案例与练习，让读者能够在学习的过程中进行实践操作，提高动手能力。本书可以帮助初学者顺利步入 Web 前端开发领域，也可作为开发人员的参考手册以及大中专院校与培训机构的教材。

图书在版编目（CIP）数据

Web 前端学习笔记：HTML5+CSS3+JavaScript / 王涛编著. —北京：机械工业出版社，2018.7

ISBN 978-7-111-60090-9

Ⅰ. ①W… Ⅱ. ①王… Ⅲ. ①超文本标记语言－程序设计 ②网页制作工具 ③JAVA 语言－程序设计 Ⅳ. ①TP312 ②TP393.092.2

中国版本图书馆 CIP 数据核字（2018）第 115579 号

机械工业出版社（北京市百万庄大街 22 号 邮政编码 100037）
策划编辑：丁 诚
责任编辑：丁 诚 王 荣
责任校对：张艳霞
责任印制：常天培
北京铭成印刷有限公司印刷
2018 年 7 月第 1 版・第 1 次印刷
184mm×260mm・19.75 印张・479 千字
0001－3500 册
标准书号：ISBN 978-7-111-60090-9
定价：69.00 元

凡购本书，如有缺页、倒页、脱页，由本社发行部调换

电话服务
服务咨询热线：（010）88361066
读者购书热线：（010）68326294
（010）88379203
封面无防伪标均为盗版

网络服务
机 工 官 网：www.cmpbook.com
机 工 官 博：weibo.com/cmp1952
教育服务网：www.cmpedu.com
金 书 网：www.golden-book.com

前　　言

HTML 诞生于 20 世纪 90 年代，它带来了 Web 行业的一片繁荣。而随着移动互联网时代的到来，HTML 的最新版本——HTML5 应运而生，它的出现颠覆了互联网开发的格局，取代了 Flash 插件在网页开发中的垄断地位，优化了移动互联网的体验，甚至颠覆了 Android、iOS 等手机软件。

为了帮助更多的读者进入移动互联网行业。杰瑞教育组织专业讲师团队，完成了此书的编写工作。杰瑞教育成立于 2011 年，专注于互联网人才培训领域，每年均为全国各地互联网企业输送优秀 IT 人才数千人。本书以杰瑞教育 Web 前端课程大纲为基准，结合杰瑞教育线下培训授课内容与课堂案例编写而成。

为保证学习效果，本书秉承“纯干货”的原则，帮助广大读者通过更精简的语言、更通俗的案例，学习更全面的知识体系。

本书特点

本书的特点主要体现在以下几个方面：

➢ 配套资源丰富。

为方便读者自学，本书随书附赠教学视频以及案例源代码等学习资源。

➢ 专业的技术支持服务。

为保证读者学习效果，杰瑞教育将为读者提供专业的技术支持服务，解决读者学习的后顾之忧。

➢ 专业的就业咨询服务。

对那些顺利完成本书学习任务，并达到相应技术要求的学员，杰瑞教育将有专业的就业导师团队，为广大读者在就业过程中遇到的问题提供就业咨询服务。

➢ 完善的知识体系。

本书讲授的所有知识内容，均来自杰瑞教育多年教学经验的积累，完全按照杰瑞教育 Web 前端课程教学大纲要求进行本书知识体系的编写。

➢ 每章均提供案例与习题。

本书在注重理论知识的同时，更加注重学员的动手实践能力，每章节均附有完整的章节案例与章节练习，帮助读者提高动手操作能力。

本书内容

本书分为 3 篇，共 18 章。

第 1 篇 HTML5（第 1～4 章）首先讲授的是 HTML5 的基础入门知识，紧接着是常见的块级标签与行级标签，最后详细地介绍了表格与表单的使用。

第 2 篇 CSS3（第 5～10 章）首先从 CSS3 的基础知识开始，讲解了 CSS 样式表与选择器的使用（包括 CSS3 新增选择器），并重点讲解了 CSS 中的各种属性以及 CSS3 的新属性，紧接着讲解了 CSS 中的盒模型、浮动、定位的相关知识，最后介绍移动开发、响应式与弹性布局。

第 3 篇 JavaScript（第 11～18 章）从 JavaScript 的语法基础开始，逐步讲解 JavaScript 中的变量与运算符、分支与循环、函数、BOM 与 DOM、数组与对象、正则表达式等相关知识点，并通过学习 JavaScript 面向对象来结束这一篇章的学习。这部分内容是全书的重点也是难点。

适合阅读本书的读者

- 希望学习并从事 Web 前端行业的初学者。
- 具有一定的工作经验但希望夯实基础知识的前端开发工程师。
- 相关专业大中专院校或培训学校的学生。
- 需要备课教材的大中专院校或培训学校的教师。
- 希望转入 Web 前端开发的其他软件工程师。

阅读建议

- 没有基础的读者应从第 1 章开始顺序阅读，尽量不要跳跃学习。
- 有一定工作经验的开发工程师可以根据需要选择所需章节阅读。
- 学练结合，将书中涉及的案例与练习亲自动手做一遍，会加深对内容的理解。
- 认真阅读书中的源代码，养成良好的编码习惯。
- 养成良好的自学习惯，这将对读者以后的发展至关重要。
- 提升解决问题的能力，学会利用网络资源解决问题。

本书作者

本书由王涛、杨延成、姜浩编写，姜浩、王翠英负责本书的资料与案例整理，杨延成负责全书的最后审定工作。

编　者

2018 年 1 月

目　　录

第 2 篇 CSS3

第3篇 JavaScript

第1篇　HTML5

第1章　HTML5学习概述

HTML 是 HyperText Markup Language（超文本标记语言）的缩写，它是用于创建网页的标准标记语言。HTML 使用标记标签来描述网页，由浏览器来解析，即使用 HTML 来建立 Web 站点，通过 Web 浏览器读取 HTML 文档，并以网页的形式显示出来。

欢迎各位读者步入 HTML5 的世界。本书将立足企业需求，从最基础的知识点讲解，一步步带领大家成为一名优秀的 HTML5 开发工程师。

本章学习目标：

- 了解 HTML 的发展历程及影响。
- 安装 HTML 的开发软件。
- 掌握 HTML 的基本结构与语法。

本章首先介绍 HTML5 的由来，HTML5 与 HTML4 的区别，然后介绍学习 HTML 前的准备工作，最后介绍 HTML5 的语法与结构，并完成一个简单的网页页面。

1.1　认识 HTML5

HTML5 是 HTML 最新的修订版本，2014 年 10 月由万维网联盟（W3C）完成标准制定。HTML5 是跨平台的，被设计为在不同类型的硬件（台式计算机、平板计算机、手机、电视机等）上运行的语言。

1.1.1　HTML 的发展历程

通俗来讲，HTML 就是网页的源代码，任何一个网页都是由一行行 HTML 代码编写而成的。

HTML 的第一个版本诞生于 20 世纪七八十年代，当时互联网没有普及，也没有专业的组织制定 HTML 规范。因此，那个时代 HTML 的发展非常混乱，并没有受到开发者的重视，更没有得到大幅度的发展，HTML 还是一门冷门的语言。

HTML 真正崛起是从 1998 年诞生的 HTML4.0 版本开始的，紧接着在 1999 年更新了 HTML4.01 版本。自 HTML4.01 版本以后，Web 世界经历了巨变。此时，被称为 BAT 三巨头的百度、阿里巴巴、腾讯等互联网企业相继崛起，标志着互联网时代的到来。

HTML5 是由 W3C（万维网联盟）于 2007 年正式立项的，直至 2014 年 10 月底，这个长达八年的规范终于制定完成并公开发布。

HTML5 将会取代 HTML4.01、XHTML1.0 标准，使网络标准满足互联网应用迅速发展的需求，为移动平台带来多媒体，推动 Web 进入新的时代。

1.1.2 HTML5 与 HTML4 的区别

除了本身的 HTML5 标记之外，广义的 HTML5 还包含 CSS3 与 JavaScript。由于 HTML5 设计的目的是在移动设备上支持多媒体，所以新的语法特征被引进以支持这一点，但是基本的标记语法并没有大的改变。下面列出 HTML4 与 HTML5 的主要区别。

1．语法简化

更简单的 doctype 是 HTML5 中众多新特征之一。在 HTML5 中，头部只需要写 <!DOCTYPE html>即可。HTML5 的语法兼容 HTML4 和 XHTML1，但不兼容 SGML。

2．新增语义化标签

新增加的语义化标签（如<header>、<footer>、<section>等）使得网页的可读性变得更高，也更加明确地表示出网页的结构，对于搜索引擎优化（SEO）有很大帮助。

3．新的媒体标签

新的<audio>和<video>标签可以用来嵌入音频文件和视频文件。这些标签的使用让网页播放音频、视频更加方便。

4．使用画布标签绘制图形

<canvas>标签具有绘图功能，通过与 JavaScript 脚本的搭配，可在网页上绘制图像。

5．新的表单设计

在 HTML5 中，表单增加了新元素，也为表单元素增加了许多新属性，让表单的使用更加便利。

6．废除了一些旧标签

HTML5 废除了一些标签，其中大部分为网页美化标签，如<center>、<font>、<tt>、<big>、<dir>、<marquee>、<frame>等。

1.2 学习 HTML5 前的准备工作

在开始编写 HTML5 网页之前，首先要准备好编写 HTML5 的操作环境和浏览器环境。本节介绍常用浏览器和常见的 HTML5 开发软件，以及如何创建一个 HTML5 页面。

1.2.1 常用浏览器介绍

浏览器是指可以显示网页服务器或者文件系统的HTML 文件（标准通用标记语言的一个应用）内容，并可以让用户与 HTML 文件交互的一种软件。浏览器可以解析 HTML 文件，它不会显示 HTML 标签，而是使用标签来解释页面的内容。

1．常用浏览器

1）**Internet Explorer** 是微软公司推出的一款网页浏览器。全称 Microsoft Internet Explorer（6 版本以前）和 Windows Internet Explorer（7、8、9、10、11 版本），简称 IE。在 IE7 以前，中文直译为“网络探路者”，但在 IE7 以后便直接称为“IE 浏览器”。IE9 和 IE10 支持部分 HTML5 技术。

2013 年 10 月 IE11（11.0.9600.16384）问世，由于 HTML5 标准规范于 2014 年 10 月公布，所以 IE11 不可能完全支持 HTML5 的所有技术。

2015年微软公司放弃IE浏览器，推出Microsoft Edge浏览器。Microsoft Edge浏览器在支持HTML5方面有了很大提高。

2）**Google Chrome**是由Google公司开发的一款网页浏览器。Google Chrome的特点是简洁、快速。由于Google Chrome拥有更强大的JavaScript V8引擎，使其拥有更快的解析和执行速度。2016年12月，Google Chrome把HTML5设为网页核心内容。

3）**Mozilla Firefox**中文俗称“火狐”（正式缩写为Fx或fx），是一个自由及开放源代码的网页浏览器，支持多种操作系统。它是在网页开发调试过程中常用的一款浏览器。

2．浏览器内核介绍

浏览器内核主要分成两部分：渲染引擎和JavaScript引擎。

1）渲染引擎负责获取网页内容（HTML、XML、图像等）、整理信息（如加入CSS等）以及计算网页的显示方式，然后输出至显示器或打印机。所有网页浏览器、电子邮件客户端及其他需要编辑、显示网络内容的应用程序都需要内核。浏览器内核的不同对于网页的语法解释也会有不同，所以渲染的效果也不同。

2）JavaScript引擎负责解析和执行JavaScript来实现网页的动态效果。

开始，渲染引擎和JavaScript引擎并没有区分得很明确，后来，JavaScript引擎越来越独立，内核就倾向于指渲染引擎。

常见的浏览器内核见表1-1。

表1-1 常见的浏览器内核

浏览器内核分类	常见浏览器	备注
Trident(IE内核)	IE浏览器、360安全浏览器、猎豹安全浏览器、傲游浏览器、百度浏览器、世界之窗浏览器、2345浏览器、搜狗高速浏览器等	其中部分浏览器的新版本是“双核”，甚至是“多核”，其中一个内核是Trident，然后增加一个其他内核
Gecko(Firefox内核)	Netscape6及以上版本，Mozilla Firefox、Mozilla SeaMonkey等	Gecko的特点是代码完全公开
Presto(Opera前内核)(已废弃)	Opera12.17及更早版本曾经采用的内核	Presto内核现已停止开发并废弃。Opera现已改用Google Chrome的Blink内核
Webkit(Safari内核,Chrome内核原型,开源)	Chrome、Apple Safari（Windows/Mac/iPhone/iPad）、Android默认浏览器等	Blink内核是一个由Google和Opera Software开发的浏览器排版引擎，作为Webkit的分支

1.2.2 常见的HTML5开发软件介绍

1．HBuilder

HBuilder是DCloud（数字天堂）推出的一款支持HTML5的Web开发软件。HBuilder主体是由Java编写的。它基于Eclipse，所以顺其自然地兼容了Eclipse的插件。

快是HBuilder的最大优势，通过完整的语法提示和代码输入法、代码块等，大幅提升HTML、JavaScript、CSS的开发效率。同时，它还包括最全面的语法库和浏览器兼容性数据。

2．Dreamweaver

Adobe Dreamweaver简称“DW”，中文名称“梦想编织者”，是美国MACROMEDIA公司（该公司成立于1992年，2005年被Adobe公司收购）开发的集网页制作和网站管理功能于一身的所见即所得网页代码编辑器。

3．WebStorm

WebStorm是JetBrains公司旗下一款JavaScript开发工具。目前，WebStorm被广大中国

JavaScript 开发者誉为“Web 前端开发神器”“最强大的 HTML5 编辑器”“最智能的 JavaScript IDE”等。

4．Notepad++

Notepad++是 Windows 操作系统下的一套文本编辑器，有完整的中文化接口并支持多国语言编写的功能（UTF8 技术）。

本书选择 HBuilder 进行讲解和开发。

1.2.3 创建第一个 HTML5 页面

首先要安装 HBuilder。下载地址为 http://www.dcloud.io/，下载后的安装文件为一个压缩包，解压到想要存放的目录，打开使用即可。

1）打开 HBuilder，单击“文件”→“新建”→“Web 项目”，如图 1-1 所示。

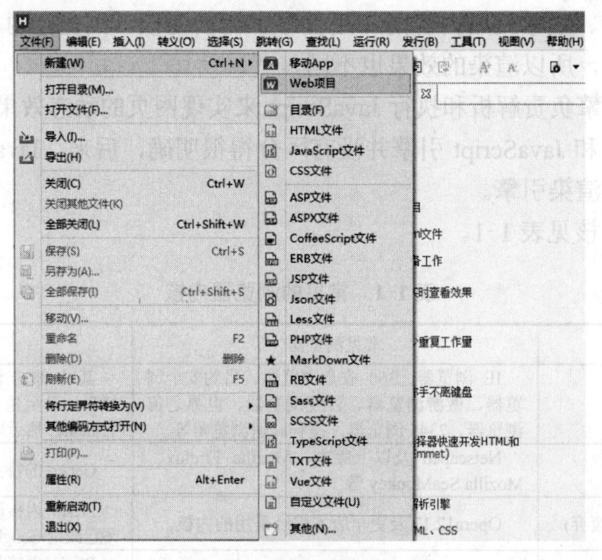

图 1-1 创建 Web 项目

2）在弹出的对话框中输入项目名称，如 HelloWorld，再单击“浏览”按钮，选择项目存放位置，单击“完成”按钮，如图 1-2 所示。

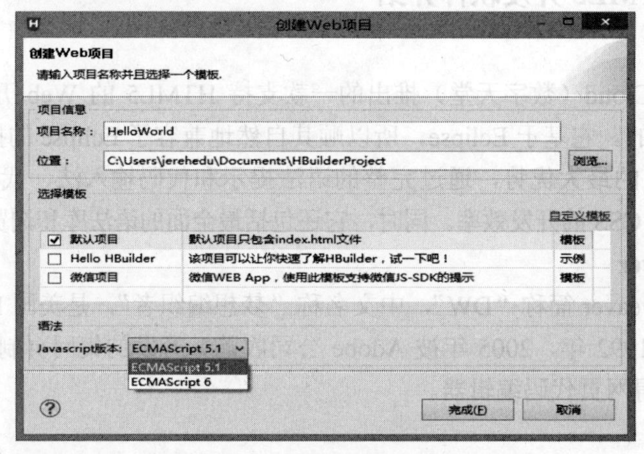

图 1-2 设置项目信息

3）创建完成后会在 HBuilder 窗口左侧显示出刚刚创建的项目，具体项目结构如图 1-3 所示。

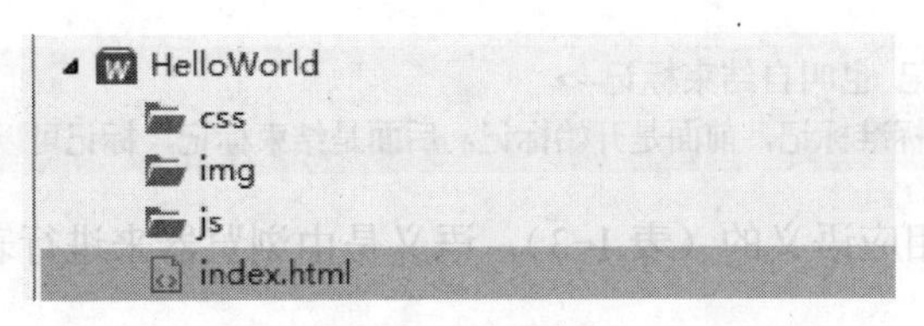

图 1-3　项目结构

项目结构包含的文件夹说明见表 1-2。

表 1-2　默认项目结构说明

文件或者文件夹	作　用
css	用来存放项目中所用到的样式表(css)文件
img	用来存放项目中所用到的图片资源文件
js	用来存放项目中所用到的 JavaScript 脚本文件
index.html	默认创建的 html 文件

这几个文件夹及文件是 HBuilder 默认创建的，后续可以根据项目实际情况进行增加或者删除相应文件及文件夹。

双击打开 index.html，文件中有一段默认代码，此时就完成了一个基础的 Web 项目的创建。默认代码如下：

```
<!DOCTYPE html>
<html>
    <head>
        <meta charset="utf-8" />
        <title></title>
    </head>
    <body>
    </body>
</html>
```

1.3　HTML5 的语法与结构

HTML5 作为一门语言，它具有自己的结构和语法，主要是用标签来组织。本节对 HTML5 文档结构及部分标签进行相应说明。

1.3.1　HTML5 的语法

学习一门语言的重点，就是学习这门语言的基本语法。当然学习 HTML5 也不例外，HTML5 由一个个标签组合而成，标签又有自己的属性和属性值，接下来进入正题。

1．HTML5 标签

标签是 HTML5 最基本单位和最重要的组成。使用“<”和“>”括起来，标签都是闭合的（规范）。标签分为单标记和双标记，单标记只有起始标记而没有结束标记，双标记是成对的开始标记和结束标记，基本语法如下：

```
<hr/>   <!--单标记 也叫自结束标记-->
<title></title> <!--标准标记，前面是开始标记，后面是结束标记，标记可以嵌套，但不能交叉嵌套-->
```

HTML5 标签是有相应语义的（表 1-3），语义是由浏览器来进行表现。

表 1-3　部分 HTML5 标签

HTML5 标签	作　用	HTML5 标签	作　用
<html>	定义 html 文档	<body>	定义文档体 body
<head>	定义文档头信息	<title>	定义文档的标题
<a>	html 链接标签	<img>	html 图像标签
<div>	html 层	<table>	定义 html 表格
<tr>	定义表格行	<td>	定义表格列
<form>	html 表单标签	<input>	定义表单的输入域

2．HTML5 标签属性

标签属性是标签的一部分，用于包含额外的信息。一个标签中可以有多个属性，并且属性和属性值成对出现，基本语法如下：

```
<img src="../image/a.png" width="100" height="100"/>
<!-- 结构是 属性名="属性值" -->
```

3．HTML5 文档注释

注释是对文档的解释，浏览器不会对注释内容进行解析并呈现到页面上，只有查看 HTML5 文件源代码时才会看到注释，基本语法如下：

```
<!--  这是 HTML5 注释-->
```

1.3.2　HTML5 的文档结构

HTML5 文件均以<html>标记开始，以</html>标记结束。一个完整 HTML5 文件包含头部和主体两个部分的内容，在头部标记<head></head>里可以定义标题、样式等，文档的主体<body></body>中的内容就是浏览器要显示的信息。

HTML4.01 之前的文档声明，语法结构如下：

```
<!DOCTYPE html PUBLIC "-//W3C//DTD HTML 4.01//EN"
"http://www.w3.org/TR/html4/strict.dtd">
```

HTML5 已经对文档声明进行了简化，语法结构如下：

```
<!DOCTYPE html>
```

HTML5 文档的基本结构，代码示例如下：

```
<!DOCTYPE html>
<html>
    <head>
        <meta charset="utf-8" />
        <title>我的第一个网页</title>
    </head>
    <body>
        Hello World!
    </body>
</html>
```

注意：页面中必须有文档声明，而且必须在文档页面的第一行！

1．头部内容

<head>标签用于表示网页的元数据，即描述网页的基本信息。其中主要包含以下标签：

1）<title>标签用于定义页面的标题，是成对标记，位于<head>标签之间。

2）<meta>标签用于定义页面的相关信息，为非成对标记，位于<head>标签之间。

3）<meta>标签可以描述页面的作者、摘要、关键词、版权、自动刷新等页面信息。

下面具体介绍<meta>标签的常用属性：

1）charset 属性：设置文档的字符集编码格式。

HTML5 中设置字符集编码，基本语法如下：

```
<meta charset="UTF-8">
```

HTML4.01 之前的文档设置字符集编码，基本语法如下：

```
<meta http-equiv="Content-Type" content="text/html; charset=UTF-8" />
```

常见的字符集编码格式包括 GB2312、GBK、UTF-8 等。

GB2312 是国标码，简体中文。GBK 是扩展的国标码。UTF-8 是一种针对 Unicode 的可变长度字符编码，也称万国码（常用）。

2）http-equiv 属性：将信息写给浏览器看，让浏览器按照这里面的要求执行，可选属性值有 Content-Type（文档类型）、refresh（网页定时刷新）、set-cookie（设置浏览器 cookie 缓存），需要配合 content 属性使用。http-equiv 属性只是表明需要设置哪一部分，具体的设置内容需要放到 content 属性中。

基本语法如下：

```
<meta http-equiv="Content-Type" content="text/html; charset=UTF-8" />
```

3）name 属性：将信息写给搜索引擎看。使用方法同 http-equiv 属性。

常用的属性值有 author（作者）、keywords（网页关键字）、description（网页描述），它们在网页中必不可少。

基本语法如下：

```
<!--作者-->
<meta name="author" content="http://www.jredu100.com" />
```

```
<!--网页关键字：多个关键字用英文逗号分隔-->
<meta name="keywords" content="HTML5,网页,Web 前端开发" />
<!--网页描述：搜索网站时，title 下面的解释文字。-->
<meta name="description" content="这是我在杰瑞教育开发的第一个网页。" />
```

使用<link>标签可以加载一个图片作为网页图标。<link>标签有如下属性：

1）rel 属性：声明被链接文件与当前文件的关系，此处选 icon。

2）type 属性：声明被链接文件的类型，可以省略。

3）href 属性：表示图片的路径地址。

基本语法如下：

```
<link rel="icon" type="image/x-icon" href="img/icon.jpg" />
```

运行代码，在网页标签中的标题文字前显示一个小图片，这就是网页的图标。效果如图 1-4 所示。

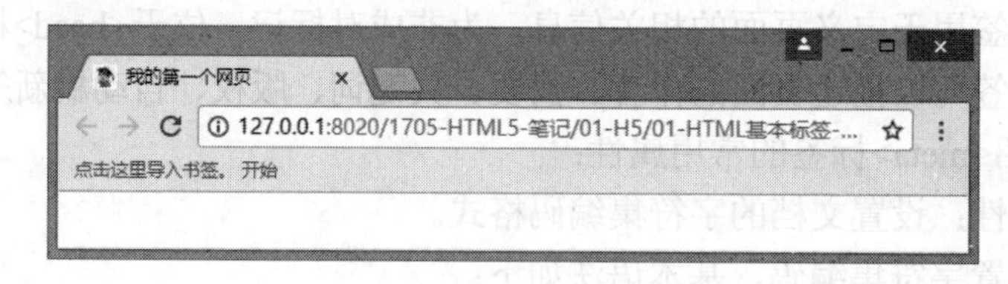

图 1-4　网页图标

2．主体内容

标记<body></body>包含文档所有的内容，如文字、图像、表格、表单等元素。例如，在<body>中使用语义化标记设计网页，基本语法如下：

```
<body>
    <header>网站主题</header>
    <nav>连接菜单</nav>
    <article>
        主内容
        <section>
            章节段落
        </section>
    </article>
    <aside>侧边栏</aside>
    <footer>页脚</footer>
</body>
```

1.4　章节案例：开始我的第一个网页

根据本章所讲述的 HTML5 的语法与结构，完成一个简单的网页，需要包含头部的各种信息以及主体部分的语句。我的第一个网页如图 1-5 所示。

图 1-5　我的第一个网页

【案例代码】

```
<!DOCTYPE html>
<html>
    <head>
        <meta charset="utf-8" />
        <meta name="keywords" content="杰瑞教育,HTML5,网页开发" />
        <meta name="description" content="这是我开发的第一个网页！" />
        <title>我的第一个网页</title>
        <link rel="icon" href="img/icon.jpg"/>
    </head>
    <body>
        欢迎来到 HTML5 的奇幻世界！
    </body>
</html>
```

【章节练习】

1．写出 HTML5 文档的基本结构。

2．写出<head>中常用的标签：______、______、______。

3．补全下列为网页添加图标的代码。

```
<_____ rel="_____" _____="img/icon.jpg" />
```

4．列举常见的字符集编码格式：______、______、______。

5．列举<meta>标签的常用属性代码。不少于 3 句。

第2章　HTML5常见的块级标签和行级标签

文字和图像作为传达信息的两种常用方式，在网页内容中占有很大比例，因此网页的设计排版就显得尤为重要，合理的排版可以提高网页的可读性，方便用户找到所需的信息。

本章学习目标：

- 掌握常见的块级标签。
- 掌握常见的行级标签。
- 掌握行级标签与块级标签的区别。
- 了解 HTML5 的新增标签。

通过本章的学习，可以大大提高网页代码编写时的规范性，有利于形成良好的 HTML5 书写以及操作规范。

2.1　常见的块级标签

块级标签，顾名思义，此类标签在网页中显示为块。块级标签一般独占一行，新的块级标签将从新的一行开始排列，它可以容纳内联元素和其他块级元素。

2.1.1　<h1></h1>…<h6></h6>：标题标签

标题标签的作用是设置段落标题的大小，共设置了 6 级，从 1 级到 6 级每级标题的字体大小依次递减。

基本语法如下：

```
<h1>标题文字</h1>
```

代码示例如下：

```
<!DOCTYPE html>
<html>
    <head></head>
    <body>
        <h1>h1 标题标签</h1>
        <h2>h2 标题标签</h2>
        <h3>h3 标题标签</h3>
        <h4>h4 标题标签</h4>
        <h5>h5 标题标签</h5>
        <h6>h6 标题标签</h6>
    </body>
</html>
```

效果如图 2-1 所示。

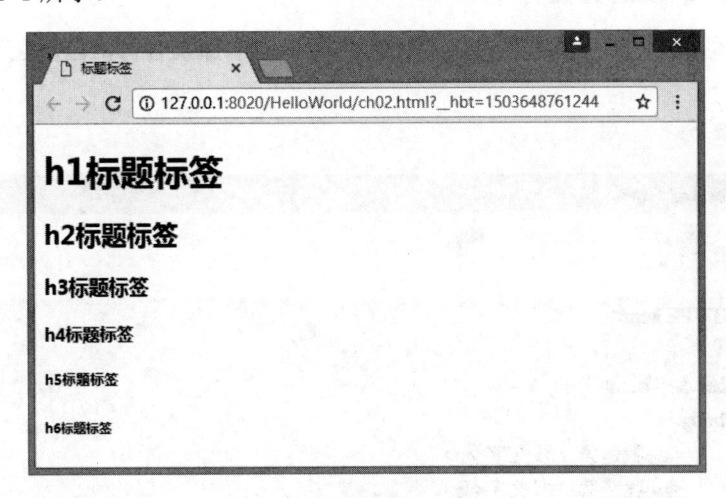

图 2-1　设置标题大小效果

2.1.2　<hr/>：水平线标签

水平线标签的作用是添加水平分隔线，让页面更容易区分段落。

基本语法如下：

```
<hr/>
```

代码示例如下：

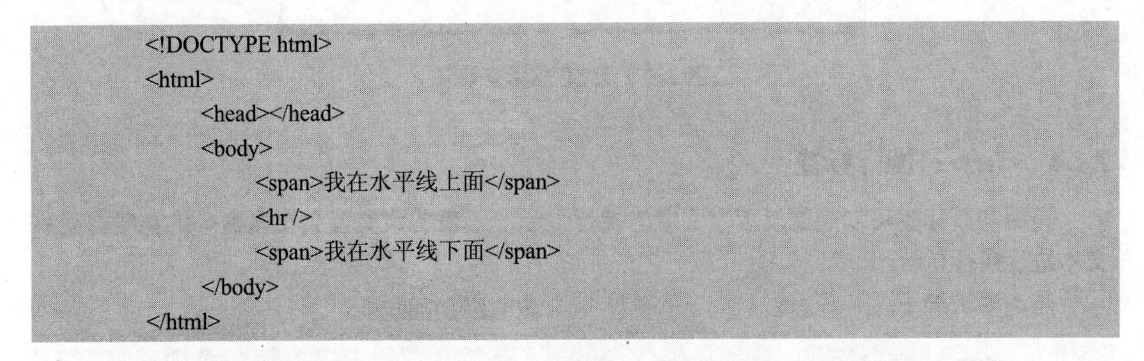

```
<!DOCTYPE html>
<html>
    <head></head>
    <body>
        <span>我在水平线上面</span>
        <hr />
        <span>我在水平线下面</span>
    </body>
</html>
```

效果如图 2-2 所示。

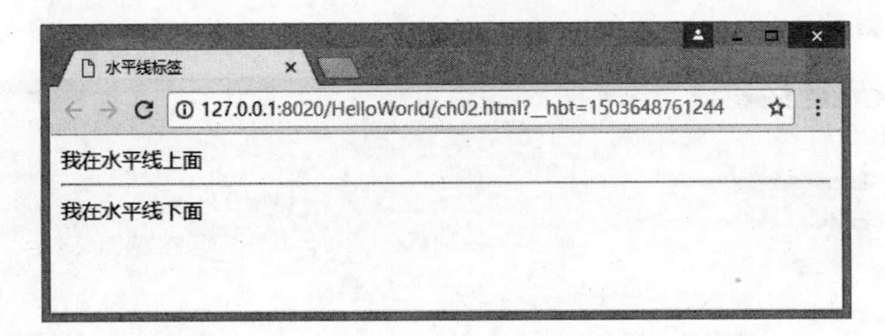

图 2-2　设置水平线效果

2.1.3 <p></p>：段落标签

使用段落标签可以区分段落，不同的段落间会自动增加换行符，段落上下方各会有一个空行的间隔。

基本语法如下：

```
<p>段落文字</p>
```

代码示例如下：

```
<!DOCTYPE html>
<html>
    <head></head>
    <body>
        <p>我是第一段文字</p>
        <p>我是第二段文字</p>
    </body>
</html>
```

效果如图 2-3 所示。

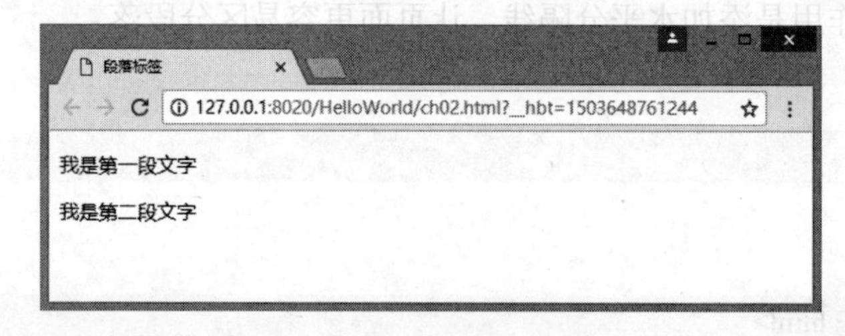

图 2-3　设置段落标签效果

2.1.4
：换行标签

使用换行标签可以控制段落中文字的换行显示。一般的浏览器会根据窗口的宽度自动将文本进行换行显示。

基本语法如下：

```
<br/>
```

代码示例如下：

```
<!DOCTYPE html>
<html>
    <head></head>
    <body>
        <p>
            我是第一段文字<br />
            我是第二段文字
        </p>
```

```
    </body>
</html>
```

效果如图 2-4 所示。

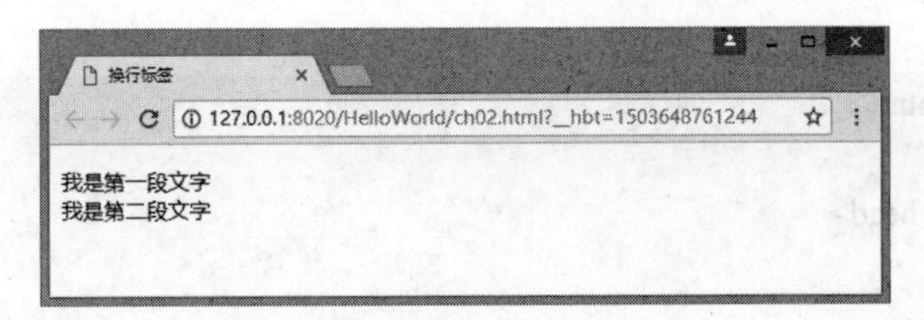

图 2-4　设置换行标签效果

2.1.5　<blockquote></blockquote>：引用标签

使用引用标签来表示引用的文字，同时会将标签内的文字缩进显示。其 cite 属性表明引用的来源，一般表明引用网址。

基本语法如下：

```
<blockquote cite=" http://www.jredu100.com">引用的文字</blockquote>
```

代码示例如下：

```
<!DOCTYPE html>
<html>
    <head></head>
    <body>
        第一段参考文字
        <blockquote>引用的文字</blockquote>
        第二段参考文字
    </body>
</html>
```

效果如图 2-5 所示。

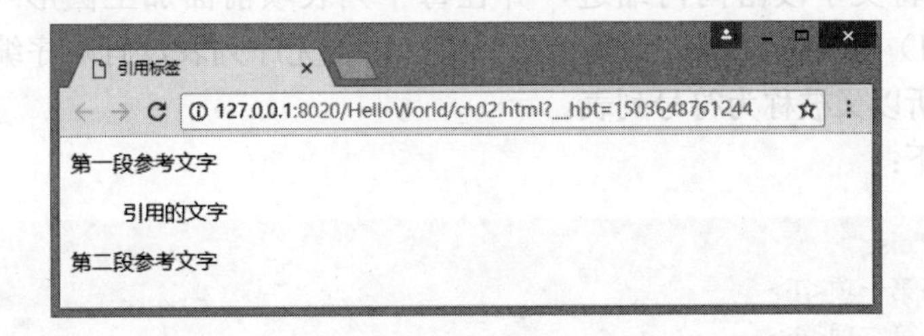

图 2-5　添加引用标签的文字产生缩进效果

2.1.6　<pre></pre>：预格式标签

预格式标签可以将文字按照原始的排列方式进行显示。

基本语法如下：

```
<pre>需要按原格式显示的文字</pre>
```

代码示例如下：

```
<!DOCTYPE html>
<html>
    <head></head>
    <body>
        <pre>
    *
   ***
  *****
 *******
*********
        </pre>
    </body>
</html>
```

效果如图 2-6 所示。

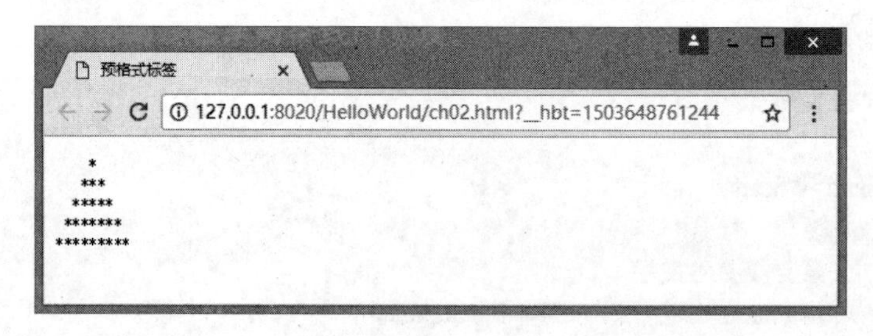

图 2-6　在预格式标签内画出的等边三角形效果

2.1.7　<ul><li></li></ul>：无序列表标签

无序列表是将文字段落向内缩进，并在每个列表项前面加上圆形（●）、空心圆形（○）或方形（■）等符号，以达到醒目的效果。由于无序列表没有顺序编号，而是采用项目符号的形式，所以又被称为符号列表。

基本语法如下：

```
<ul type="disc">
    <li>第一项</li>
    <li>第二项</li>
    <li>第三项</li>
</ul>
```

代码示例如下：

```
<!DOCTYPE html>
```

```
<html>
    <head></head>
    <body>
        <ul type="disc">
            <li>鼠标</li>
            <li>键盘</li>
            <li>显示器</li>
        </ul>
        <ul type="circle">
            <li>鼠标</li>
            <li>键盘</li>
            <li>显示器</li>
        </ul>
        <ul type="square">
            <li>鼠标</li>
            <li>键盘</li>
            <li>显示器</li>
        </ul>
</body>
</html>
```

效果如图 2-7 所示。

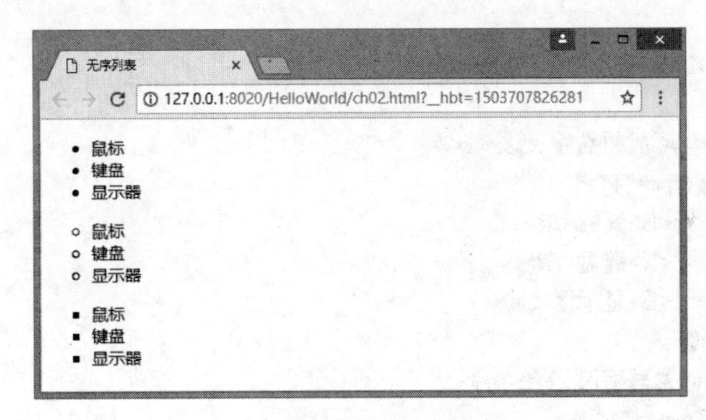

图 2-7　无序列表效果

2.1.8　<ol><li></li></ol>：有序列表标签

有序列表是将文字以特定的顺序来进行排列，每个列表项会向内缩进，并且它们之间以编号来标记，比如 1、2、3、…。

基本语法如下：

```
<ol type="1">
    <li>第一项</li>
    <li>第二项</li>
    <li>第三项</li>
</ol>
```

<ol>标签的属性见表 2-1。

表 2-1　<ol>标签的属性

属　性	属性值	备　注
type	1、A、a、I、i	设置编号样式，默认值 type=1
start	1、2、3 等整数值	设置编号起始值
reversed	reversed	反向排序（IE9 不支持）

编号样式的属性值见表 2-2。

表 2-2　编号样式的属性值

编号样式的属性值	编号样式	备　注
1	1，2，3，…	阿拉伯数字
A	A，B，C，…	大写英文字母
a	a，b，c，…	小写英文字母
I	I，II，III，…	大写罗马数字
i	i，ii，iii，…	小写罗马数字

代码示例如下：

```
<!DOCTYPE html>
<html>
    <head></head>
    <body>
        <h4>阿拉伯数字列表</h4>
        <ol type="1">
            <li>鼠标</li>
            <li>键盘</li>
            <li>显示器</li>
        </ol>
        <h4>大写字母列表</h4>
        <ol type="A">
            <li>鼠标</li>
            <li>键盘</li>
            <li>显示器</li>
        </ol>
        <h4>大写罗马数字列表</h4>
        <ol type="I">
            <li>鼠标</li>
            <li>键盘</li>
            <li>显示器</li>
        </ol>
    </body>
</html>
```

效果如图 2-8 所示。

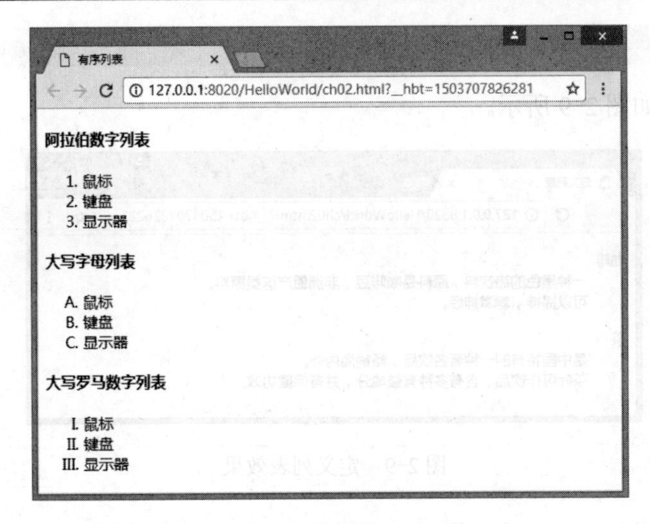

图 2-8　有序列表效果

2.1.9　<dl></dl>：定义列表标签

定义列表适用于对名词、概念或主题的定义，第一部分是名词、概念或主题，并且通常只有一项，第二部分是相应的解释和描述，可以有多项。

基本语法如下：

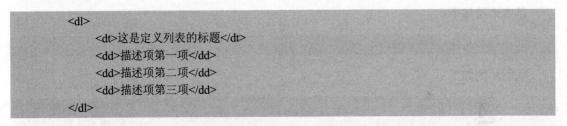

```
<dl>
    <dt>这是定义列表的标题</dt>
    <dd>描述项第一项</dd>
    <dd>描述项第二项</dd>
    <dd>描述项第三项</dd>
</dl>
```

代码示例如下：

```
<!DOCTYPE html>
<html>
    <head></head>
    <body>
        <dl>
            <dt>咖啡</dt>
            <dd>一种黑色的热饮料，原料是咖啡豆，非洲盛产这类原料。</dd>
            <dd>可以提神，刺激神经。</dd>
        </dl>
        <dl>
            <dt>茶</dt>
            <dd>是中国特有的一种著名饮品，畅销海内外。</dd>
            <dd>茶叶可作饮品，含有多种有益成分，并有保健功效。</dd>
        </dl>
    </body>
```

```
</html>
```

代码运行效果如图 2-9 所示。

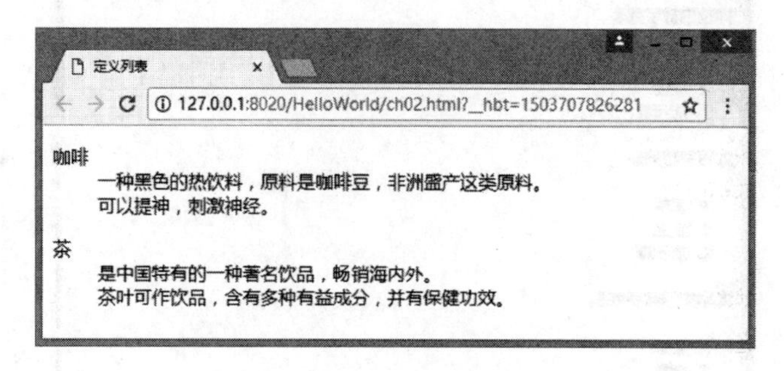

图 2-9　定义列表效果

2.1.10　<div></div>：分区标签

<div>标签可定义文档中的分区或节，将文档分割为独立的、不同的部分。它是可用于组合其他 HTML5 标签的容器。除此之外，由于它属于块级标签，浏览器会在其前后换行显示。

<div>标签的一个常见的用途是文档布局。它可以取代使用表格定义布局的老式方法。如果与 CSS 一同使用，<div>标签可用于对大的内容块设置样式属性。

基本语法如下：

```
<div>这是一个 div</div>
```

代码示例如下：

```
<!DOCTYPE html>
<html>
    <head></head>
    <body>
        <div style="width: 100px; height: 100px; background-color: red;">
这是一个 div</div>
</body>
</html>
```

代码运行效果如图 2-10 所示，其中涉及的 CSS 相关知识将在后续章节详细讲解。

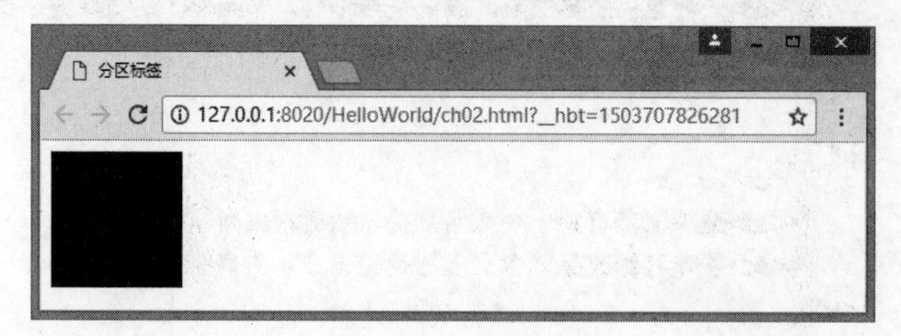

图 2-10　分区标签效果

2.2　常见的行级标签

与块级标签不同，行级标签在页面中可以和其他元素在同行显示，直到一行不能放下一个完整的元素，并且通常行级元素内不会包含其他元素。在 HTML5 中行级标签有很多，下面主要介绍图片标签、超链接标签和一些常用的行级标签。

2.2.1　<img/>：图片标签

网页中除了文本，还有一种重要的传递信息的方式就是图片，适当地插入图片可以增加网页的展现力，吸引用户的注意。一般网页设计中选择的图片大小不会太大，图片过大会影响网页的加载速度，过小内容模糊不清就失去了图片存在的意义。网页中常用的图片格式为 GIF、JPG 和 PNG 等。

基本语法如下：

```
<img src="img/logo.png" alt="杰瑞教育 logo" title="杰瑞教育" />
```

图片标签主要有如下 5 个属性。

1．src 属性

src 属性表示引用图片的路径地址。路径地址的写法共有三种，分别为相对路径、绝对路径、网络地址。

1）相对路径：以当前文件为准，去寻找图片地址。

① 与当前文件处于同一层的图片，直接写图片名。

② 图片在当前文件下一层：文件夹名/图片名。

③ 图片在当前文件上一层：../图片名。

包含图片的项目结构如图 2-11 所示。

图 2-11　包含图片的项目结构

2）绝对路径：file:///盘符:/文件夹/图片.扩展名。但这种方式严禁使用，原因有两点：

① 绝对路径只在当前计算机生效，若将网站转移服务器，则路径会失效。

② 通过绝对路径打开图片使用的是 file 协议，但网页中使用的是 http 协议，因此会出现跨域问题，造成图片无法显示。代码示例如下：

```
<img alt="杰瑞教育的 logo" src="file:///C:/Users/jerehedu/Pictures/logo.png" />
```

当上述代码以 http 协议方式打开时，图片无法显示，如图 2-12 所示。

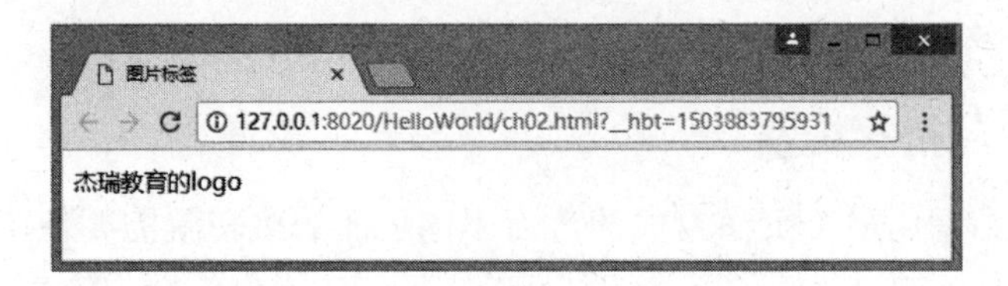

图 2-12　通过 http 协议打开的网页

当网页直接通过本地浏览器以 file 协议打开时，图片可以正常显示，如图 2-13 所示。

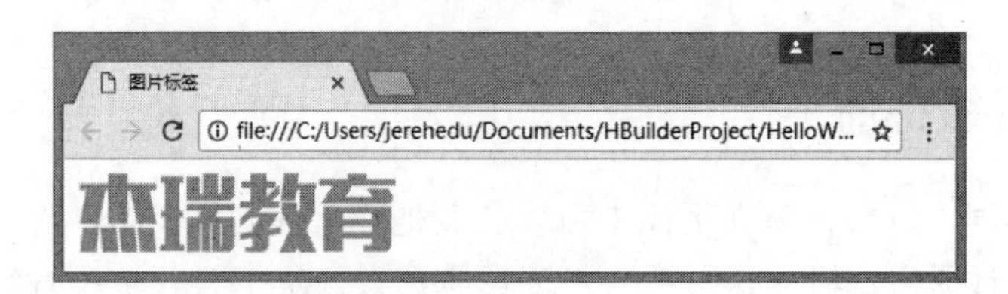

图 2-13　通过 file 协议打开的网页

3）网络地址：使用网络上的图片链接。但是，一般不使用网络地址，原因是网络图片可能由于各种原因被删除、转移位置，使图片无法打开。

2．height 和 width 属性

height 和 width 属性分别表示图片的宽度和高度，推荐用 CSS(style="width: 100px; height: 100px;")代替。

3．title 属性

该属性用于设置图片的标题，即当鼠标指在图片上后显示的文字，如图 2-14 所示。

图 2-14　title 属性设置后效果

4．alt 属性

该属性可设置由于图片无法加载时显示的文字，如图 2-15 所示。

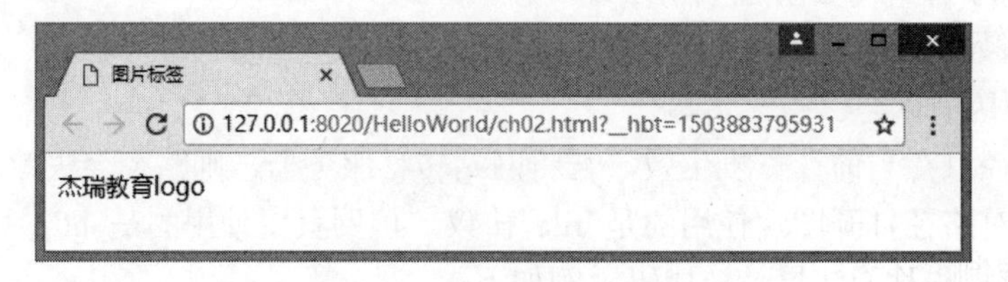

图 2-15　alt 属性设置后效果

5．align 属性

该属性可设置图片周围文字相对于图片的位置。常用属性值有 top、center、bottom，用处不大，推荐用 CSS 来控制样式，此处不再赘述。

2.2.2　<a></a>：超链接标签

通常，一个网站是由多个页面组成的，而不同页面的跳转就需要使用链接。<a>标签可以设置一个超链接，单击超链接可以跳转到新的文档或者当前文档中的某个部分。

基本语法如下：

```
<a href="#">这是一个超链接</a>
```

1．超链接标签的属性

（1）href 属性

在<a>标签中使用 href 属性来描述链接的地址，这个地址可以是网络链接，也可以是本地文件。当用#时，表示这是一个空的超链接。

（2）target 属性

使用 target 属性可以定义通过超链接打开的文档在何处显示。常用的两个属性值分别为_self（在与链接相同的框架中打开被链接文档）和_blank （在新窗口中打开链接），默认属性值为_self，其他属性值可以通过查阅帮助文档了解。

2．锚链接的用法

（1）本页面锚链接

① 设置锚点：<a name="top"></a>。

② 在超链接上，使用#name 跳转到对应锚点。基本语法如下：

```
<a href="#top" target="_self">这是一个超链接</a>
```

（2）页面间锚链接

① 在即将跳转页面的指定位置，设置锚点。

② 在超链接的 href 属性中，使用"页面地址.html#name"。基本语法如下：

```
<a href="t.html#weixin">跳转到新页面指定部分</a>
```

2.2.3　其他常用的行级标签

在介绍了比较重要的图片标签和超链接标签后，还有一些其他常见的行级标签需要介绍，如<span>、<em>、<strong>、<i>、<b>等。

其中，<span>标签常常被用来组合文档中的行内元素，无实际意义，用于包裹某部分文字，修改特定样式。

基本语法如下：

```
<span>这是由 span 包括的文字</span>
```

由于篇幅限制，还有一些常见的行级标签不做具体介绍，仅简单列出其作用，见表 2-3。

表 2-3　其他常见的行级标签

标　签	说　明
<em>	侧重点的强调，可嵌套使用，嵌套个数越多，强调级别越高
<strong>	表示内容的重要性，嵌套递增重要性级别
<small>	旁注（side comments），可以用在免责声明，使用条款和版权信息等需要小字体的场景
<s>	有误文本，文本文字上加删除线的样式
<b>	不仅仅是粗体文本，还可以定义一些需要引起注意却没有额外语义的内容，比如摘要的关键和文章导语的加粗等
<i>	不仅是单纯的斜体，还可表示“另一种叙述方式”，常见的场景有外来语、分类名称和技术术语等
<cite>	浏览器显示为倾斜，常用于书、画作、作品的引用
<q>	短引用，显示为文字用""引起来
<code>	只是表示计算机代码，但是浏览器只会显示等宽字体，不会保留代码格式，需配合<pre>标签使用

注意：块级标签与行级标签的特点与区别。

- 块级标签自动换行，前后隔一行；行级标签不会自动换行，从左往右依次显示。
- 块级标签的宽度默认是 100%；行级标签的宽度由文字内容撑开。
- 块级标签可以设置宽度、高度、边距等属性；行级标签不能设置上述属性。

2.3 HTML5 新增标签简介

在此主要介绍 HTML5 新增结构标签。使用结构标签可以提升网页文档的可读性，并且有利于搜索引擎优化。HTML5 新增的结构标签主要包括以下 7 个：<section>、<article>、<header>、<hgroup>、<footer>、<nav>、<aside>。HTML5 结构标签布局示意图如图 2-16 所示。

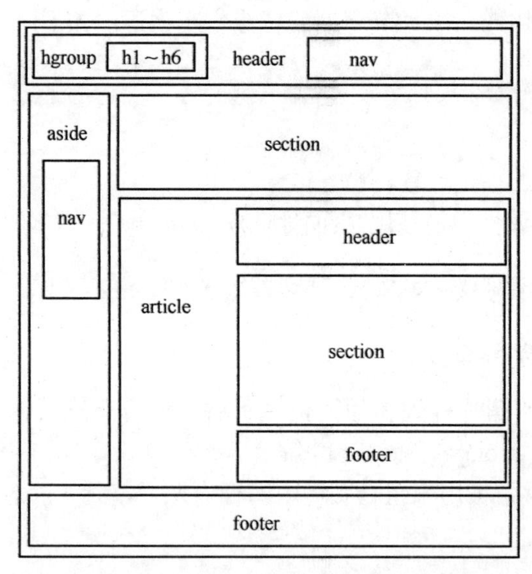

图 2-16 HTML5 结构标签布局示意图

7 个结构标签的具体含义见表 2-4。

表 2-4 HTML5 新增的结构标签及其作用

标 签	作 用
<section>	表示页面中的一个内容区块、文档的主体部分，用于将网页或文章划分章节、区块
<article>	表示页面中的一块与上下文不相关的独立内容，如博客中的一篇文章
<aside>	表示 article 元素内容之外的，与 article 元素内容相关的辅助信息
<header>	网页或文章的头部
<footer>	网页或文章的底部
<nav>	表示页面中导航链接的部分
<hgroup>	将整个页面或页面中一个内容区块的标题进行组合

HTML5 新增的标签还有很多，如<canvas>、<video>、<audio>等，这些将在后续章节详细讲解，对其他标签感兴趣的同学可以参考帮助文档进行了解。

2.4　章节案例：促销信息网页实现

结合上文中已经学习的块级标签和行级标签，使用合适的标签配合适当的 CSS 设计一个网页，如图 2-17 所示。

图 2-17　案例示意图

【案例代码】

```
<!DOCTYPE html>
<html>
    <head></head>
    <body>
        <h1>促销信息</h1>
        <dl>
            <dt>
                <img src="img/computer.jpg" width="260px" height="200px" title="computer" />
            </dt>
            <dd>笔记本拍卖</dd>
            <dd>四核，4G 内存，256G 硬盘</dd>
            <dd>跳楼疯抢价<span style="font-size: 36px; color: red;">1</span>元起</dd>
        </dl>
        这台笔记本电脑<span style="color: red;">不错</span>，快速<span style="font-size: 30px;
color: green;">抢购</span>吧！
```

```
        </body>
    </html>
```

【章节练习】

1．常用的列表分为_______、_______、_______三种。

2．写出 5 个常见的块级标签：_______、_______、_______、_______、_______。

3．列出<img>标签的常用属性及作用。

4．列出超链接标签的常用属性及作用。

5．如何设置一个跳转到其他页面的指定锚链接？

6．如何单击超链接发送邮件？

7．写出<em>、<strong>、<i>、<b>的区别。

8．HTML5 新增的结构标签包括<header>、_______、_______、_______、<footer>、_______、<hgroup>。

第 3 章　HTML5 表格

表格是 HTML5 中的重要布局之一，使用灵活方便，相对于其他的块级标签，表格在布局上拥有更加强大能力，可以快速地搭建出网页中的结构形式。

本章学习目标：

➢ 了解表格的基本结构。

➢ 掌握表格的基本属性。

➢ 掌握表格的行、列的基本属性。

➢ 了解表格的结构化和直列化。

表格包含的包容十分广泛，几乎可以包含所有的 HTML5 标签，可以极大地增加表格在布局方面的能力。通过这一章的学习，读者可以使用表格快速搭建网页结构。

3.1　HTML5 表格简介

表格在网页布局中非常常用，可以让网页以行、列的方式承载数据，表格布局实现如图 3-1、图 3-2 所示。

图 3-1　表格常用布局示例（一）

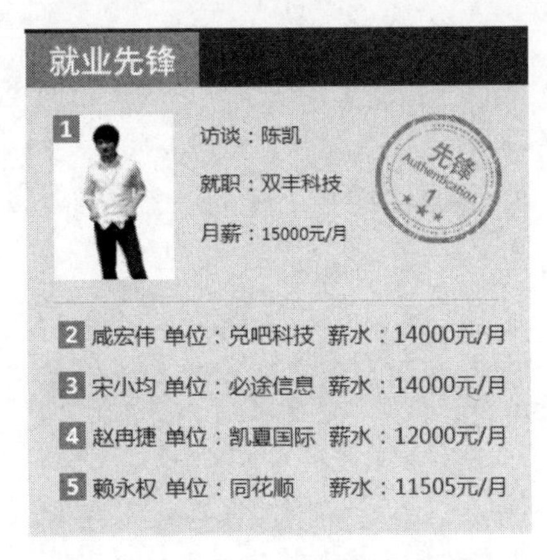

图 3-2　表格常用布局示例（二）

3.1.1 表格的基本结构

表格的基本结构由行列组成，单元格是表格的最基本单位。表格的基本结构示意图如图 3-3 所示。

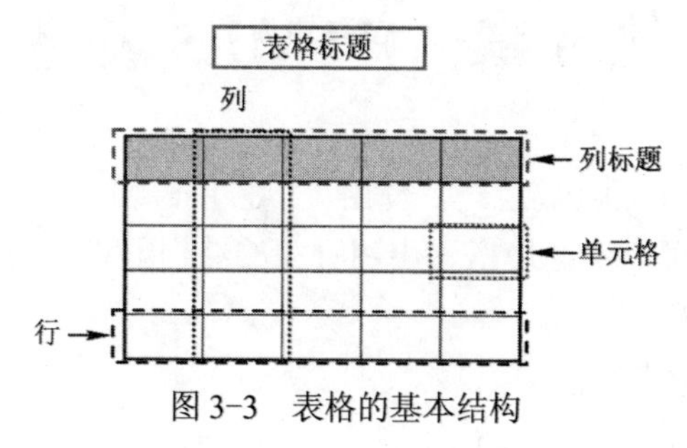

图 3-3 表格的基本结构

3.1.2 表格的定义

表格由 <table> 标签定义。每个表格均有若干行，行由 <tr> 标签定义，每行被分割为若干单元格，列由 <td> 标签定义。字母 td 指表格数据（table data），即数据单元格的内容。如果表格的第一行为表头，那么<td>标签需要用<th>标签替换掉。数据单元格可以包含文本、图片、列表、段落、表单、水平线、表格等。

基本语法如下：

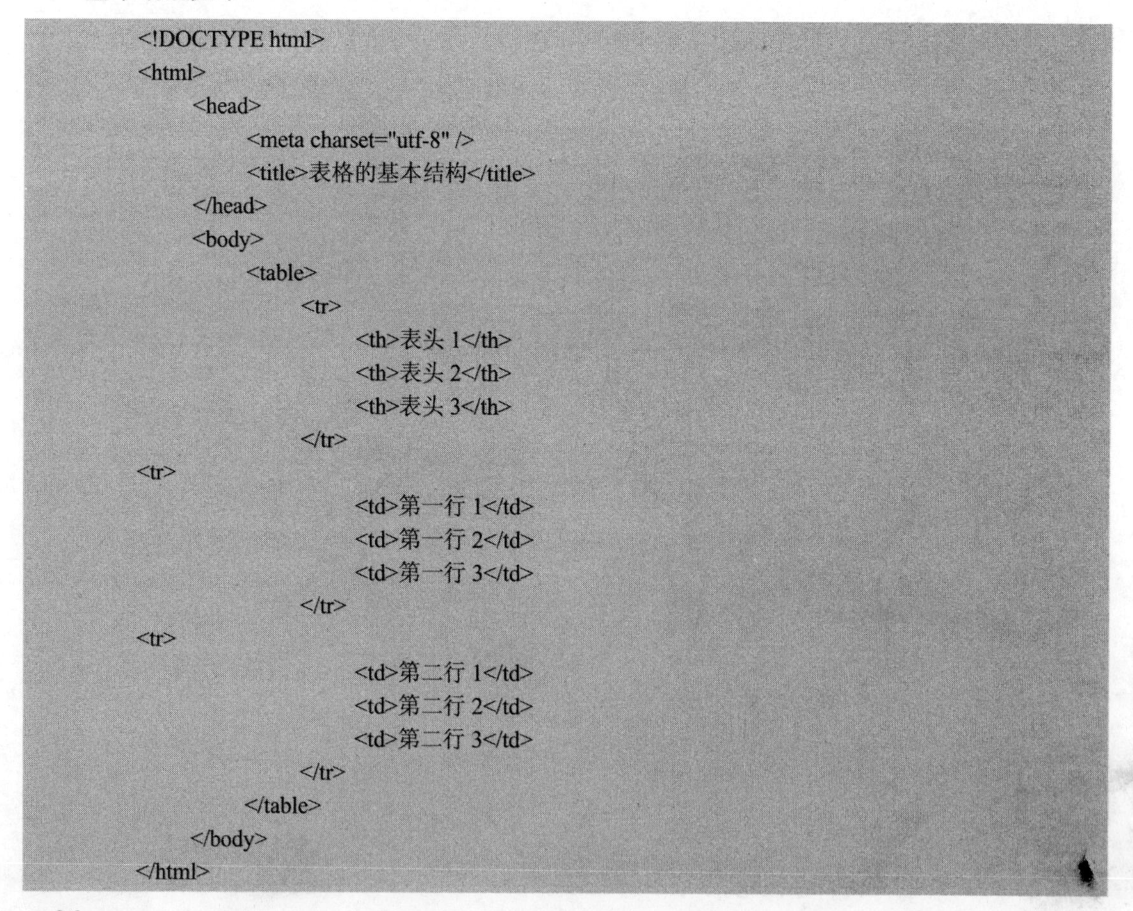

```
<!DOCTYPE html>
<html>
    <head>
        <meta charset="utf-8" />
        <title>表格的基本结构</title>
    </head>
    <body>
        <table>
            <tr>
                <th>表头 1</th>
                <th>表头 2</th>
                <th>表头 3</th>
            </tr>
<tr>
                <td>第一行 1</td>
                <td>第一行 2</td>
                <td>第一行 3</td>
            </tr>
<tr>
                <td>第二行 1</td>
                <td>第二行 2</td>
                <td>第二行 3</td>
            </tr>
        </table>
    </body>
</html>
```

表格的显示效果如图 3-4 所示。

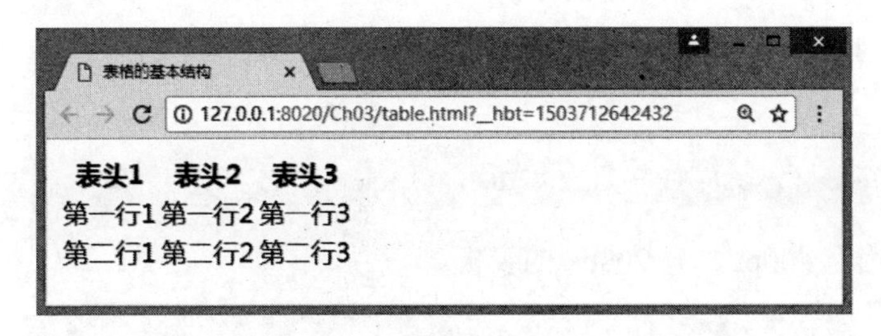

图 3-4　表格的显示效果

3.2　表格的基本属性

表格的属性可以分为两大类，分别为作用于<table>标签的和作用于行<tr>、列<td>的属性。下面介绍作用于<table>标签的各种属性。

3.2.1　border：表格边框属性

border 属性定义表格边框，属性值可以接收整数类型的数字，表示设置表格的宽度。

基本语法如下：

```
<table border="1"> </table>
```

显示效果如图 3-5 所示。

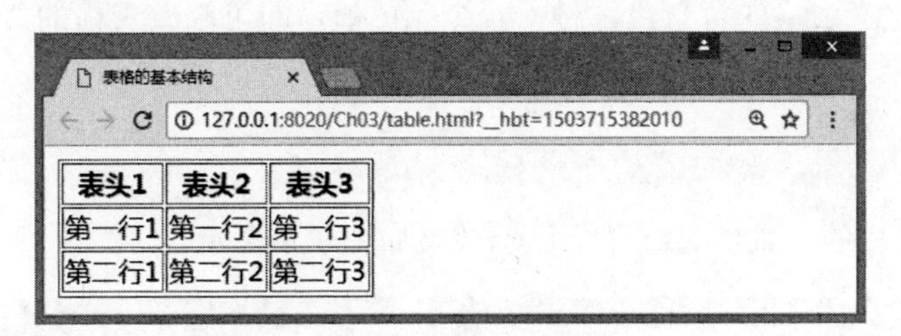

图 3-5　表格的边框示例显示效果

注意：如果 border 的值增大，则只有表格最外围框线增加，每个单元格上的边框并不会变化。表格的 border=5 时的显示效果如图 3-6 所示。

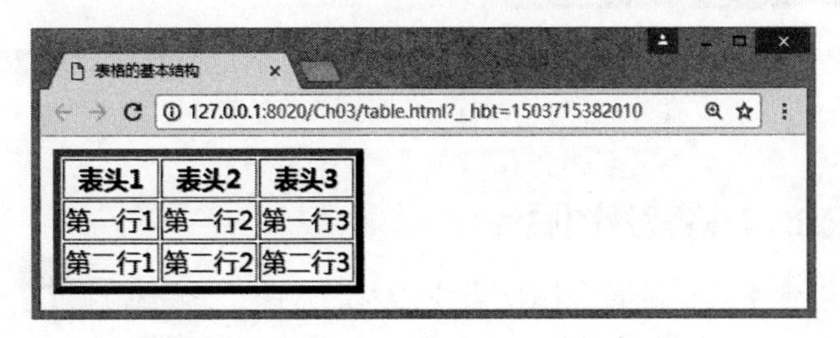

图 3-6　表格的 border=5 时的显示效果

3.2.2　width/height：表格（宽度/高度）属性

width 属性和 height 属性分别定义表格宽度和高度。

基本语法如下：

```
<table border="1" width="400" height="200"> </table>
```

图 3-7 所示为宽 400px、高 200px 的表格。

表格的基本结构

127.0.0.1:8020/Ch03/table.html?__hbt=1503715382010

表头1	表头2	表头3
第一行1	第一行2	第一行3
第二行1	第二行2	第二行3

图 3-7　宽 400px、高 200px 的表格

3.2.3　bgcolor：表格背景色属性

bgcolor 属性定义表格的背景色，传入一个颜色值，即可修改表格的背景色。

基本语法如下：

```
<table border="1" bgcolor="red"> </table>
```

执行代码，表格的背景色为红色，显示效果如图 3-8 所示。

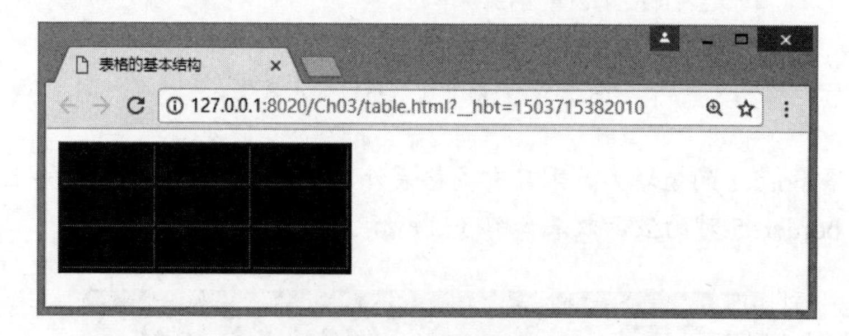

图 3-8　表格的背景色为红色的显示效果

3.2.4　background：表格背景图属性

background 属性定义表格的背景图，需要传入一张图片的路径地址。当 background 背景图属性与 bgcolor 背景色属性同时存在时，背景图会覆盖掉背景色。

基本语法如下：

```
<table border="1" background="img/img.png"> </table>
```

执行代码，表格的背景为图片，显示效果如图 3-9 所示。

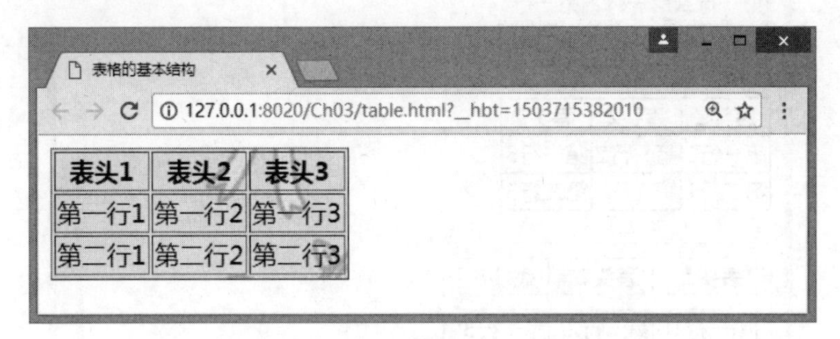

图 3-9　带背景图的表格显示效果

3.2.5　bordercolor：表格边框颜色属性

bordercolor 属性定义表格的边框颜色，接收颜色值，修改边框颜色。

基本语法如下：

```
<table border="1" bordercolor="blue"> </table>
```

执行代码，表格的边框为蓝色，显示效果如图 3-10 所示。

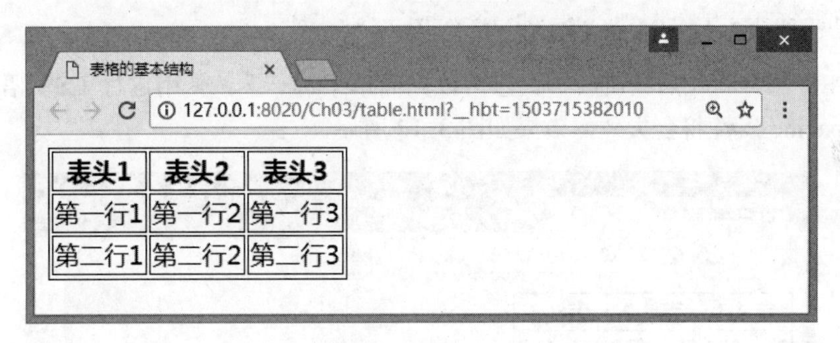

图 3-10　边框为蓝色的表格显示效果

3.2.6　cellspacing：表格单元格间距属性

cellspacing 属性定义表格单元格与单元格之间的间距。从上述各种示例图可知，表格单元格与单元格之间默认存在一定的间距。使用 cellspacing 属性可以手动调整这个间距的大小。当 cellspacing 设为 0 时，单元格之间没有间距。

基本语法如下：

```
<table border="1" cellspacing="10"> </table>
```

单元格之间间距为默认、0px、10px 的情况如图 3-11 所示。

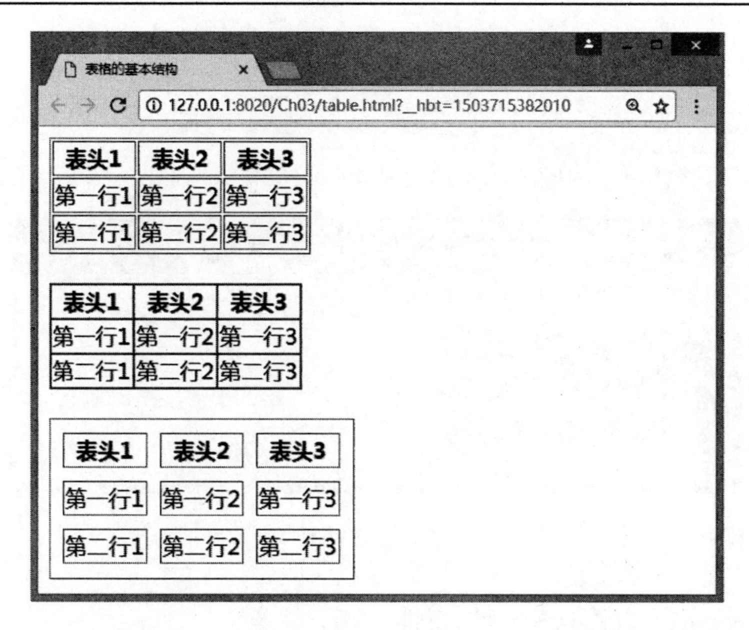

图 3-11 单元格之间间距为默认、0px、10px 的情况

注意：使用“cellspace="0"”设置单元格之间没有间距，并不能合并相邻边框。因而，图 3-11 中的第二个表格的边框是两条线的宽度。

如果需要合并表格边框，则可以使用 CSS，基本语法如下：

```
<table border="1" style="border-collapse: collapse;"> </table>
```

关于 CSS 部分将在后续讲解，大家可以先简单了解一下。使用这行 CSS 语法使边框合并后，cellspacing 属性将会失效，效果如图 3-12 所示。

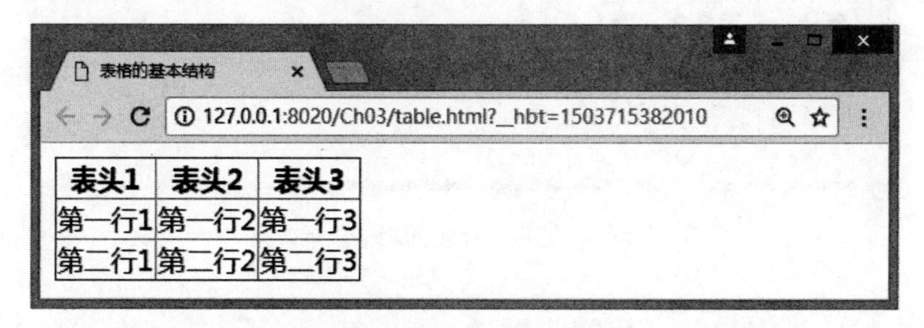

图 3-12 边框合并之后的表格效果（边框宽度为条线的宽度）

3.2.7 cellpadding：表格单元格内边距属性

cellpadding 属性定义单元格的内边距，即单元格中的文字与单元格边框之间的距离。基本语法如下：

```
<table border="1" cellpadding="10"> </table>
```

显示效果如图 3-13 所示。

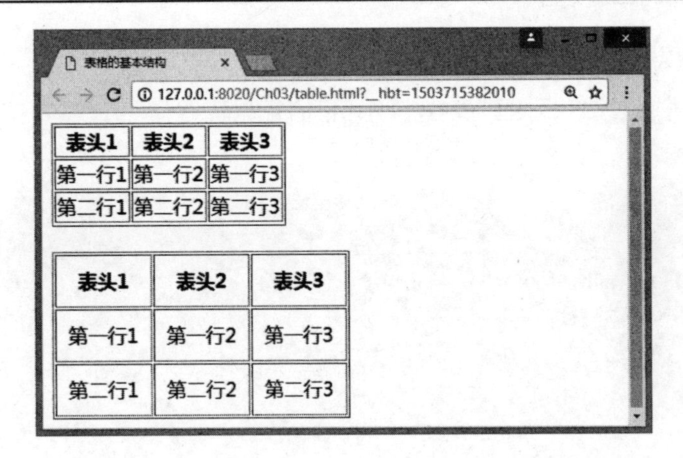

图 3-13　cellpadding 默认和 cellpadding="10"的显示效果

3.2.8　align:表格对齐属性

align 属性用于调整表格在其父容器中的位置，可选值有 left、center、right，分别表示表格居左、居中、居右。

基本语法如下：

```
<table border="1" align="center"> </table>
```

显示效果如图 3-14 所示。

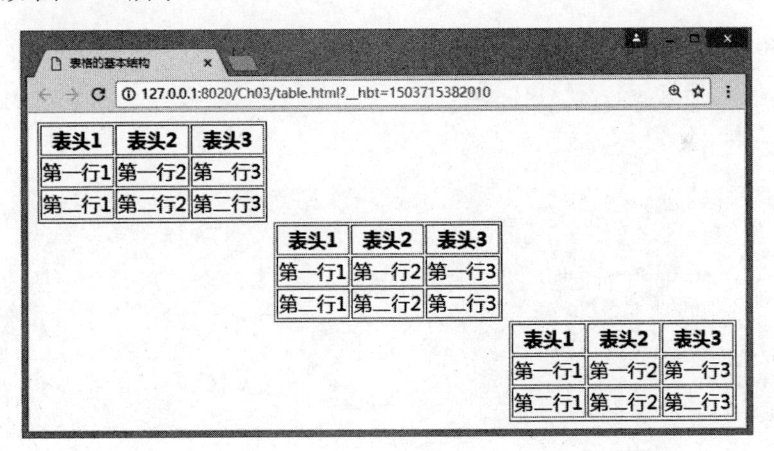

图 3-14　表格在浏览器中居左、居中、居右的显示效果

注意：表格的 align 属性现在不再建议使用。它的相关功能已经被 CSS 中的浮动(float)所取代，大家了解即可。

3.3　行和列的属性

了解了用于表格的各种属性，接下来继续学习作用于行<tr>、列<td>的属性。

3.3.1 width/height：单元格宽度/高度属性

width/height 属性主要用于调整表格中单元格的宽和高。

基本语法如下：

```
<table border="1">
    <tr>
        <td width="100" height="50">第一行 1</td>
        <td>第一行 2</td>
        <td>第一行 3</td>
    </tr>
</table>
```

执行代码，修改第一个单元格的宽度、高度为 100px、50px，显示效果如图 3-15 所示。

图 3-15　修改第一个单元格的宽度和高度的显示效果

注意：当表格属性与行列属性冲突时，以行列属性为准。

3.3.2 bgcolor：单元格背景色属性

bgcolor 属性主要是修改单元格的背景色。

基本语法如下：

```
<table border="1">
    <tr>
        <td bgcolor="#0000FF">第一行 1</td>
        <td>第一行 2</td>
        <td>第一行 3</td>
    </tr>
</table>
```

执行代码，修改第一个单元格的背景色为蓝色，显示效果如图 3-16 所示。

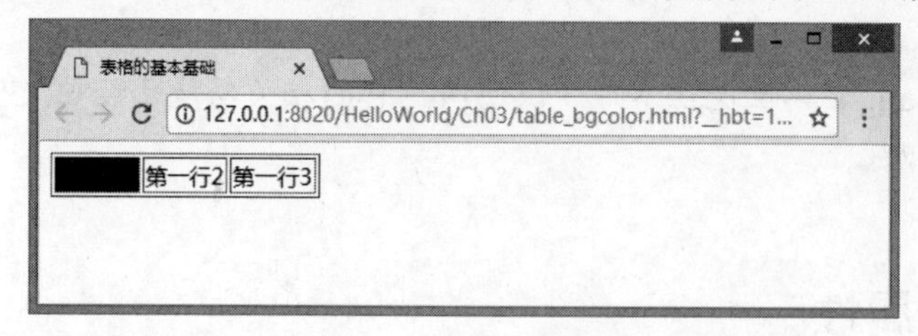

图 3-16　修改第一个单元格的背景色的显示效果

3.3.3　align：单元格内容水平对齐属性

align 属性控制单元格中内容的水平位置。基本语法如下：

```
<table border="1" width="300" height="50">
    <tr>
        <td align="left">第一行 1</td>
        <td align="center">第二行 2</td>
        <td align="right">第三行 3</td>
    </tr>
</table>
```

执行代码，三个单元格中的文字分别为相对于单元格水平方向居左、居中、居右。显示效果如图 3-17 所示。

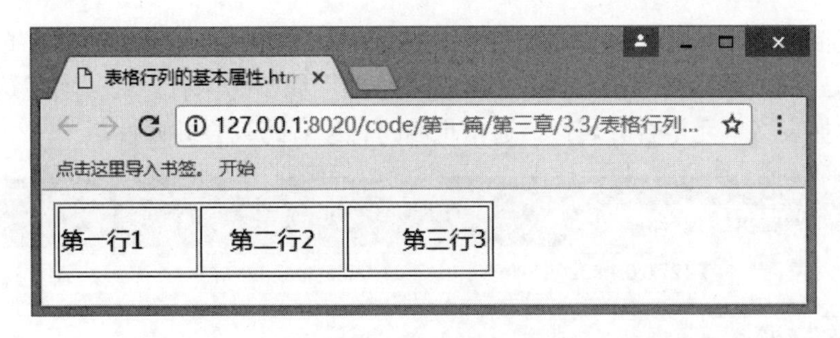

图 3-17　三个单元格中文字的 align 属性的显示效果

注意：

表格的 align 属性是控制表格自身在浏览器中的显示位置，而行列的 align 属性是控制单元格中文字在单元格中的对齐方式。

表格的 align 属性并不影响表格内文字的水平方式，<tr>标签的 align 属性可以控制一行中所有单元格的水平对其方式。

3.3.4　valign：单元格内容垂直对齐属性

valign 属性控制单元格中内容的垂直位置。基本语法如下：

```
<table border="1" width="200" height="100">
    <tr>
        <td valign="top">第一行 1</td>
        <td valign="center">第一行 2</td>
        <td valign="bottom">第一行 3</td>
    </tr>
</table>
```

执行代码，三个单元格中的文字分别为相对于单元格垂直方向居上、居中、居下。显示效果如图 3-18 所示。

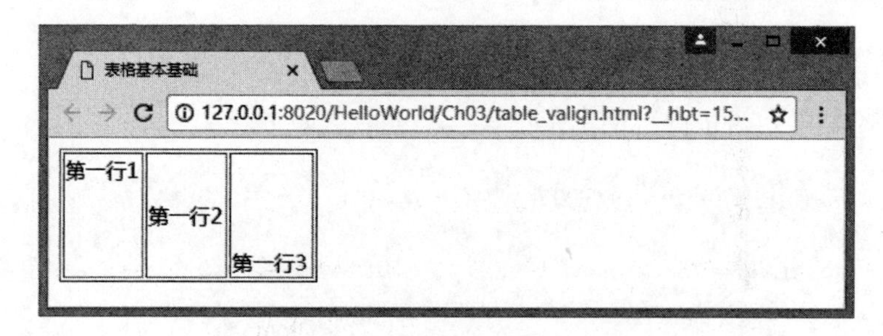

图 3-18　三个单元格中文字的 valign 属性的显示效果

注意：当表格属性与行列属性冲突时，以行列属性为准（近者优先）。

3.3.5　colspan /rowspan：表格的跨行与跨列

在实际见到的表格中，很多都是组合类表格。例如图 3-19 所示的表格，单元格“学生成绩”属于跨三列，单元格“张三”、单元格“李四”属于跨两行。为了实现这类的表格需求，就需要掌握表格单元格合并属性，通常也叫跨行或者跨列合并属性。

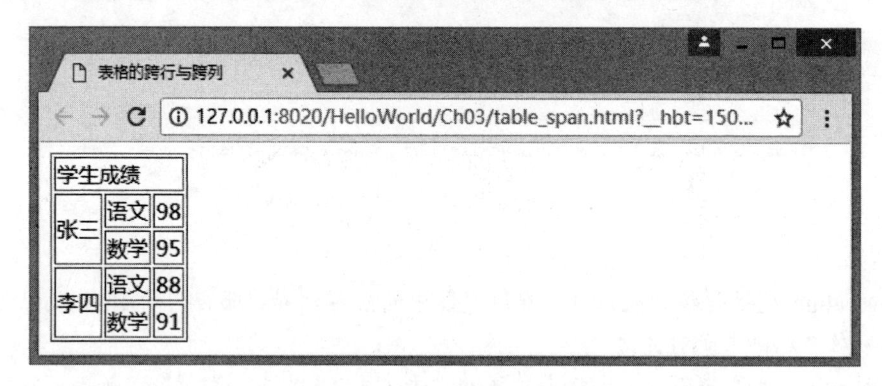

图 3-19　跨行跨列的表格

注意：

colspan 属性表示跨列，当某个格跨 N 列时，其右边 N-1 个单元格需删除。

rowspan 属性表示跨行，当某个格跨 N 行时，其下方 N-1 个单元格需删除。

图 3-19 的实现代码如下：

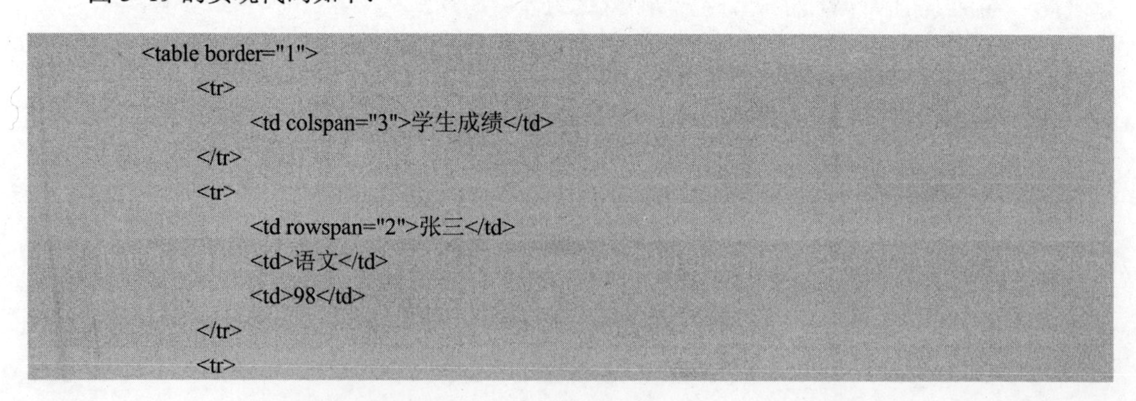

```
<table border="1">
    <tr>
        <td colspan="3">学生成绩</td>
    </tr>
    <tr>
        <td rowspan="2">张三</td>
        <td>语文</td>
        <td>98</td>
    </tr>
    <tr>
```

```
            <td>数学</td>
            <td>95</td>
        </tr>
        <tr>
            <td rowspan="2">李四</td>
            <td>语文</td>
            <td>88</td>
        </tr>
        <tr>
            <td>数学</td>
            <td>91</td>
        </tr>
    </table>
```

3.4　表格的结构化与直列化

为了更好地管理及格式化表格，更好地语义化标签，需要掌握表格的结构化与直列化。

3.4.1　表格的结构化

表格的结构化就是将表格分为表头、表体、表尾三部分，这样在修改其中一部分时不会影响到其他部分，方便对表格进行操作。

一个完整的表格通常包括以下四部分：

1）caption：表格的标题，通常出现在表格的顶部。

2）thead：定义表格表头，通常表现为标题行。

3）tbody：定义一段表格主体，一个表格可以有多个主体，可以按照行来进行分组。

4）tfoot：定义表格的脚尾，通常表现为总计行。

基本语法如下：

```
<table width="500">
    <caption>表格标题</caption>
    <thead>
        <tr>
            <th>表格头部</th>
        </tr>
    </thead>
    <tbody>
        <tr>
            <td>表格主体</td>
        </tr>
    </tbody>
    <tfoot>
        <tr>
            <td>表格底部</td>
```

```
        </tr>
    </tfoot>
</table>
```

tbody 包含行的内容下载完优先显示，不必等待表格结束。另外，还需要注意表格行本来是从上向下显示的，但是应用了<thead><tbody><tfoot>以后，就“从头到脚”显示，即不管行代码顺序如何，即使<thead>写在了<tbody>的后面，网页显示时，还是先<thead>后<tbody>显示。

3.4.2 表格的直列化

通过设置表格的直列化可以对表格的列进行分组，以便对其进行格式化。

基本语法如下：

```
<colgroup style="background-color: yellow;"> <!--前两列为一组-->
    <col /> <!--第一列-->
    <col /> <!--第二列-->
</colgroup>
<col style="background-color: blue;"/> <!--第三列-->
```

代码示例如下：

```
<table width="500">
    <colgroup style="background-color: yellow;"> <!--前两列为一组-->
        <col /> <!--第一列-->
        <col /> <!--第二列-->
    </colgroup>
    <col style="background-color: blue;"/> <!--第三列-->
    <caption>表格标题</caption>
    <thead>
        <tr>
            <th>头 1</th>
            <th>头 2</th>
            <th>头 3</th>
        </tr>
    </thead>
    <tbody>
        <tr>
            <td>111</td>
            <td>111</td>
            <td>111</td>
        </tr>
        <tr>
            <td>222</td>
            <td>222</td>
            <td>222</td>
        </tr>
```

```
        </tbody>
        <tfoot>
            <tr>
                <td>尾 1</td>
                <td>尾 2</td>
                <td>尾 3</td>
            </tr>
        </tfoot>
    </table>
```

执行代码，显示效果如图 3-20 所示。

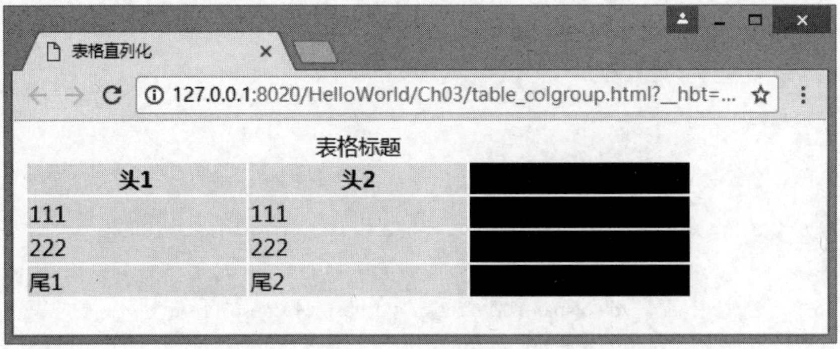

表格直列化

127.0.0.1:8020/HelloWorld/Ch03/table_colgroup.html?__hbt=...

表格标题

头1	头2	
111	111	
222	222	
尾1	尾2	

图 3-20　表格直列化的显示效果

如需对全部列应用样式，<colgroup> 标签很有用，这样就不需要对各个单元和各行重复应用样式了。

注意：<colgroup> 标签只能在<table>中使用。

3.5　章节案例：完成 “特别休假申请单”

运用本章所学内容，完成“特别休假申请单”，表格结构如图 3-21 所示。

特别休假申请单

申请日期：　年　月　日

<table>
<tr><td>所属单位</td><td>部 组 班</td><td>职称</td><td>111</td><td>姓名</td><td>111</td><td>厂长</td></tr>
<tr><td rowspan="2">期间</td><td colspan="3">年 月 日</td><td colspan="2" rowspan="2">天数</td><td>111</td></tr>
<tr><td colspan="3">年 月 日</td><td>主管</td></tr>
<tr><td colspan="2">职务代理人</td><td colspan="4">盖章</td><td>111</td></tr>
<tr><td>到期日期</td><td colspan="3">年 月 日</td><td colspan="2">审核意见</td><td>组长</td></tr>
<tr><td colspan="2">全年特别休假数</td><td colspan="2">天</td><td>111</td><td>111</td><td>111</td></tr>
<tr><td colspan="2">已请假数</td><td colspan="2">天</td><td>人事主任</td><td>人事经办</td><td>组长</td></tr>
<tr><td colspan="2">本次申请日数</td><td colspan="2">天</td><td rowspan="2">111</td><td rowspan="2">111</td><td rowspan="2">111</td></tr>
<tr><td colspan="2">尚剩申请日数</td><td colspan="2">天</td></tr>
</table>

图 3-21　特别休假申请单的表格结构

【案例代码】

```
<!DOCTYPE html>
<html>
    <head></head>
    <body>
        <h2 style="width: 500px; text-align: center; text-decoration: underline;">特别休假申请单</h2>
        <p>申请日期：  年  月  日</p>
        <table width="500" border="1" style="border-collapse: collapse;">
            <tr>
                <td>所属单位</td>
                <td> 部 组 班</td>
                <td>职称</td>
                <td>111</td>
                <td>姓名</td>
                <td>111</td>
                <td>厂长</td>
            </tr>
            <tr>
                <td rowspan="2">期间</td>
                <td colspan="3"> 年 月 日</td>
                <td colspan="2" rowspan="2">天数</td>
                <td>111</td>
            </tr>
            <tr>
                <td colspan="3"> 年 月 日</td>
                <td>主管</td>
            </tr>
            <tr>
                <td colspan="2">职务代理人</td>
                <td colspan="4">盖章</td>
                <td>111</td>
            </tr>
            <tr>
                <td>到期日期</td>
                <td colspan="3"> 年 月 日</td>
                <td colspan="2">审核意见</td>
                <td>组长</td>
            </tr>
                <tr>
                <td colspan="2">全年特别休假数</td>
                <td colspan="2" align="right">天</td>
                <td>111</td>
                <td>111</td>
                <td>111</td>
            </tr>
            <tr>
```

```
                    <td colspan="2">已请假数</td>
                    <td colspan="2" align="right">天</td>
                    <td>人事主任</td>
                    <td>人事经办</td>
                    <td>组长</td>
                </tr>
                <tr>
                    <td colspan="2">本次申请日数</td>
                    <td colspan="2" align="right">天</td>
                    <td rowspan="2">111</td>
                    <td rowspan="2">111</td>
                    <td rowspan="2">111</td>
                </tr>
                <tr>
                    <td colspan="2">尚剩申请日数</td>
                    <td colspan="2" align="right">天</td>
                </tr>
            </table>
        </body>
    </html>
```

【章节练习】

1．写出表格的基本结构（标题、表头、其他单元格等）。

2．表格的 align、cellspacing、cellpadding、bgcolor、bodercolor、background 分别表示什么属性？

3．常见的行列属性有哪些？表格属性与行列属性冲突时的优先级是怎样的？

4．表格的 align 属性是否会影响行列的对齐方式？行的 align 属性是否会影响单元格的对齐方式？

5．如何实现表格的跨行、跨列？

第 4 章　HTML5 表单

在网页中，表单主要用于用户填写信息，并将获得的信息传递到后台服务器端，使网页具有交互功能的元素。在 HTML5 中，表单增加了新元素，表单元素也增加了许多新属性，让表单的使用更加便利。

本章学习目标：

- 熟悉表单的结构。
- 掌握表单的 input 元素及其他元素。
- 掌握表单 input 元素的 type 属性。
- 了解 HTML5 智能表单的新增元素及属性。

表单元素在 Web 开发中必不可少，通过本章的学习，读者可以掌握表单中的元素操作以及 input 的 type 属性的运用，熟练掌握表单的相关操作。

4.1　表单简介

表单用于让用户填写信息并提交给服务器进行处理，它的用途有很多，如网站的注册登录、在线购物的购物车、论坛留言板等功能。图 4-1 所示的 QQ 注册中就使用了表单。

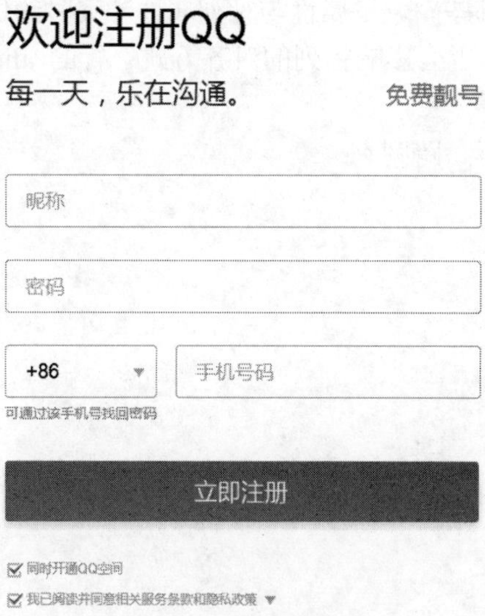

图 4-1　利用表单进行 QQ 注册

4.1.1　表单的结构

表单由许多表单控件组成，主要包括用户填写信息部分和表单提交按钮。用户填写数据完成后，单击“提交”按钮就可以发送数据到服务器，经过后台程序处理后将用户所需的信息返回到客户端，在浏览器中展示给用户，表单内容由<form></form>包裹。

基本语法如下：

```
<form>
各种表单控件
</form>
```

4.1.2　表单的常用属性

表单的常用属性有 3 种。

1．action 属性

action 属性用于指定表单提交时向何处发送表单数据，即需要发送的服务器地址。基本语法如下：

```
<form action="form.php">
各种表单控件
</form>
```

2．method 属性

method 属性用于指定表单向服务器提交数据的方法，包括两种方法，分别是 get 和 post。这两种方法各有特点，下面分别进行具体介绍。

（1）get 方法的特点

使用 URL（统一资源定位符）传递参数：http://服务器地址?name1=value1&name2=value2，其中“?”符号表示要进行参数传递，“?”符号后面采用“name=value”的形式传递，多个参数之间，用“&”符号连接。URL 传递的数据量有限，只能传递少量数据。

注意：使用 URL 传递参数并不安全，所有信息可在地址栏中看到，并且可以通过地址栏随意传递其他数据。

（2）post 方法的特点

将数据封装后使用 http 请求传递，信息在地址栏中不可见，比较安全，并且传递的数据量理论上没有限制。

综上所述，虽然 get 方法是表单提交的默认方法，但是通常采用 post 方法传递数据。

基本语法如下：

```
<form action="form.php" method="post">
各种表单控件
</form>
```

3．enctype 属性

enctype 属性指定表单发送的编码方式，只有 method="post"时才有效，共有三种属性值。

1）application/x-www-form-urlencoded：此为默认值，如果 enctype 属性省略不写，则表示采取此种编码方式。

2）multipart/form-data：不对字符编码，用于上传文件时使用。

3）text/plain：将空格转换为“+”符号，但不编码特殊字符，通常在将表单发送到电子邮箱时使用。

4.2 input 输入框

作为表单最重要的元素，input 输入框用于搜集用户信息。根据不同的 type 属性值，可以用多种形式输入内容。例如，当 type 值为 password 时就可以设置输入框为输入密码形式，此时用户输入的内容用小黑点代替显示。灵活使用 input 输入框可以让表单收集更多的信息，下面来具体学习 input 输入框的相关属性和类型。

4.2.1 input 常用属性

1．type 属性

type 属性表示 input 输入框的类型，它的默认值是 text。所有浏览器都支持 type 属性，但是 type 的属性值并不是所有浏览器都可以支持，本节介绍的属性值所有浏览器均可支持，但后续小节提到的某些 HTML5 表单新增属性值则需要注意浏览器的兼容性。

2．name 属性

name 属性表示 input 输入框的名称，一般必填。因为传递数据时，使用“name=value”的形式传递。

3．value 属性

value 属性表示 input 输入框的默认值。

代码示例如下：

```
<form action="form.php" method="post">
请输入内容：
    <input name="text1" type="text" value="输入框的默认值"/>
</form>
```

显示效果如图 4-2 所示。

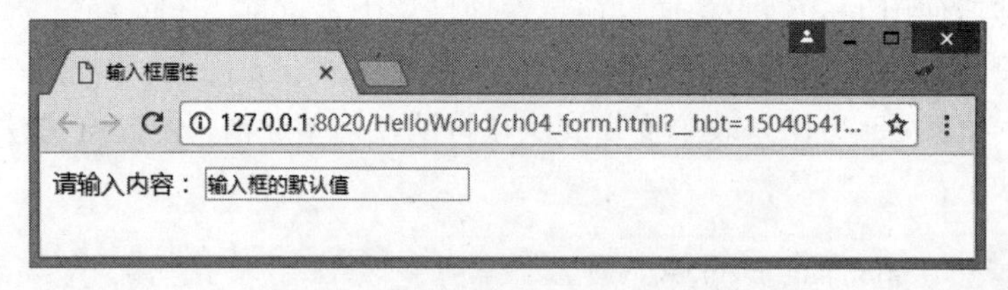

图 4-2　输入框的默认值显示效果

4．placeholder 属性

placeholder 属性表示输入框中的提示信息，当输入框有 value 属性的时候，提示内容会消失，转而显示 value 属性值。

代码示例如下：

```
<form action="form.php" method="post">
```

```
        请输入内容：
        <input name="text1" type="text" placeholder="请输入"/>
    </form>
```

显示效果如图 4-3 所示。

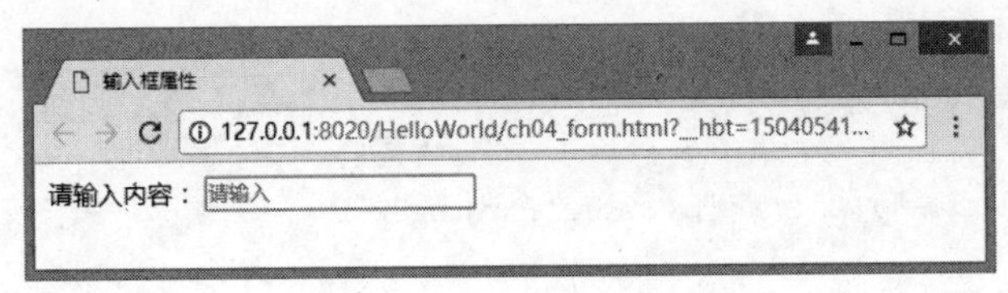

图 4-3　输入框的提示信息

5．tabindex 属性

tabindex="1" 此属性控制按 Tab 键时的跳转顺序，从最小的数值开始，逐个往大的数值跳转，依次获得焦点。

6．input 元素的其他属性

除以上属性外，input 还有一些属性名等于属性值的特殊属性，具体如下：

1） checked="checked" 默认选中。

2）disabled="disabled" 设置控件不能使用。用在按钮上效果为不能单击，用在输入框上则表示不能修改。而且，如果输入框设置为 disabled，则输入框中的信息不能往后台传递。

3）hidden="hidden" 设置隐藏控件。基本语法如下：

```
    <input type="hidden" name="username" value="1234" />
```

它常用于配合 disabled 属性，或根据其他需要，使用隐藏域传递数据。

除了上面介绍的 input 输入框具有此类特殊属性，表单的其他部分控件也有此类属性名等于属性值的属性，具体属性会在后续小节中介绍。

4.2.2　text：文本输入框

文本输入框用于输入单行文本，默认宽度为 20 个字符。在登录注册时，常常用到文本输入框，它主要用于填写用户名称。代码示例的运行效果如图 4-4 所示。

代码示例如下：

```
    <form action="form.php" method="post">
        请输入内容：
        <input name="text1" type="text" maxlength="10" size ="5"/>
        <!--上述代码表示这个文本输入框的最大字符长度为 10，可显示的字符数为 5 -->
    </form>
```

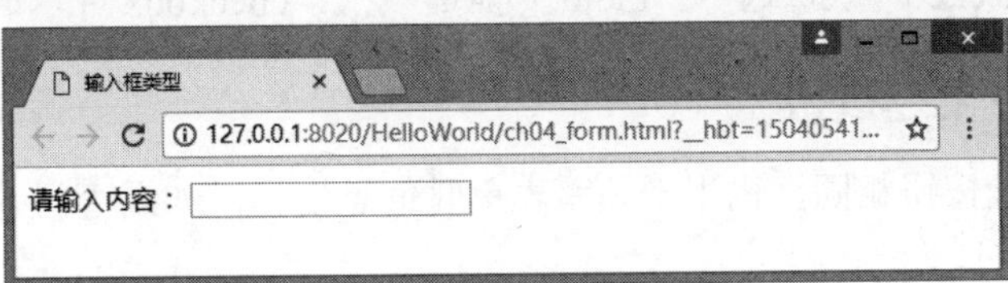

图 4-4　文本输入框的运行效果

4.2.3 password：密码输入框

密码输入框输入的内容会以小黑点的形式替代显示。最常见的一种用法就是用户注册登录时需要输入账号密码框，小黑点的形式可以有效地避免密码泄露。

代码示例如下：

```
<form action="form.php" method="post">
        请输入内容：
        <input name="pwd" type="password" maxlength="16"/>
</form>
```

代码运行效果如图 4-5 所示。

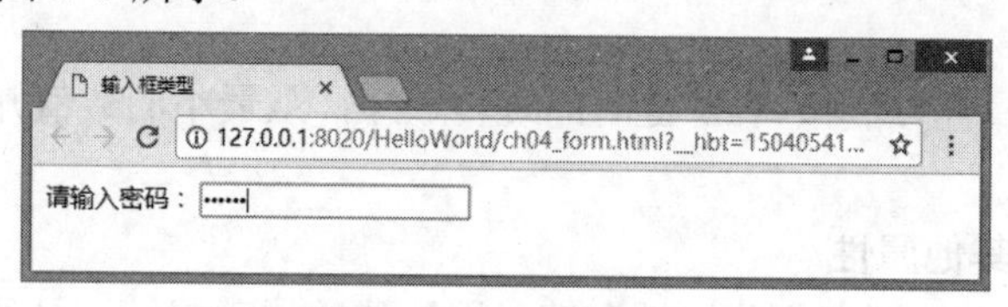

图 4-5　密码输入框

4.2.4 radio：单选按钮

单选按钮用于填写表单时信息选择，如调查问卷中的单选题。

代码示例如下：

```
<form action="form.php" method="post">
        <input type="radio" name="sex" value="男" checked="checked" />男
        <input type="radio" name="sex" value="女" />女
 </form>
```

代码运行效果如图 4-6 所示。

图 4-6　单选按钮效果

注意：

- name 和 value 属性需同时存在，提交时，提交的是 value 中的属性值。
  例如：<input type="radio" name="sex" value="男"/> 提交时，显示"sex=男"。
- radio 凭借 name 属性区分是否为同一组。name 相同，为同组，同组中只能选择一个。
- checked="checked" 默认选中。radio 只能选一个，checkbox 可以选多个。

4.2.5 checkbox：复选按钮

复选按钮与单选按钮相同，也用于填写表单时信息选择，如调查问卷中的多选题。

代码示例如下：

```
<form action="form.php" method="post">
```

```
        爱好选择：
        <input type="checkbox" name="hobby" value="sing" checked="checked" />唱歌
        <input type="checkbox" name="hobby" value="draw" checked="checked" />画画
        <input type="checkbox" name="hobby" value="dance" />跳舞
    </form>
```

代码运行效果如图 4-7 所示。

图 4-7　复选按钮效果

4.2.6　file：文件上传按钮

文件上传按钮用于文件上传，单击“选择文件”按钮会弹出对话框，选择需要上传的文件。图 4-8 和图 4-9 是代码运行效果。

代码示例如下：

```
<form action="form.php" method="post" enctype="multipart/form-data ">
    <input type="file"/>
</form>
```

代码运行效果如图 4-8 所示。单击“选择文件”按钮，在弹出的对话框中选择需上传的文件，如图 4-9 所示。

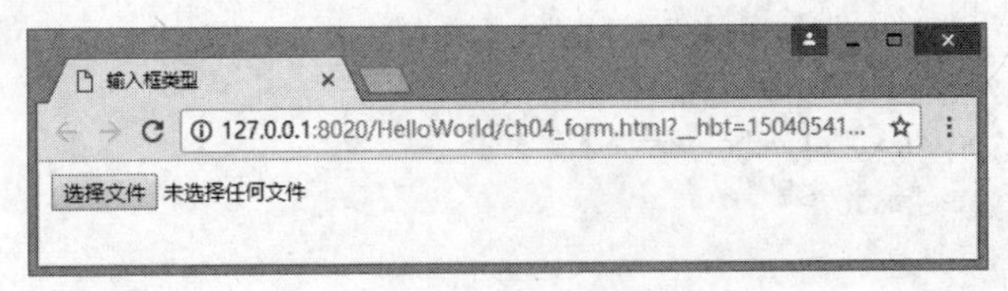

图 4-8　文件上传按钮效果

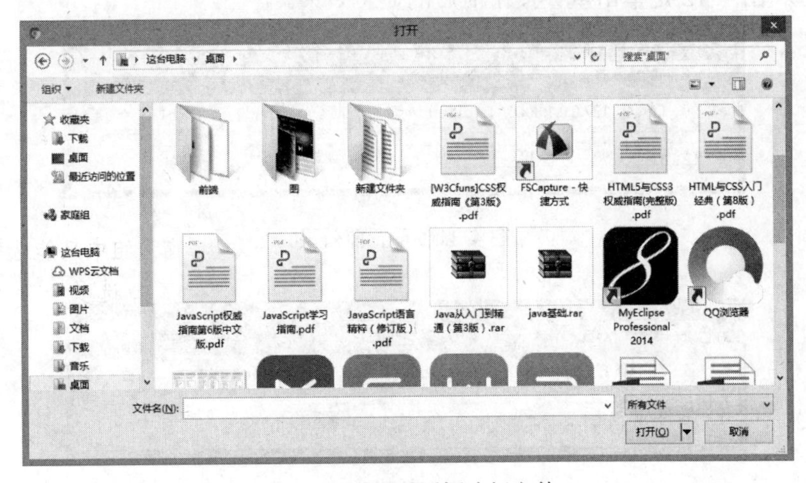

图 4-9　弹出对话框选择文件

4.2.7 submit：表单提交按钮

表单提交按钮用于提交表单数据，单击按钮后，表单中用户填写的信息会被发送到表单指定的地方进行处理。图 4-10 为一个设置了 value 值的 submit 表单提交按钮。当没有 value 值时，submit 按钮中默认显示的文字为“提交”。

代码示例如下：

```
<form action="form.php" method="post">
    <input type="submit"" value="登录"/>
</form>
```

代码运行效果如图 4-10 所示。

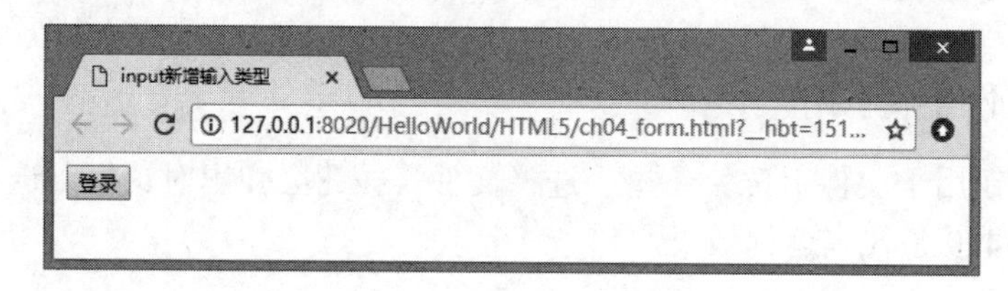

图 4-10　表单提交按钮效果

4.2.8 reset：重置按钮

重置按钮将表单数据重置为初始状态，通常是清空表单已填内容。

代码示例如下：

```
<form action="form.php" method="post">
    <input type="text" value="输入框的默认值"/>
    <input type="text" placeholder="请输入"/>
    <input type="reset"/>
</form>
```

图 4-11 和图 4-12 是单击重置按钮前后的显示效果。

图 4-11　重置前效果

图 4-12　重置后效果

4.2.9　image：图形提交按钮

图形提交按钮需要添加 src 属性来设置图片路径。功能与 submit 相同，可以提交表单数据，通常在美化网页时会用到图形提交按钮来代替默认的提交按钮，使页面更加美观。图 4-13 是一个使用图片制作的图形提交按钮。

代码示例如下：

```
<form action="form.php" method="post">
<input type="image" src="http://www.jredu100.com/statics/images/index/top/logo.png"/>
</form>
```

图 4-13　图形提交按钮效果

4.2.10　button：可单击按钮

定义一个可单击的按钮，通常与 JavaScript（后面会有专门的篇章讲解）一起使用来启动脚本。下面的代码就利用 button 按钮在浏览器中显示了一个弹窗，图 4-14 是单击“点我！”按钮后出现弹窗的效果。

代码示例如下：

```
<form action="form.php" method="post">
    <input type="button" value="点我！"  onclick="alert('这是一个按钮！')" />
</form>
```

图 4-14　可单击按钮的弹窗效果

4.3　其他表单元素

4.3.1　select 下拉选择控件

在表单中通过<select>控件可以创建一个下拉式的列表或带有滚动条的列表，可以在列表中选中一个或多个选项，通常用于填写生日、所在地区等信息。开发人员提前设计好选项，让用户在填写信息时可以直接选择，更加方便用户使用。

基本语法如下：

```
<form action="form.php" method="post">
    <select name="week">
        <option value="1">1</option>
        <option value="2">2</option>
        <option value="3">3</option>
        <option value="4">4</option>
        <option value="5">5</option>
        <option value="6">6</option>
        <option value="7">7</option>
    </select>
</form>
```

代码运行效果如图 4-15 所示。

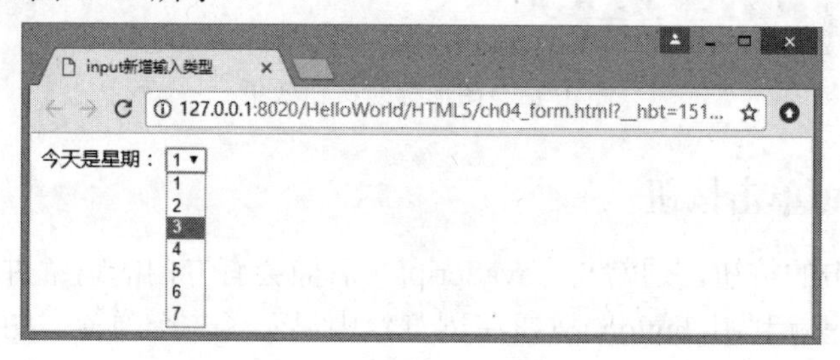

图 4-15　下拉列表代码运行效果

1．<select>标签的属性

1）name="列表名"：所有选项只有一个 name。

2）multiple="multiple"：设置 select 控件为多选，可在列表中使用 Ctrl 键+鼠标进行多选。一般不用。

3）size="1"：规定下拉列表中可见选项的数目。如果 size 属性的值大于 1，但是小于列表中选项的总数目，下拉列表就会显示出滚动条，表示可以查看更多选项。

代码示例如下：

```
<form action="form.php" method="post" size="5" multiple="multiple">
    <select name="week">
        <option value="1">1</option>
        <option value="2">2</option>
        <option value="3">3</option>
        <option value="4">4</option>
        <option value="5">5</option>
        <option value="6">6</option>
        <option value="7">7</option>
    </select>
</form>
```

代码中给下拉列表设置了 multiple 和 size 属性，在图 4-16 中可以看到，列表只显示了 5 项，其余项需要通过拖动滚动条才能查看。

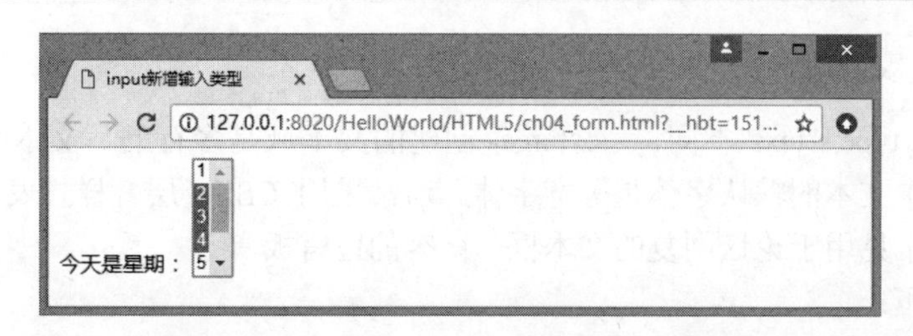

图 4-16　添加 multiple 和 size 属性的下拉列表

2．<option>标签的属性

1）value=""：分为两种情况。

当选项 option 没有 value 属性时，往后台传递的是<option></option>标签中的文字；当选项 option 有 value 属性时，往后台传递的是 value 属性的值。

2）title=""：鼠标指上后显示的文字，与图片的 title 属性类似。

3）selected="selected"：默认选中，即 select 的初始值。

3．利用<optgroup>标签分组

<optgroup label="分组名"></optgroup>用于将<option>标签进行分组，label 属性表示分组名。下面的示例就是选项分组的一个应用，在从下拉列表选择地区城市时可以根据省份、城市的不同进行分组，方便用户查找选择。

代码示例如下：

```
<form action="form.php" method="post">
    <select name="city">
        <optgroup label="山东省">
            <option value="1" title="青岛">青岛</option>
            <option value="2" selected="selected">烟台</option>
            <option value="3">济南</option>
        </optgroup>
        <optgroup label="北京市">
            <option>海淀区</option>
            <option>朝阳区</option>
        </optgroup>
</select>
</form>
```

代码运行效果如图 4-17 所示。

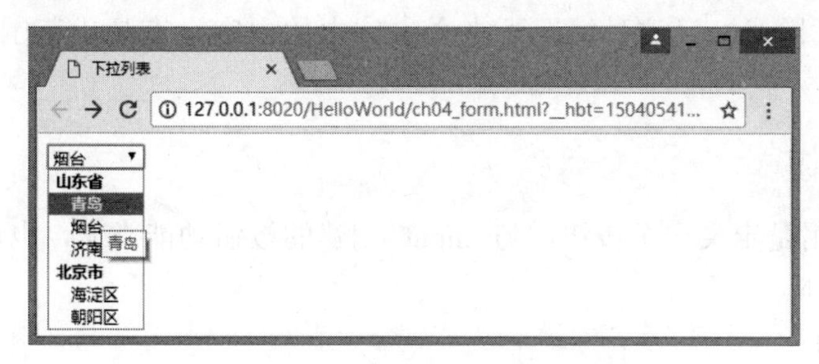

图 4-17　采用分组形式的下拉列表效果

4.3.2 textarea 文本域

与<input>的 type="text"不同，<textarea>创建的文本域是多行的，文本区中可容纳无限数量的文本，其中文本的默认字体是等宽字体。通常采用 CSS（层叠样式表）来设置其宽度和高度。文本域常见用于论坛回复的文本框、博客的留言板等。

基本语法如下：

```
<form action="form.php" method="post">
    <textarea style="width: 200px; height: 150px;">这是文本域的内容</textarea>
</form>
```

代码运行效果如图 4-18 所示。

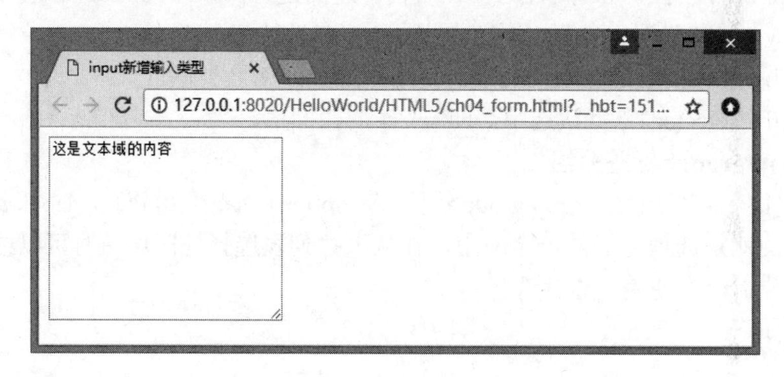

图 4-18　添加 CSS 的文本域效果

文本域的属性如下：

1）设置宽高：cols 规定文本域内可见的列数，rows 规定文本域内可见的行数，但这种方式并不常用。通常用 CSS 来规定其宽度和高度，如：style="width: 200px; height: 150px;"。

2）readonly="readonly"：设置为只读模式，不允许编辑。

3）disable="disable"：设置禁用文本域。

除以上文本域自带属性外，还时常通过 CSS 设置其样式。

1）style="resize: none;"：设置宽高不允许拖放修改。

2）style="overflow: hidden;"：设置当文字超出区域时，如何处理。当然也可以通过 overflow-x/overflow-y 分别设置水平或垂直方向的显示方式。

其中，overflow 有三个常用属性值：hidden 设置超出区域的文字，隐藏无法显示；scroll 设置无论文字多少，均会显示滚动条；auto 设置为自动，根据文字多少自动决定是否显示滚动条（默认样式），这种情况下当文本域中的内容没有超出范围时，滚动条呈灰色状。

4.3.3 button 按钮

<button>的作用是定义一个按钮，与<input>创建的按钮功能类似，也可以与 JavaScript 一起使用来启动脚本。

基本语法如下：

```
<form action="form.php" method="post">
    <button type="button">这是一个按钮</button>
</form>
```

在 <button>内部可以放置内容，如文本或图像。这是该元素与使用<input>创建的按钮之间的不同之处。

注意：始终需要为 <button> 元素规定 type 属性。不同的浏览器对 <button> 元素的 type 属性使用不同的默认值。

4.4　HTML5 智能表单

在 HTML5 中，表单新增了一些属性和元素，这些属性和元素让表单变得更加方便实用。例如，autocomplete 属性可以让表单具有自动完成功能，浏览器会根据用户之前输入的值自动完成，这就让表单的填写更加方便。接下来具体学习 HTML5 新增的属性和元素。

4.4.1　表单分组

<fieldset>可以组合表单中的相关元素，将表单根据不同的内容进行分组。

基本语法如下：

```
<form action="form.php" method="post">
    <fieldset >
        <legend>这是一个表单</legend>
        其他表单控件
    </fieldset>
</form>
```

图 4-19 所示为一个简单的表单分组。

图 4-19　一个简单的表单分组

其中，<fieldset >表示表单边框，<legend>表示表单标题。如果想要让标题嵌入到边框中，则需将标题标签写到边框标签里面，就像上面代码示例中所写的一样。另外，一个表单可以有多个边框与标题的组合。

代码示例如下：

```
<form action="form.php" method="post">
```

```
        <fieldset >
            <legend>这是表单的第一部分</legend>
            其他表单控件
        </fieldset>
        <fieldset >
            <legend>这是表单的第二部分</legend>
            其他表单控件
        </fieldset>
    </form>
```

代码运行效果如图 4-20 所示。

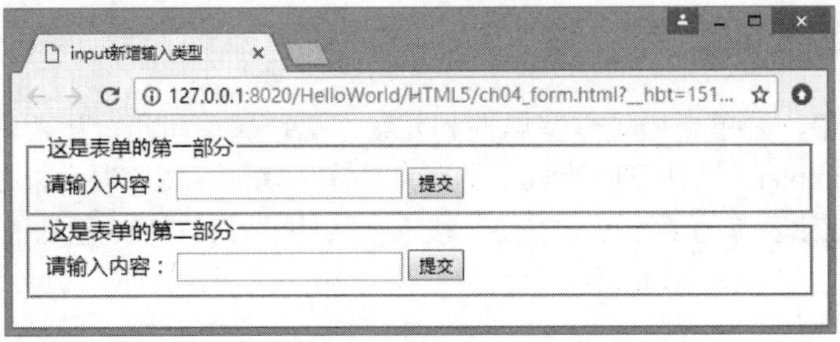

图 4-20　多个表单分组效果

4.4.2　表单新增元素及属性

1．HTML5 表单新增元素

表 4-1 所示为 HTML5 表单新增元素。

表 4-1　HTML5 表单新增元素

新增元素	描　述
<datalist>	<input>标签定义选项列表。它与<input>元素配合使用来定义<input>可能的值
<keygen>	<keygen> 标签规定用于表单的密钥对生成器字段
<output>	<output> 标签定义不同类型的输出，比如脚本的输出

以第一个<datalist>为例，对它的用法进行介绍，其他元素由于并不常用，此处就不再做出详细说明，感兴趣的读者可以查看帮助文档深入学习。

<datalist>具有和 autocomplete 类似的自动完成功能，但它还有一个功能是 autocomplete 属性所没有的，那就是在使用<datalist>时，它可以根据用户输入的内容，在预先设置好的列表中筛选出与用户输入相关的信息作为备选。

基本语法如下：

```
<form action="form.php" method="post">
    <input type="text" list="list" />
    <datalist id="list">
        <option>123</option>
```

```
    </datalist>
</form>
```

代码示例如下：

```
<form action="form.php" method="post">
    请输入：
    <input type="text" list="list" />
    <datalist id="list">
        <option>123</option>
        <option>abc</option>
        <option>456</option>
        <option>def</option>
        <option>789</option>
    </datalist>
</form>
```

执行代码，输入框激活时右侧会出现一个下拉箭头。单击下拉箭头会出现候选内容如图 4-21 所示，当输入的内容与选项列表中的候选内容相关时，就会在下拉列表中显示相关内容，如图 4-22 所示。

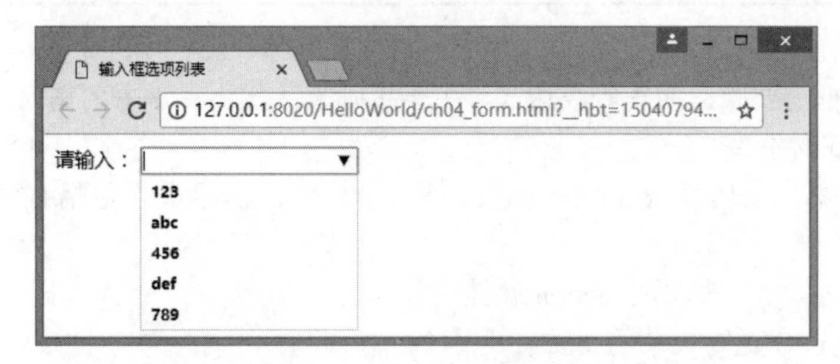

图 4-21　下拉列表中的候选内容

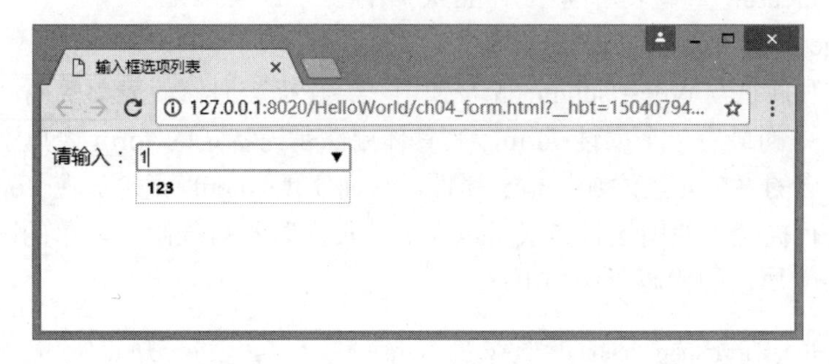

图 4-22　下拉列表中的相关内容

2．HTML5 表单及其控件部分新增属性

（1）表单新增属性

表单新增属性见表 4-2。

表 4-2　表单新增属性

属　　性	说　　明
autocomplete	规定 form 表单具有自动完成功能。当用户在自动完成域中开始输入时，浏览器应该在该域中显示填写的选项
novalidate	规定在提交表单时不进行验证

autocomplete 属性值有 on 和 off，novalidate 属性值有 true 和 false。

（2）<input>标签新增属性

<input>标签新增属性见表 4-3。

表 4-3　<input>标签新增属性

属　　性	说　　明
autocomplete	规定<input>标签具有自动完成功能
autofocus	规定在页面加载时，控件自动地获得焦点（不过一个页面只能有一个控件使用该属性）
required	规定输入的字段是必需的（必须填写）
pattern	规定通过其检查输入值的正则表达式
form overrides	规定表单重写属性
form	规定输入域所属的一个或多个表单

表 4-3 中的前三个属性比较简单，本书不再展开具体介绍；第四个属性 pattern 是用于表单提交时输入框需要验证的正则表达式，关于正则表达式将在本书的第 18 章中进行详细讲解，此处不做具体介绍。

表 4-3 中的第五个属性 form overrides 是一个合集，实际上它包括有多个属性，具体如下：

1）formaction：重写表单的 action 属性。

2）formenctype：重写表单的 enctype 属性。

3）formmethod：重写表单的 method 属性。

4）formnovalidate：重写表单的 novalidate 属性。

5）formtarget：重写表单的 target 属性。

上述表单重写属性与 type="submit"配合使用，会在提交时修改表单的属性值。

对于表 4-3 中的最后一个属性 form，其具体用法是为特定的 form 表单添加 id，再为希望与表单一起提交的表单元素添加 form 属性，从而实现<input>无须放在<form>标签之中，也可通过表单进行提交，使用这种方式可以在设计页面时不再局限于表单的固定位置，让页面更加美观。form 属性的代码示例如下：

```
<form action="form.php" method="post" id="form1">   <!—为表单添加 id 属性-->
    用户名:<input type="text" name="name" list="data1" maxlength="6"/>
    <datalist id="data1">
        <option>1234</option>
        <option>2234</option>
        <option>3234</option>
    </datalist>
```

```
        密码:<input type="password" name="pwd" />
        <input type="submit" value="提交" />
    </form>
    <!—在表单外的<input>添加了 form 属性，其内容会随表单一起提交-->
    表单外的输入框：<input type="text" name="test" form="form1" />
```

（3）<input>标签新增输入类型

<input>标签新增输入类型见表 4-4。这些新增输入类型在不同浏览器中显示效果会有所不同，另外在某些不支持新增输入类型的浏览器中可能功能无法使用。

表 4-4　<input>标签新增输入类型

输入类型	作　用	浏览器支持
color	定义拾色器	Opera、Chrome
date	限制用户输入时间格式	Opera、Chrome
email	限制用户输入 email 格式	IE10 以上版本、Firefox、Opera、Chrome、Safari
number	限制用户输入数字格式	IE10 以上版本、Opera、Chrome、Safari
range	定义包含一定范围内的值的数字字段	IE10 以上版本、Opera、Chrome、Safari
search	定义用于输入搜索字符串的文本字段	Chrome、Safari

表 4-4 中输入类型的代码示例如下：

```
    <form>
        拾色器：<input type="color" name="test" /><br /><br />
        日期选择：<input type="date" name="test" /><br /><br />
        电子邮件：<input type="email" name="test" /><br /><br />
        数字输入框：<input type="number" name="test" /><br /><br />
        滑块输入：<input type="range" name="test" /><br /><br />
        搜索框：<input type="search" name="test" /><br /><br />
    </form>
```

代码运行效果如图 4-23 所示。

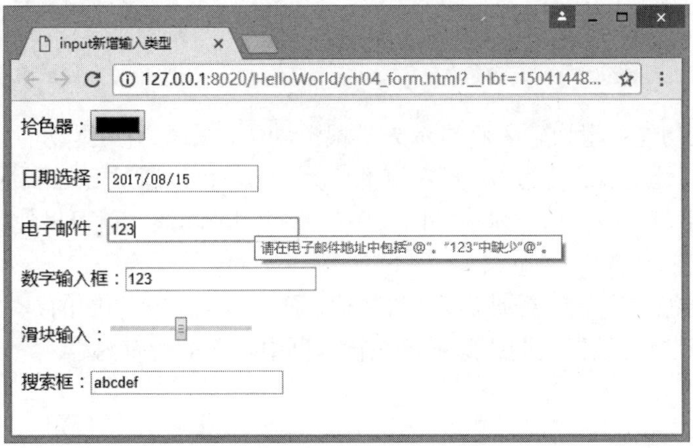

图 4-23　<input>标签新增输入类型效果

下面对这几种新增的输入类型进行详细介绍。

1）拾色器功能：单击色块后会弹出“颜色”对话框（图 4-24），让用户来选择颜色。

2）日期选择功能：在鼠标移到输入框时会在右侧出现下拉箭头，单击箭头则会出现如图 4-25 所示的日期选择框。

3）电子邮件功能：这个功能不用做过多解释，当输入框的 type 属性设置为 email 时，输入的内容必须符合电子邮件的基本规范。

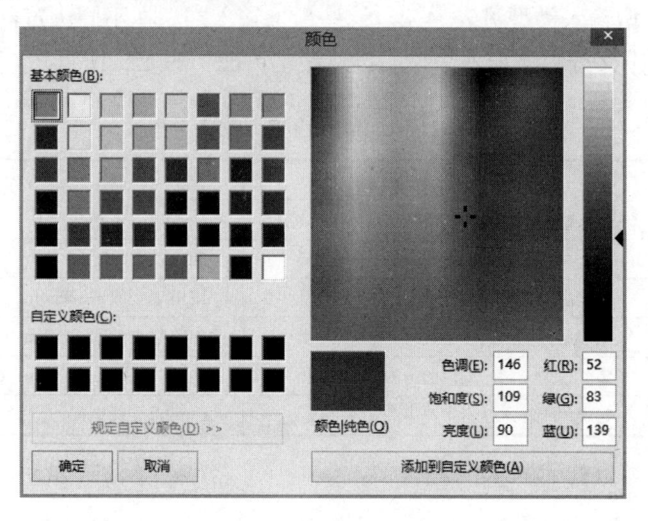

图 4-24 “颜色”对话框

4）数字输入框功能：当鼠标移到输入框上时，会出现上下调整的箭头按钮（图 4-26），此时可以通过单击按钮调整数值，也可以通过键盘直接输入。

图 4-25 日期选择

人数：9

图 4-26 数字输入框

5）滑块输入功能：滑块输入将显示为一根滑动条，根据用户滑动的位置确定选中的数值。默认情况下，最左端的值为 0，最右端的值为 100。可以通过 min 属性和 max 属性分别确定滑动条的最小值与最大值。例如，网页中的音量调节功能，就可以使用滑块输入功能，如图 4-27 所示。

6）搜索框功能：在搜索框被激活时，与普通文本输入框不同的是右侧会有一个叉号（图 4-28），单击“×”按钮就会删除用户在输入框中输入的所有内容。

图 4-27 网页音量调节　　图 4-28 搜索框

4.5　章节案例：用户注册页面实现

运用本章所学内容，完成如图 4-29 所示的用户注册页面。

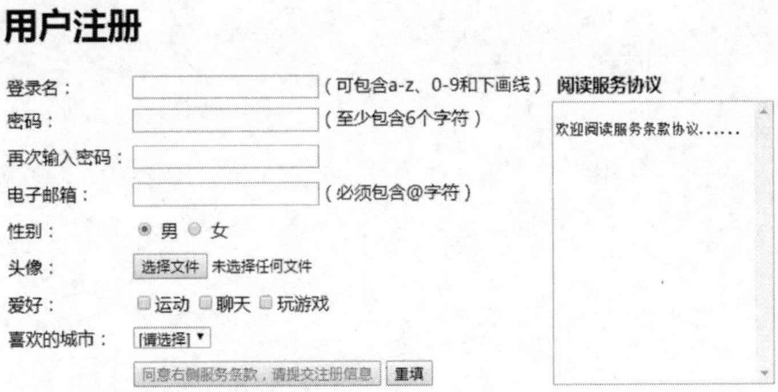

图 4-29　用户注册页面案例效果图

【案例代码】

```
<!DOCTYPE html>
<html>
	<head></head>
	<body>
		<h1>用户注册</h1>
		<form action="" method="get">
			<table>
				<tr>
					<td>登录名：</td>
					<td>
						<input type="text" name="us" />（可包含 a-z、0-9 和下画线）
					</td>
					<td>
						<b>阅读服务协议</b>
					</td>
				</tr>
				<tr>
					<td>密码：</td>
					<td>
						<input type="password" name="mm" />（至少包含 6 个字符）
					</td>
					<td rowspan="8">
						<textarea style="height: 250px; width: 200px; resize: none; overflow-y: scroll;" readonly="readonly">
							欢迎阅读服务条款协议......</textarea>
					</td>
				</tr>
```

```
<tr>
    <td>再次输入密码：</td>
    <td>
        <input type="password" name="zcmm" />
    </td>
</tr>
<tr>
    <td>电子邮箱：</td>
    <td>
        <input type="text" name="dzyx" />（必须包含@字符）
    </td>
</tr>
<tr>
    <td>性别：</td>
    <td>
        <input type="radio" name="sex" value="男" checked="checked" />
        男
        <input type="radio" name="sex" value="女" />
        女
    </td>
</tr>
<tr>
    <td>头像：</td>
    <td>
        <input type="file" accept="image/*" name="tx" />
    </td>
</tr>
<tr>
    <td>爱好：</td>
    <td>
        <input type="checkbox" name="ah" value="运动" />运动
        <input type="checkbox" name="ah" value="聊天" />聊天
        <input type="checkbox" name="ah" value="玩游戏" />玩游戏
    </td>
</tr>
<tr>
    <td>喜欢的城市：</td>
    <td>
        <select name="city">
            <option>[请选择]</option>
            <option>青岛</option>
            <option>烟台</option>
        </select>
    </td>
</tr>
<tr>
```

```
                                        <td></td>
                                        <td>
                                              <input  type="submit"  value="同意右侧服务条款，请提交注册信
息" disabled="disabled" />
                                              <input type="reset" value="重填" />
                                        </td>
                                  </tr>
                            </table>
                      </form>
                </body>
          </html>
```

【章节练习】

1．表单的常用属性包括_______、_______、_______ 三个。

2．简述 post 方法与 get 方法的区别。通常采用哪种？

3．<input>标签 type 属性的 9 个常用类型分别为 text、password、_______、_______、_______、radio、_______、_______、_______。

4．列举五个以上表单中属性名等于属性值的属性。

5．写出<datalist>元素的用法（以代码形式）。

6．列举智能表单<input>标签的新增输入类型。

第 2 篇　CSS3

第 5 章　CSS 基础知识

学习了 HTML 后，就可以组织网页的内容了，但网页并没有进行美化。从本章开始，读者将进入 CSS 环节的学习。CSS 是层叠样式表（Cascading Style Sheets）的简称，是一种用来表现 HTML 等文件样式的计算机语言。

本章学习目标：

➢ 了解 CSS 的基本概念及语法结构。

➢ 了解页面中使用 CSS 的三种方式。

➢ 熟练掌握各种 CSS 选择器的使用。

➢ 了解 CSS 选择器命名规范及优先级。

通过本章的学习，读者可以初步认识并学会使用 CSS，同时掌握 CSS 中最常用的选择器概念，能够用 CSS 进行网页的简单美化。

5.1　CSS 概述

CSS 是制作网页必须用到的知识，未使用 CSS 的网页是非常简陋的，用户体验非常差。未使用 CSS 时网页的呈现情况如图 5-1 所示。

图 5-1　未用 CSS 时网页的呈现情况

运用 CSS 进行美化后，则会为用户提供更好的观感，体验也会有大幅提升。图 5-2 所示是用 CSS 美化后的页面。

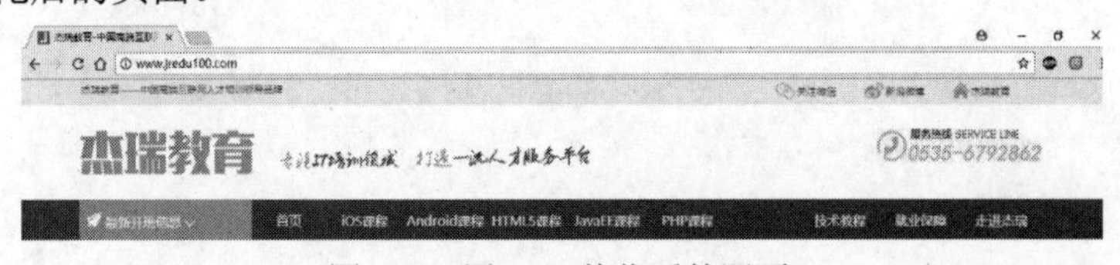

图 5-2　用 CSS 美化后的网页

5.1.1　CSS 简介

CSS 于 1996 年由 W3C 组织制定，最新的版本为 CSS3，主要用于美化网页。CSS 是对页面内容数据和显示风格分离思想的一种体现，通过建立定义样式的 CSS 文件，让 HTML 文件调用 CSS 文件所定义的样式，如果需要修改 HTML 中的部分显示风格，只要修改对应的 CSS 文件即可，极大地提高了工作效率。

5.1.2　CSS 语法结构

CSS 由两部分组成：选择器及一条或多条声明。选择器用于选中用户需要改变样式的 HTML 元素，选择器的声明部分由大括号包裹，每条声明由一个属性和一个属性值组成。属性是需要对元素进行设置的样式属性，属性和属性值用冒号分开，多个属性之间用分号分隔。

基本语法如下：

```
选择器{
    属性:属性值;
    [属性:属性值; ...]
}
```

代码示例如下：

```
h1{
    color:red;
}
```

代码解释如下：

1）h1：选择器，表示要选择所有的 h1 标签。

2）color：属性名，表示要对字体颜色属性进行设置。

3）red：属性值，表示要设置字体颜色为红色。

4）属性与属性值组成了一个声明，属性与属性值之间用冒号分隔。

使用 CSS 时，注意事项如下：

1）CSS 是大小写不敏感的，但规范的写法是全部小写。

2）规范性要求，每一行只写一个声明。

3）规范性要求，每个声明后边需要添加分号作为结束符。

4）所有符号均为英文，切勿使用中文符号。

5）注意代码的缩进，用 HBuider 编写代码会有提示，避免拼写错误。

5.1.3　CSS 注释

为样式表添加注释有助于标记样式的作用范围以及复杂样式的作用等，便于进行后期的维护。CSS 添加注释的方式为/*……*/。注释代码示例如下：

```
/*设置 h1 标签的样式*/
h1{
    /*设置字体颜色为红色*/
    color:red;
}
```

CSS 代码作为网页的独立的模块存在，要将编写好的 CSS 应用于 HTML 标签，使其产生效果，必须将其与 HTML 标签关联。具体关联方式有三种：行内样式表、内部样式表和外部样式表。

5.1.4 行内样式表

行内样式表，顾名思义，就是将 CSS 代码放置在 HTML 代码内部，作为 HTML 标签的属性存在，HTML 代码与 CSS 代码处于同一行中。

代码示例如下：

```
<a href="#" style="color:red;font-size:10px;">日用百货</a>
<!--产生一个红色的，字号是 10px 的超链接-->
```

行内样式表的特点如下：

1）将 CSS 代码与 HTML 代码糅合在一起，不符合 W3C 关于“内容与表现分离”的基本规范，不利于后期维护。

2）可以单独定义某个元素的样式，灵活方便。

3）优先级最高，但是不推荐使用，仅在测试时可以采用。

5.1.5 内部样式表

内部样式表也称为内嵌样式表，是指 CSS 代码内嵌到 HTML 代码中，二者处于同一个文件中，通常 CSS 代码放置在 HTML 代码的<head>标签内部。

代码示例如下：

```
<head>
    <!--charset="UTF-8"表示当前文档采用字符集中 utf-8,支持中文-->
    <meta charset="UTF-8">
    <title>内部样式表</title>

    <!--内部样式表 代码要放置在 style 标签内-->
    <style type="text/css">
        div{
            color:red;
        }
    </style>
</head>
```

内部样式表的特点如下：

1）写在<head>标签中，一定程度地将 CSS 代码与 HTML 代码进行了分离，但是分离不够彻底，无法应用于其他 HTML 文件，实现样式复用。

2）优先级低于行内样式表。

5.1.6 外部样式表

外部样式表是指 CSS 代码完全独立出来，单独放置在扩展名为.css 的文件中，在 HTML

文件中，将 CSS 文件引入进来，形成关联。

代码示例如下：

```
<head>
    <meta charset="UTF-8">
    <title>外部样式表</title>
    <link rel="stylesheet" type="text/css" href="css/ch05.css" />
</head>
```

其中，<link>标签具有以下属性：

1）rel 属性：声明被链接文档与当前文档的关系，必写。

2）type 属性：被链接文档的类型，可写。

3）href 属性：被链接文档的地址，必写。

外部样式表的特点如下：

1）与内部样式表一样，写在<head>标签中，实现了 CSS 代码与 HTML 代码的彻底分离，方便样式复用与后期维护，符合 W3C 规范。

2）优先级要低于内部样式表。

3）后续开发中推荐使用此种方式。

【扩展阅读】 导入外部样式表的另一种方式。

导入外部样式表除了可以使用<link>标签链接外，还可以使用@import 的方式导入。

代码示例如下：

```
<head>
    <meta charset="UTF-8">
    <title>外部样式表</title>
    <style type="text/css">
        @import url("css/ch05.css");
    </style>
</head>
```

【两种导入方式的区别】

1）<link>标签是标准的 HTML 标签，而 import 不是。

2）<link>标签可以链接各种形式的文件，import 只能导入 CSS。

3）<link>标签使用的是链接的方式，相当于在 HTML 与 CSS 文件中的桥梁；而 import 使用的是导入的方式，会在文档加载时将 CSS 文件的代码导入到 HTML 文档中。

4）<link>标签会在网页边加载的时候链接 CSS 文件，而 import 会在 HTML 文档完全加载完后，才导入 CSS 文件。

综上所述，一般使用<link>标签进行样式表的导入。

注意：CSS 优先级是指当 CSS 声明发生冲突时，即将在两个不同位置，对同一 HTML 标签进行同样的 CSS 属性定义，但取值不同。优先采用的属性值通常是按就近原则来进行取值，即行级样式表>内部样式表>外部样式表。

5.2 CSS 选择器

CSS 选择器是指 CSS 选择要修饰的元素，对指定元素进行修饰美化。简单的选择器可以对给定类型的所有元素进行格式化，复杂一些的选择器可以根据元素的上下文、状态等来应用样式。

5.2.1 通用选择器

写法：*{}。

作用：选中页面中的所有标签，一般用于定义最通用的属性，设置默认值。

优先级：最低，低于所有选择器。

代码示例如下：

```
*{
    padding: 0px;
    margin: 0px;
    font-family: "微软雅黑",sans-serif;
    font-size: 12px;
}
```

5.2.2 标签选择器

写法： HTML 标签名{样式属性:样式属性值;……}。

作用：选中页面中所有的对应标签，当需要对某类标签进行统一设置样式时采用。

优先级：高于通用选择器。

代码示例如下：

```
div{
    width: 100%;
    height: 90px;
    background-color: red;
}
/*HTML 部分代码*/
<div>这是一个 div</div>
```

代码含义：选择所有<div>标签，并给标签设置宽度、高度、背景色等样式属性，当页面包含有多个<div>标签时，都会被选中。

5.2.3 类选择器

写法：.类名称{}。

调用：在需要改变样式的标签上，使用 class="选择器名称" 调用对应选择器。

作用：修改所有调用选择器的标签。

优先级：高于标签选择器。

代码示例如下：

```
.first{
      width: 200px;
      color: #F00;
}
/*HTML body 部分代码*/
<div>
      <ul>
            <li class="first">家用电器</li>
            <li>洗衣机</li>
            ……
      </ul>
</div>
```

代码含义：选择类名称为 first 的标签，并给标签设置宽度、字体颜色等样式属性。

注意事项如下：

1）类名称是可以随意取名的，但通用做法是只能包含字母、数字、下画线，并且不以数字开头，否则可能会产生样式不能应用的问题。

2）类名称应该能表示一定意义，不能起毫无意义的名字，如 a。

3）当页面需要对多个元素应用相同样式，则采用类选择器。

4）类选择器可以应用不同标签。

5.2.4　id 选择器

写法：#id 名称{}。

作用：在需要改变样式的标签上，使用 id="选择器名称" 调用对应选择器。

优先级：大于类选择器。

代码示例如下：

```
#list{
      width: 200px;
      height: 200px;
      background-color: #CCC;
}

/*HTML 部分代码*/
<div id="list">
      <ul>
            <li>家用电器</li>
            <li>洗衣机</li>
            ……
      </ul>
</div>
```

代码含义：选择 id 为 list 标签，并给标签设置宽度、高度、背景色等样式属性。

注意事项如下：

1）id 是唯一的，同一页面不能出现多个相同的 id 定义。

2）id 名称要求与类选择器相同。

3）通常当页面中有唯一样式时，采用 id 选择器。

5.2.5 后代选择器与子代选择器

1．后代选择器

写法：选择器 1 选择器 2 选择器 3……{} ，每个选择器之间用空格分隔。

代码示例如下：

```
div .li{
    color: yellow;
}
```

div.li{}表示选中的元素包括 div 里面的 class="li"的元素，其中 class="li"的元素可以是 div 的子代，也可以是 div 的后代，也就是孙代及往后。

2．子代选择器

写法：选择器 1>选择器 2>选择器 3……{} ，每个选择器之间用大于号分隔。

代码示例如下：

```
div>ul{
    color: blue;
}
```

div>ul{}表示 ul 必须是 div 的直接子代，孙代以后不选中。

5.2.6 交集选择器与并集选择器

1．交集选择器

写法：选择器 1 选择器 2……{} ，选择器之间没有分隔符。

代码示例如下：

```
.list#li{
    color: red;
}
```

.list#li{} 元素必须同时具备 class="list"并且 id="li"样式才能生效。

2．并集选择器

写法：选择器 1,选择器 2,……{} ，选择器之间用逗号分隔。

代码示例如下：

```
.li,#li{
    color: red;
}
```

.li,#li{} 元素只要具备 class="li"或者 id="li"，样式即可生效。

5.2.7　伪类选择器

写法：选择器名称:伪类状态{}。

代码示例如下：

```
a:hover{
    color: red;
}
```

常见的伪类状态如下：

link：未访问状态。

visited：已访问状态。

hover：鼠标指向时，即悬停在元素上方时。

active：激活选定状态（鼠标点下去没松开）。

focus：获得焦点时（input 常用）。

超链接多种伪类共存时的顺序如下：link→visited→hover→active。

5.2.8　选择器的命名规则及优先级

1．选择器的命名规则

1）只能由字母、数字、下画线组成，不能有其他任何特殊字符。

2）开头不能是数字，即只能以字母、下画线开头。

2．选择器的优先级

1）第一原则“近者优先”，最内层选择器永远比外层优先。例如：div ul li > div #ul，li 在 ul 内层，所以 li 标签选择器能覆盖外层 id 选择器。

2）当作用在同一层时，可以根据选择器优先级权重进行计算。

标签选择器优先级为 1，class 选择器优先级为 10，id 选择器优先级为 100。例如：div #li > div ul .li > div ul li，优先级权重依次为：1+100 > 1+1+10 > 1+1+1。

3）当优先级权重完全相同时，写在后面的选择器会覆盖前面的选择器。例如：

```
div li{ color:red; }
div li{ color:blue; }    /* 完全相同的选择器，写在后面的生效 */
```

4）除以上原则外，CSS 中还有一个特殊样式规则!important。

!important 的作用是将当前 CSS 语句提升到最高权重，即可以覆盖任何选择器的 CSS 语句。但是并不推荐使用!important，因为它会使你的页面难以修改调试。例如：

```
div li{
    color:red   !important ; /* 使用!important 会将此行语句提升到最高权限 */
}
```

5.3　章节案例：CSS 选择器练习

使用学到的 CSS 选择器知识，实现图 5-3 所示的商品列表展示（部分 CSS 相关属性设置将在第 6 章讲解）。

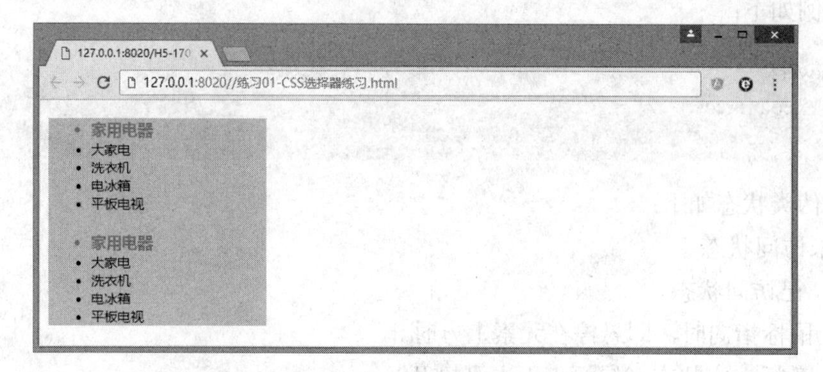

图 5-3　商品列表展示的案例效果图

【案例代码】

```
<style type="text/css">
    #div{
        width: 200px;
        background-color: #ccc;
    }
    #div li{
        font-size: 12px;
    }
    #div .first{
        font-size: 14px;
        color: #ff7300;
        font-weight: bold;
    }
</style>
<div id="div">
    <ul>
        <li class="first">家用电器</li>
        <li>大家电</li>
        <li>洗衣机</li>
        <li>电冰箱</li>
        <li>平板电视</li>
    </ul>
    <ul>
        <li class="first">家用电器</li>
        <li>大家电</li>
        <li>洗衣机</li>
        <li>电冰箱</li>
```

```
        <li>平板电视</li>
    </ul>
</div>
```

【章节练习】

1．列举应用 CSS 的三种方式。

2．CSS 选择器包括哪些？请最少写出 5 个。

3．常见的伪类状态有________、________、hover、________、________。

第 6 章　CSS 常用属性

本章具体介绍实用的 CSS 属性，本章是学习 CSS 环节的重点，也是本书以后最常使用的知识点。

本章学习目标：

➢ 熟练掌握 CSS 常用的文本属性。

➢ 熟练掌握 CSS 常用的背景属性。

➢ 正确使用超链接相关的伪类选择器。

在学完本章后，读者可以熟练使用各种 CSS 属性设置，可以设置网页的字体样式、段落排版和网页背景等属性，使网页更加美观。

6.1　CSS 常用文本属性

首先介绍 CSS 的文本属性，使用 CSS 属性不仅可以控制文字的大小、颜色和字体等，还可以设置整个段落的行高、对齐方式等属性，大大提高网页的可读性。

6.1.1　字体、字号与颜色属性

1．字体

（1）font-family：字体族，设置字体

可以同时设置多个字体，多个字体样式间用逗号分隔，浏览器解析时，会从左往右依次查找。选择可用字体，当浏览器找不到可用字体时，将使用系统默认字体。

一般情况下，前面使用具体字体名称，最后一个使用字体族类名称。表 6-1 是常用字体族名称及说明。图 6-1 所示为衬线体与非衬线体。

表 6-1　常用字体族名称及说明

字体族名称	说　明
衬线体 Serif	字体在末端拥有额外的装饰
非衬线体 Sans-serif（常用）	字体在末端没有额外的装饰
等宽体 Monospace	所有字符具有相同的宽度，等宽字体仅针对西文字体

图 6-1　衬线体与非衬线体

基本语法如下：

```
font-family:Arial, 'Microsoft Yahei', sans-serif;
```

（2）font-style：设置字体样式

通常使用其中的两个属性值：正常(normal) 和斜体(italic)。

基本语法如下：

```
font-style: italic;
```

（3）font：缩写形式

font 的缩写形式依次为 font-style、font-weight、font-size/line-height、font-family，分别是字体样式、字体粗细、字号/行高、字体族。

在使用 font 属性时须注意以下问题：

1）使用时必须严格按照上述顺序。

2）多个样式之间用空格分隔，且 font-size/line-height 必须作为一对用/分隔。

3）font-size 和 font-family 必须指定，其他样式不指定将采用默认样式显示。

基本语法如下：

```
font:italic    bold    75%/1.8            'Microsoft Yahei', sans-serif;
```

2．字号

（1）font-weight：设置字体粗细

可选属性值：bold 加粗、lighter 细体或者填写 100～900 的数字（其中 400 为正常，700 为加粗）。

（2）font-size：设置字体大小

属性值通常为**px 或**%（其中百分比代表浏览器默认字体大小的百分比，绝大部分浏览器默认为 16px）。

3．字体颜色

（1）color：设置字体颜色

属性值有 3 种表达方式。

1）直接写颜色的英文名字：red、green、blue 等。

2）十六进制写法：#FFFFFF，#后每位可选值为数字 0～9 以及英文的 a～f，每两位表示一种颜色，分别对应红绿蓝的比例（最常用，推荐）。

3）rgb 写法：

rgb(0～255,0～255,0～255)

rgba(0～255,0～255,0～255,0～1) 第 4 位数表示透明度，0 表示全透明，1 表示不透明。

（2）opacity：设置透明度

属性值为 0～1 的数字。

注意：使用 opacity 时当前元素以及子元素均会透明；而使用 rgba 调整时，只会使当前元素透明，不会改变子元素透明度。

代码示例如下：

```
#div1{
    /*使用 rgba 设置 div1 背景透明，则 div1 的子元素不会受影响*/
    /*background-color: rgba(255,0,0,0.5);*/

    /*使用 opacity 设置 div1 透明，则 div1 中的所有背景、文字、子元素均会透明*/
    background-color: red;
    opacity: 0.5;
}
```

6.1.2 文本属性

1．line-height

设置行高，属性值表达方式有以下 3 种。

1）像素单位，如 48px。

2）纯数值，表示正常行高的倍数。

3）百分数，表示正常行高的百分数。

line-height 有一个典型应用，就是可以调整元素中文本垂直居中，设置方式为让控件的 height 等于控件的 line-height。

代码示例如下：

```
height:100px;
line-height:100px;    /* 设置行高等于高度，则当前元素中文字垂直居中 */
```

2．text-align

设置块级元素中文字的水平对齐方式，属性值有 left、center、right。

代码示例如下：

```
<!DOCTYPE html>
<html>
    <head>
        <style type="text/css">
            .text_align1{
                height: 30px;
                text-align:left;
            }
            .text_align2{
                height: 30px;
                text-align:center;
            }
            .text_align3{
                height: 30px;
                text-align:right;
            }
```

```
        </style>
    </head>
    <body>
        <div class="text_align1">这是文字居左对齐的段落</div>
        <div class="text_align2">这是文字居中的段落</div>
        <div class="text_align3">这是文字居右对齐的段落</div>
    </body>
</html>
```

代码运行效果如图 6-2 所示。

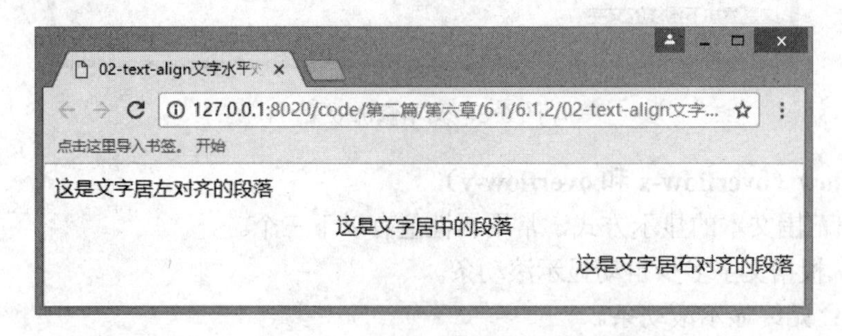

图 6-2　文字对齐方式效果

3．letter-spacing

设置字符间距，即字与字之间的间距，属性值通常为**px。

4．text-decoration

文本修饰属性，常用属性值有四个，分别为下画线 underline、删除线 line-through、上画线 overline、不做修饰 none。

代码示例如下：

```
<!DOCTYPE html>
<html>
    <head>
        <style type="text/css">
            .text_decoration1{
                text-decoration: overline;
            }
            .text_decoration2{
                text-decoration: line-through;
            }
            .text_decoration3{
                text-decoration: underline;
            }
    </style>
    </head>
    <body>
        <div class="text_decoration1">这是添加上画线的文字</div>
        <div class="text_decoration2">这是添加删除线的文字</div>
```

```
            <div class="text_decoration3">这是添加下画线的文字</div>
        </body>
    </html>
```

代码运行效果如图 6-3 所示。

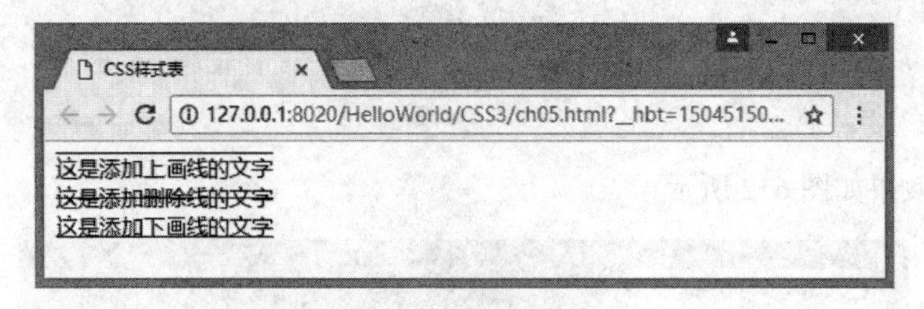

图 6-3　文本修饰效果

5．overflow（overflow-x 和 overflow-y）

控制超出范围文本的显示方式，常用属性值有以下三个。

1）auto：根据文字多少自动显示滚动条。

2）scroll：始终显示滚动条。

3）hidden：超出范围文本隐藏，可以通过 overflow-x 和 overflow-y 分别设置水平垂直方向的隐藏。

注意：这个属性已经在第 4 章中进行详细讲解，此处不再赘述。

6．text-overflow

设置多余文字的显示方式，常用属性值有两个。

1）clip：裁剪文本；

2）ellipsis：使用省略号代替多余文字。

7．white-space

设置元素内的空白符怎样处理。常见属性值如下：

1）normal：默认，空白会被浏览器忽略。

2）nowrap：设置中文行末不断行显示。

3）pre：空白会被浏览器保留。作用类似 HTML 中的 <pre> 标签。

【重点】如何让每行多余文字显示省略号？

1）white-space：nowrap; 如果是中文，需设置行末不断行。

2）overflow：hidden; 设置控件超出范围隐藏。

3）text-overflow：ellipsis; 设置多余文本省略号显示。

8．text-shadow

文本阴影，有 4 个属性值。

1）水平阴影距离：必写，数值越大，阴影右移。

2）垂直阴影距离：必写，数值越大，阴影下移。

3）阴影模糊距离：可写，数值越大，阴影越模糊。默认为 0，不模糊。

4）阴影颜色：可写，默认为黑色。

代码示例如下：

```
<!DOCTYPE html>
<html>
<head>
    <meta charset="UTF-8">
    <title>CSS 样式表</title>
    <style type="text/css">
        .text_shadow{
            text-shadow: 5px 5px 2px red;
        }
    </style>
</head>
<body>
    <h2 class="text_shadow">文字阴影</h2>
</body>
</html>
```

代码运行效果如图 6-4 所示。

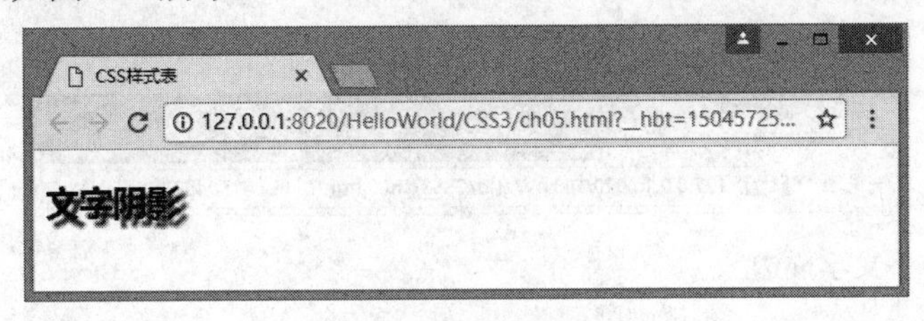

图 6-4　文字阴影效果

这里还需要补充，文本阴影可以同时设置多个阴影，每个阴影效果之间以逗号分隔即可。例如，将上述阴影代码改为下述语句：

```
.text_shadow{
    text-shadow: 5px 3px 3px blue,-5px -3px 3px red;
}
```

代码运行效果如图 6-5 所示。

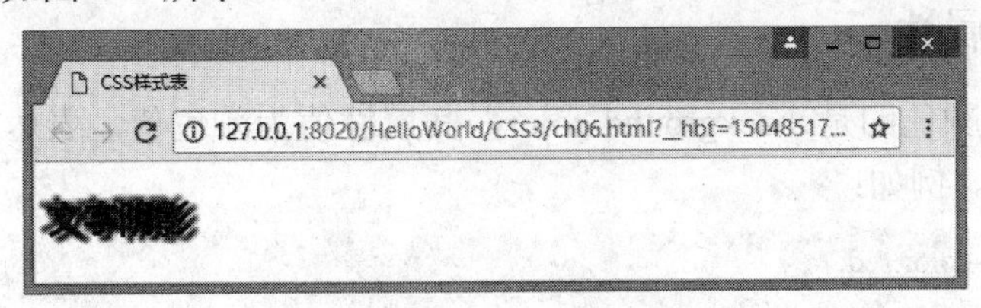

图 6-5　多个文字阴影效果

9．text-indent

首行缩进，可以使用像素值调整段落文字的首行缩进大小。

代码示例如下：

```
text-indent:32px;   // 首行缩进 32px，默认字体大小 16px 的情况下，将首行缩进两个字
```

10．text-stroke

设置文字描边，需要注意的是 text-stroke 只能在 webkit 内核浏览器中使用，所以必须使用“-webkit-”前缀，共接收两个属性值分别为描边的粗细，描边的颜色。

代码示例如下：

```
<!DOCTYPE html>
<html>
<head>
	<style type="text/css">
		.text_stroke{
			-webkit-text-stroke: 2px yellow;
		}
	</style>
</head>
<body>
	<h2 class="text_stroke">文字描边</h2>
</body>
</html>
```

代码运行效果如图 6-6 所示。

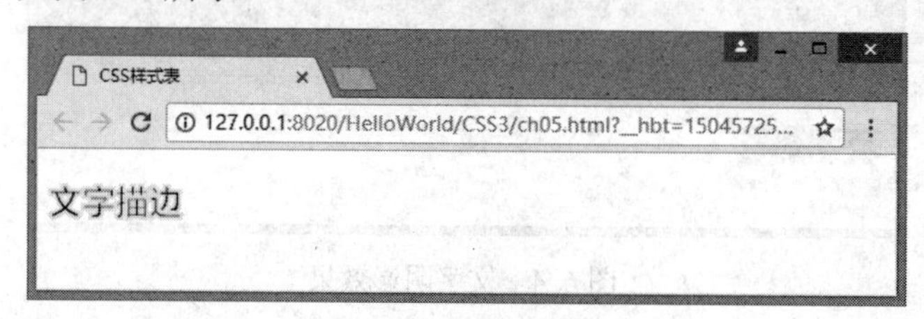

图 6-6　文字描边效果

6.2　CSS 常用背景属性

网页可以用颜色当背景，也可以用图片当背景，选择合适的颜色或背景可以使网页的风格趋近统一，同时让网页更加美观。

6.2.1　背景颜色属性

设置网页背景颜色的是 background-color，其属性值为颜色值，表达方式与字体颜色的三种设置方法相同。例如：

```
background-color:red;
background-color:#66CCFF;
background-color:RGBA(255,255,0,0.5);
```

6.2.2　背景图像属性

1．background-image

设置背景图像，背景图和背景色同时存在时，背景图会覆盖背景色。

基本语法如下：

```
background-image: url(图片地址的相对路径);
```

2．background-repeat

当背景图大小小于元素实际区域大小时，会默认将背景图进行平铺展示。可以使用 background-repeat 设置背景图平铺方式。可选属性值有四个：

1）no-repeat：不平铺。

2）repeat：平铺（默认）。

3）repeat-x：水平方向平铺。

4）repeat-y：垂直方向平铺。

3．background-size

设置背景图大小，可以分为两种方式设置。

（1）指定宽度和高度

指定宽高的写法也分为两种，第一种是直接写带像素单位的数值；第二种是写百分比（即宽高为父容器宽高的百分比）。两种方式都有两个属性值，第一个属性值为宽度，第二个属性值为高度。

1）当只有一个属性值时，默认为宽度与高度等比缩放。

2）当有两个属性值时，会按照指定的高度与宽度进行压缩或拉伸显示。

（2）等比缩放

等比缩放也有两种方式，分别是 contain 和 cover。

1）contain：图片等比缩放，缩放到宽或高的某一边等于父容器的宽高，另一边按照图片大小缩放（可能导致部分区域无法覆盖）。

2）cover：图片等比缩放，使背景图像完全覆盖背景区域（可能导致背景图部分区域无法显示）。

4．background-position

设置背景图像的起始位置。属性值有两种写法，第一种使用指定位置关键字；第二种是使用数值。

1）指定位置关键字：属性值有 left、right、top、bottom 和 center。当只写一个属性值时，另一个默认为 center。

2）使用数值：两个值，分别表示水平位置和垂直位置，可以采用像素值或百分比形式。

在使用 background-position 属性时需要注意以下三点：

1）当只写一个属性值时，默认为水平方向，垂直设为居中。

2）当使用像素时，数值表示图片的左上角往各个方向移动的实际距离。

注意：在水平方向上，正数右移，负数左移；在竖直方向上，正数下移，负数上移，可以概括为左负右正，上负下正。

基本语法如下：

```
/* 图片相对于左上角，水平方向右移 50px，垂直方向上移 50px */
background-position: 50px -50px;
```

3）当使用百分数时，一般只能是正数。百分数表示去掉图片的大小后，元素中剩余空白距离的分布比例。

例如，background-position：30%; 代表水平方向去掉图片的宽度后，元素剩余区域宽度以 3:7 显示。示意图如图 6-7 所示。

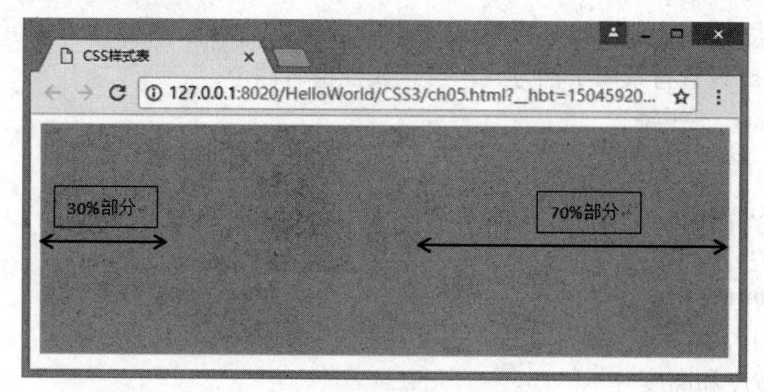

图 6-7　图像定位示意图

5．background-origin

设置背景图的定位方式。属性值有三个：

1）border-box：从边框外缘开始。

2）padding-box：从边框内缘开始。

3）content-box：从文字内容区开始。

background-origin 不改变背景图显示区域大小，只决定左上角定位位置。

6．background-clip

裁切背景图和背景色显示区域。其属性值有三个：

1）border-box：从边框外缘开始显示。

2）padding-box：从边框内缘开始显示。

3）content-box：从文字内容区开始显示。

不在显示区域内的背景图或背景色，会被裁切不显示。background-clip 不改变定位位置，只是通过裁切显示部分区域。

7．background-attachment

设置背景图像是否固定或者随着页面的其余部分滚动。主要属性值有两个：

1）scroll：默认值，背景图像会随着页面其余部分的滚动而移动。

2）fixed：当页面的其余部分滚动时，背景图像不会随之移动。

8．background

背景的简写属性，在一个声明中设置所有的背景属性。当使用简写属性时，属性值的顺序如下所示：

- background-color
- background-image
- background-repeat
- background-attachment
- background-position

基本语法如下：

```
background: red  url("img/img.jpg")  no-repeat  scroll  20px -20px;
```

注意：上述属性不必全部使用，可以按照页面的实际需要使用。

6.3　CSS 其他常用属性

6.3.1　列表常用属性

list-style 规定列表的样式，即每个列表项前的标志。常用属性值见表 6-2。

表 6-2　列表样式属性

属性值	方　式	语法实现	示　例
none	无样式	list-style:none;	刷牙
disc	实心圆（<ul>默认类型）	list-style:none;	● 刷牙
circle	空心圆	list-style:none;	○ 刷牙
square	实心正方形	list-style:none;	■ 刷牙
decimal	数字（<ol>默认类型）	list-style:none;	1. 刷牙

除以上方式外，还可以直接使用图像作为列表的标志。基本语法如下：

```
ul li {list-style-image : url(xxx.png);}
```

6.3.2　超链接样式属性

超链接与其他标签相比有些特殊，可以有多种状态，如“未访问状态”“已访问状态”等，而用于表示超链接不同状态样式的选择器就称为“伪类选择器”。

代码示例如下：

```
a:link {color:#FF0000;}          /* 未被访问的链接 */
a:visited {color:#00FF00;}       /* 已被访问的链接 */
a:hover {color:#FF00FF;}         /* 鼠标指针移动到链接上 */
a:active {color:#0000FF;}        /* 正在被单击的链接 */
```

效果如图 6-8 和图 6-9 所示。

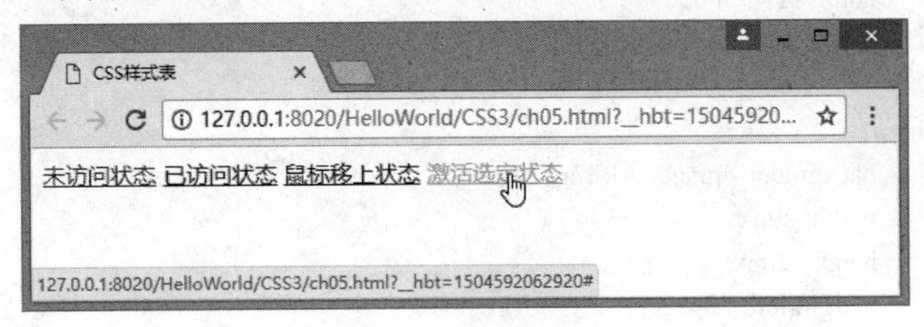

图 6-8　鼠标移上状态

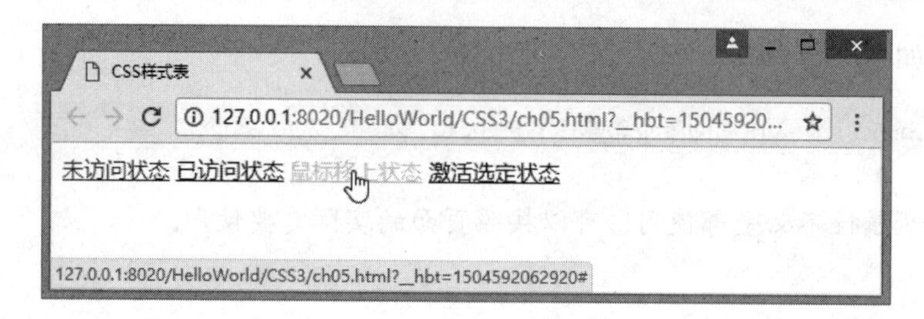

图 6-9　激活选定状态

当为链接的不同状态设置不同样式时，请按照如下次序（规则）使用：

1）a:hover 必须位于 a:link 和 a:visited 之后。

2）a:active 必须位于 a:hover 之后。

6.4　章节案例：实现素材图片效果

应用本章所学的 CSS 相关属性，使用图 6-10 所示的素材图片，借助 background-position 实现图 6-11 所示的"联系我们"页面。

图 6-10　图标素材图片

图 6-11　案例实现效果图

【案例代码】

```
<style type="text/css">
	#div{
		width: 300px;
		height: 250px;
		background-color: #19242C;
	}
	#div h2{
		color: #E4F5F0;
		text-indent: 20px;
	}
	#div p{
		background-image: url(img/ico.png);
		width: 20px;
		height: 20px;
		margin-left: 20px;
		white-space: nowrap;
```

```
            color: #AEAFB0;
            text-indent: 25px;
        }
        #div .p2{
            background-position: -20px 0px;
        }
        #div .p3{
            background-position: -40px 0px;
        }
        #div .p4{
            background-position: -60px 0px;
        }
        #div .p5{
            background-position: -80px 0px;
        }
</style>

<div id="div">
        <h2>联系我们</h2>

        <p class="p1">总机：0535-6792861</p>
        <p class="p2">传真：0535-6723239</p>
        <p class="p3">报名：0535-6792861</p>
        <p class="p4">邮箱：jredu@jerei.com</p>
        <p class="p5">官网：www.jredu100.com</p>
</div>
```

【章节练习】

1．常见的 font 属性有哪些？最少列举出五个。

2．简述修改透明度的两种方式及区别。

3．如何让每行多余文字显示省略号？

4．常见的设置背景图像属性有哪些？最少列举五个。

5．如何去掉超链接下画线？

6．超链接的 4 种状态分别是________、________、________、________。

第7章 CSS3新增属性与选择器

CSS3 是 CSS 的升级版本，也是目前最新版本，新增了许多属性及选择器。在 CSS3 中把原 CSS 的规范分割为一些小的模块，同时更多新的模块也被加入进来，本章介绍几个常用 CSS3 模块。

本章学习目标：

➢ 熟练使用 CSS3 的过渡和变换属性。

➢ 掌握 CSS3 动画的声明及调用。

➢ 了解 CSS3 新增的属性。

➢ 了解 CSS3 新增的各类选择器的使用。

通过本章的学习，读者将掌握各种 CSS3 新增的属性和选择器，熟练使用这些新增的属性，可以增加网站的特效与动画，使网站变得更加炫酷。

7.1 CSS3 的过渡与变换

在 CSS3 未出现之前，如果希望标签元素实现从一种样式转变为另一种样式，使网页显得更加动感，提供更好的客户体验，则需要借助 Flash 或者 JavaScript，而 CSS3 新出现的两个属性 transition（过渡）与 transform（变换）可以轻松实现效果。

7.1.1 transition：过渡属性

CSS 的transition允许 CSS 的属性值在一定的时间区间内平滑地过渡。这种效果可以在鼠标单击、获得焦点、被单击或对元素任何改变中触发，并圆滑地以动画效果改变 CSS 的属性值。transition 属性具体可分为以下四个子属性，见表 7-1。

表 7-1 transition 属性的子属性列表

属性名	介 绍	属 性 值
transition-delay	过渡开始前的延迟时间	默认值是 0，以秒或毫秒为单位，可以省略
transition-duration	过渡开始到过渡完成的时间	默认值是 0，意味着不会有效果，以秒或毫秒为单位
transition-property	参与过渡的属性	可以单独指定某个 CSS 属性，也可以写 all/none
transition-timing-function	过渡的样式函数	linear、ease、ease-in、ease-out、ease-in-out，默认值是 ease

常用的写法是简写属性 transition，可以直接在这一个属性中设置其他四个属性，属性值的顺序一般为 property、duration、timing-function、delay。

基本语法如下：

```
transition: all   .3s   ease   2s;
```

示例代码的含义是：执行元素所有属性的过渡效果，过渡时间为 0.3s，过渡速度是逐渐变慢，并且在触发过渡效果后延迟 2s 执行过渡效果。

transition-timing-function 是指过渡效果的运行速度，以下是可以选择的值：

1）ease：（逐渐变慢）默认值。

2）linear：（匀速）。

3）ease-in：（加速）。

4）ease-out：（减速）。

5）ease-in-out：（加速然后减速）。

下面看一个完整示例：

```
<!DOCTYPE html>
<html>
    <head>
        <style type="text/css">
            #testTransition{
                width: 100px;
                height: 20px;
                background-color: blue;
                /* 宽度属性过渡效果，过渡时长 2s，延时 0.2s 开始执行 */
                transition:width 2s .2s;
                -moz-transition:width 2s .2s; /*兼容 Firefox 浏览器，详见注解说明 */
                -webkit-transition:width 2s .2s; /*兼容 Safari 浏览器 */
            }
            #testTransition:hover{
                width: 200px;
            }
        </style>

    </head>
    <body>
        <div id="testTransition">
        </div>
    </body>
</html>
```

执行代码以后，过渡前的宽度具体效果如图 7-1 所示。

鼠标移到<div>标签上 0.2s 后，执行过渡效果如图 7-2 所示，有 2s 的过渡效果。

图 7-1　过渡前的宽度　　　　图 7-2　过渡后的宽度

当鼠标移出后，也会有过渡效果恢复到初始状态。

注意：浏览器兼容性，为了解决 CSS 代码不能够被某些浏览器支持的问题，需要在编写代码时增加前缀，来让浏览器识别，具体如图 7-3 所示。

在图 7-3 中，数字表示支持该属性的第一个浏览器版本号。紧跟在-webkit-、-moz-、-0-前的数字为支持该前缀属性的第一个浏览器版本号。此前缀也适用于其他 CSS 属性。

属性					
transition	26.0 4.0 -webkit-	10.0	16.0 4.0 -moz-	6.1 3.1 -webkit-	12.1 10.5 -o-
transition-delay	26.0 4.0 -webkit-	10.0	16.0 4.0 -moz-	6.1 3.1 -webkit-	12.1 10.5 -o-
transition-duration	26.0 4.0 -webkit-	10.0	16.0 4.0 -moz-	6.1 3.1 -webkit-	12.1 10.5 -o-
transition-property	26.0 4.0 -webkit-	10.0	16.0 4.0 -moz-	6.1 3.1 -webkit-	12.1 10.5 -o-
transition-timing-function	26.0 4.0 -webkit-	10.0	16.0 4.0 -moz-	6.1 3.1 -webkit-	12.1 10.5 -o-

图 7-3　浏览器兼容性前缀

7.1.2　transform：变换属性

通过使用变换属性可以对元素进行旋转、拉伸、翻转、缩放等操作。变换属性分为 2D 变换与 3D 变换，通常与过渡属性搭配使用，来完成一些简单的动画效果。

常见的变换属性有两个：

1）transform：定义元素向 2D 或 3D 变换。

2）transform-origin：改变转换元素的位置。

下面具体介绍这两个属性。

1．transform

transform 的属性值有很多，由于篇幅限制，在此仅列出常见的属性值，详见表 7-2。

表 7-2　常见的 transform 属性值

属性值	作　用
none	元素不进行变换
translate(x,y)	定义 2D 平移变换
translate3d(x,y)	定义 3D 变换
translateX(x)	定义沿 X 轴平移变换，Y 轴与 Z 轴同理
scale(x,y)	定义 2D 缩放变换
scale3d(x,y,z)	定义 3D 缩放变换
scaleX(x)	通过设置 X 轴的值来进行缩放，Y 轴与 Z 轴同理
rotate(angle)	定义 2D 旋转，角度值后需跟角度单位 deg
skew(x-angle,y-angle)	定义沿着 X 轴和 Y 轴的 2D 倾斜转换

代码示例如下：

```
.div1{
    width: 200px;
    height: 80px;
    background-color: red;
    transform: translate(50px,80px);
}
.div2{
    …
    transform: rotate(45deg);
}
.div3{
    …
    transform: scale(2);
}
<div class="div1">图形变换</div>
<div class="div2">图形旋转</div>
<div class="div3">图形缩放</div>
```

代码运行实现效果如图 7-4 所示。

图 7-4　变换示例效果图

2．transform-origin

transform-origin 设置旋转元素的基点位置，2D 转换元素可以改变元素的 X 轴和 Y 轴；对于 3D 转换元素还可以更改元素的 Z 轴。

transform-origin 的属性值有三个：

1）x-axis，可以使用的值有：left、right、center、**px、百分比。

2）y-axis，可以使用的值有：left、right、center、**px、百分比。

3）z-axis，可以使用的值有：**px。

完整测试代码如下：

```
<!DOCTYPE html>
```

```
<html>
    <head>
        <style type="text/css">
            #testTransform{
                width: 200px;
                height: 100px;
                background-color: red;
                transform: rotate(30deg);
                transform-origin: 0 0;/*变换基点到左上角位置,不加此行代码效果如图 7-5 所示，加此行代码效果如图 7-6 所示，读者可自行尝试注释此行代码，来确认效果*/

            }
        </style>
    </head>
    <body style="padding-left: 200px; padding-top: 200px;">
        <div id="flagPos">
            <div id="testTransform"></div>
        </div>
    </body>
</html>
```

正常变换，不更改基点的位置效果如图 7-5 所示。

变换基点后，效果如图 7-6 所示。

图 7-5　变换基点前的效果

图 7-6　变换基点后的效果

7.2　CSS3 动画

CSS3 动画是指使用 CSS 代码让网页中的元素运动起来形成的动画。CSS3 的动画功能可以在许多网页中取代动画图片、Flash 动画以及 JavaScript 动画等，使网页变得更加炫丽丰富。

7.2.1　CSS3 动画的@keyframes 和 animation

7.1 节讲到的过渡和变换其实也是一种动画，只是动了一次的动画，而动画属性可以看成是多次过渡和变换的组合，同时可以设置播放次数，具有控制播放和暂停等功能。

1．使用@keyframes 创建关键帧动画

@keyframes 用于创建动画。在 @keyframes 中设置 CSS 样式，就能创建由当前样式逐渐改为新样式的动画效果。

基本语法如下：

```
@keyframes 动画名称{
      阶段 1{CSS 样式}
      阶段 2{CSS 样式}
      阶段 3{CSS 样式}
}
```

动画中阶段的写法有两种方式：

1）每个阶段用百分比表示，从 0%到 100%（起止必须设置，即 0%和 100%）。

2）使用 from 和 to 表示从某阶段到某阶段。

代码示例如下：

```
<style type="text/css">
      /* 使用 0%到 100%表示（起止必须设置，即 0%和 100%）*/
      @keyframes myFrame1{
            0%{
                  top: 0px;
            }
            30%{
                  top: 50px;
            }
            100%{
                  top: 100px;
            }
      }
      /* 使用 from-to 直接表示开始结尾，样式会匀速变化*/
      @keyframes myFrame2{
            from{
                  top:0px;
            }
            to{
                  top: 100px;
            }
      }
</style>
```

2．使用 animation 调用关键帧动画

创建好一个动画后，需要在 CSS 选择器中使用 animation 动画属性，调用声明好的关键帧动画。动画属性中必须有动画名称和时长，否则动画不生效(关于 animation 的详细使用将在 7.2.2 节讲解)。

基本语法如下：

```
div{
        /* 让 div 调用 myFrame1 这个关键帧动画，5s 完成所有动画效果*/
        animation: myFrame1 5s;
}
```

7.2.2 CSS3 animation 动画属性

上述章节提到，声明好关键帧动画以后，可以在选择器中使用 animation 调用，而 animation 又包含了很多的子属性可以对动画的播放进行设置。动画属性的具体介绍如下：

1．animation

除 animation-play-state 之外的所有动画属性的简写属性，可以设置多个动画，每个动画之间用空格分隔。

2．animation-name

规定 @keyframes 动画的名称。

3．animation-duration

规定完成一个动画所需的秒或毫秒，默认是 0。

4．animation-timing-function

规定动画的速度曲线。常用属性值有以下五个。

1）linear：动画从头到尾的速度是相同的。

2）ease：默认值，动画以低速开始，然后加快，在结束前开始变慢。

3）ease-in：动画以低速开始，然后逐渐加快至匀速直到结束。

4）ease-out：动画以匀速开始到低速结束。

5）ease-in-out：动画以低速开始和结束。

5．animation-delay

规定动画何时开始，默认是 0。

6．animation-iteration-count

规定动画被播放的次数，默认是 1。 使用 infinite 表示无限次播放。

7．animation-direction

规定动画在下一次循环中是否轮流反向播放。属性值有两个。

1）normal：默认值，动画正常播放。

2）alternate：动画轮流反向播放。

8．animation-play-state

规定动画是否正在运行或暂停。其属性值也有两个。

1）paused：设置动画暂停。

2）running：设置动画正在播放。

9．animation-fill-mode

规定对象动画时间之外的状态。常用属性值有三个。

1）none：不改变默认行为。

2）forwards：停留在动画结束状态。

3）backwards：停留在动画开始状态。

注意：通过修改动画的属性来设置动画的播放效果的方式有两种。

- 可以通过设置单个属性的属性值进行修改。
- 使用 animation 的缩写形式设置，属性值的添加顺序按照以上属性的介绍顺序。

代码示例如下：

```
<!DOCTYPE html>
<html>
    <head>
        <style type="text/css">
            div{
                width:100px;
                height: 100px;
                background-color: red;
            }
            /* 通过设置单个属性的属性值进行修改*/
            #div1{
                animation-name: frame1;/*调用关键帧名称*/
                animation-duration:3s;/*关键帧执行时间*/
                animation-timing-function:ease;/*使用 ease 效果渐变*/
                animation-iteration-count:infinite;/*动画播放无限次*/
            }
            /* 使用 animation 的缩写形式进行设置*/
            #div2{
                animation: frame1 3s ease infinite;/*动画与 div1 所述完全相同*/
            }
            @keyframes frame1{
                from{
                    width: 100px;
                }
                to{
                    width: 200px;
                }
            }
        </style>
    </head>
    <body>
        <div id="div1">
            这是一个 div1
        </div>
        <div id="div2">
            这是一个 div2
        </div>
    </body>
</html>
```

7.3 CSS3 其他常用属性

除了过渡、变换和动画之外，CSS3 还提供了很多的新增属性。这些属性并不一定是在网页开发过程中非常常用的属性，但是合理地使用这些属性，一定可以让网站变得更有档次，给人一种视觉震撼的感觉。

7.3.1 CSS3 渐变效果

CSS 的渐变效果可以在两个及以上指定的颜色之间显示平稳地过渡。过去可能使用图像才能实现这些效果，但现在通过使用 CSS3 的渐变就可以轻松完成。此外，拥有渐变效果的元素在放大时看起来效果更好，这是由浏览器生成的。

渐变包括线性渐变和径向渐变，有四个属性可以设置：

1）linear-gradient：用线性渐变创建图像。

2）radial-gradient：用径向渐变创建图像。

3）repeating-linear-gradient：用重复的线性渐变创建图像。

4）repeating-radial-gradient：用重复的径向渐变创建图像。

1．线性渐变的属性值

1）point：设置渐变的起始位置，可以使用的值有 left、right、top、bottom 以及角度值，在不同浏览器内核中属性值的写法有所不同，具体写法参考下面的基本语法。

2）color-stop：设置渐变的起始颜色，可以写多个。

3）color-stop：设置渐变的终点颜色。

基本语法如下：

```
div{
    background: -webkit-gradient(linear, 0 0, 0 100%, from(red), to(blue));
                                                    /* Webkit 引擎老式语法*/
    background: -webkit-linear-gradient(left, red, blue);
                                                    /* Webkit 引擎新式语法*/
    background: -o-linear-gradient(left, red, blue);
                                                    /* Presto 引擎的线性渐变语法*/
    background: -moz-linear-gradient(left, red, blue);
                                                    /* Gecko 引擎的渐变语法 */
    background: -ms-linear-gradient(right, red, blue);
                                                    /*Trident 引擎的线性渐变语法*/
    background: linear-gradient(to right, red , blue);
                                                    /* W3C 标准语法 */
}
```

代码示例如下：

```
<style>
    #grad1 {
        height: 200px;
```

```
            background: linear-gradient(to bottom, red, blue);    /*线性渐变语句*/
        }
</style>
<body>
    <div id="grad1"></div>
</body>
```

代码运行效果如图 7-7 所示。

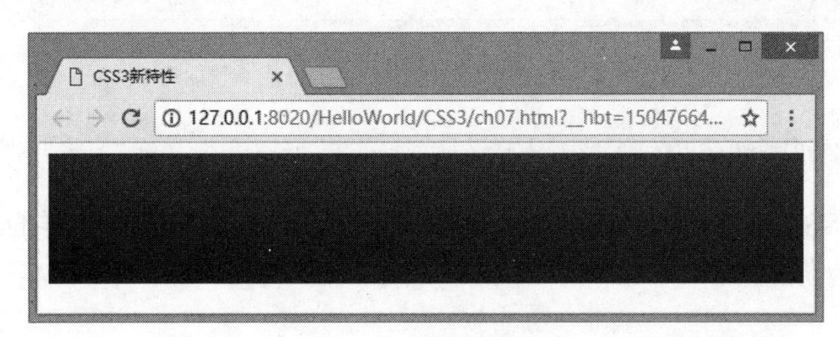

图 7-7　线性渐变

2．径向渐变的属性值

基本语法如下：

```
div{
    background: radial-gradient(red, green, blue);
}
```

其他浏览器内核的写法与线性渐变相同，此处不再一一列举。径向渐变的属性值要比线性渐变的属性值复杂得多，下面进行简单介绍。

1）position：设置渐变的圆心位置，可取的值有 left、right、top、bottom、center，还有数值与百分数（可以为负值）。

2）shape：用于定义渐变的形状，circle 是圆形渐变，ellipse 是椭圆形渐变。

3）size：主要用来确定径向渐变的结束形状大小，可取的值有 closest-side、closest-corner、farthest-side、farthest-corner，默认为 farthest-corner。

4）color-stop：设置渐变的终止颜色。

代码示例如下：

```
<style>
    #grad1 {
        width: 200px;
        height: 200px;
        background: radial-gradient(red, green, blue);    /*径向渐变语句*/
    }
</style>
<body>
    <div id="grad1"></div>
</body>
```

代码运行效果如图 7-8 所示。

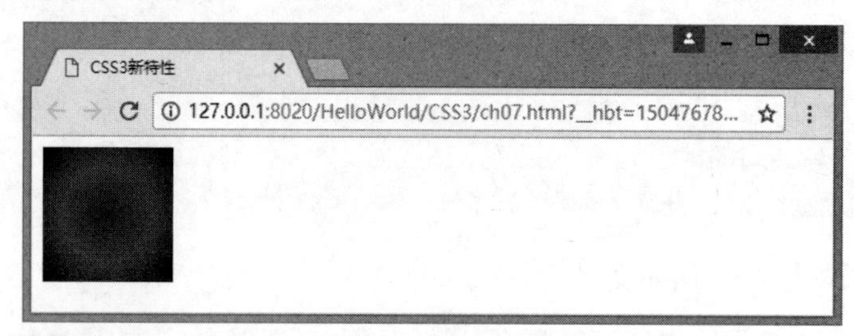

图 7-8　径向渐变

7.3.2　CSS3 多列属性

通过使用 CSS3 的多列属性可以将文本内容分成多列，就像报纸一样的布局。接下来学习常见的几个多列属性。

1．columns

列的宽度与列数的简写属性。

2．column-count

规定元素被分隔的列数。属性值可以设为 auto，由其他属性决定列数，如 column-width，或自定义列数。

3．column-width

规定每个列的宽度。属性值可以为带像素单位的数值或 auto。

4．column-rule

设置每个列之间边框的宽度、样式和颜色，为简写属性。

5．column-rule-width

规定两列间边框的宽度。可选属性值有四个，分别为 thin（细边框）、medium（中等边框）、thick（粗边框），还有自定义边框宽度**px。

6．column-rule-style

规定两列间边框的样式。常见属性值有六个，分别为 none（无样式）、hidden（隐藏样式）、dotted（点状线）、dashed（虚线）、solid（实线）、double（双线）。

7．column-rule-color

规定两列间边框的颜色。

8．column-gap

设置每个列之间的距离。属性值可设为 normal（W3C 建议的值是 1em）或带像素单位的数值。

下面是一个简单的示例：

```
<style>
    .column {
        column-count: 3;
        column-rule: dotted 5px red;
    }
</style>
```

```
<body>
    <div class="column">品牌故事 主要开展 Java、iOS、Android、H5、PHP、大数据、VR 方面的技术培训。同时针对在校成绩优异、动手能力强的学生，直接提供就业辅导服务，充当企业与学生中间的桥梁。经过了多年艰苦创业和精神耕耘，已与国内数所高校、IT 企业建立良好的合作关系。烟台杰瑞教育科技有限公司（简称杰瑞教育），自 2011 年以来，一直致力于为 IT 企业提供助力，培养后备力量。目前，已成为知名 IT 教育机构及优秀人才资源提供商。杰瑞教育依托捷瑞数字的强大企业背景，专注教育培训、IT 人才选拔推荐业务。
    </div>
</body>
```

代码运行效果如图 7-9 所示。

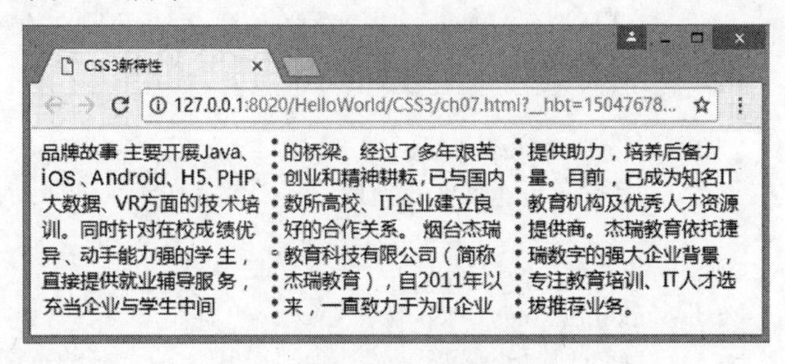

图 7-9　多列属性

7.4　CSS3 新增选择器

CSS3 除了新增很多的属性之外，还新增了一系列的选择器。这些选择器可能不是必须使用的，但是熟练地使用这些选择器，可以少写很多的 class 名称以及 id 名称，极大地提高了代码整洁度。

7.4.1　属性选择器

属性选择器是针对元素属性进行选择的。利用 DOM（文档对象模型）实现元素过滤，通过 DOM 的相互关系来匹配特定的元素属性，这样做可以减少文档内对 class 属性和 id 属性的定义，使得文档更加简洁。由于篇幅限制，表 7-3 仅列出部分属性选择器，感兴趣的读者可以查阅帮助文档了解具体内容。

表 7-3　部分属性选择器

选　择　器	说　　明
E[att]	选择具有 att 属性的 E 元素
E[att="val"]	选择具有 att 属性且属性值等于 val 的 E 元素
E[att^="val"]	选择具有 att 属性且属性值为以 val 开头的字符串的 E 元素
E[att$="val"]	选择具有 att 属性且属性值为以 val 结尾的字符串的 E 元素
E[att*="val"]	选择具有 att 属性且属性值为包含 val 的字符串的 E 元素

代码示例如下：

```
<!DOCTYPE html>
```

```
<html>
    <head>
        <style type="text/css">
            #div p[title]{      /*选择具有 title 属性的 p 元素。*/
                color: blue;
            }
            #div option[selected="selected"]{
                 /*选择具有 selected 属性且属性值等于 selected 的 option 元素。*/
                color: white;
            }
            #div option[selected^="sel"]{
                /*选择具有 selected 属性且属性值为以 sel 开头的字符串的 option 元素。*/
                background-color: pink;
            }
            #div option[disabled$="led"]{
                /*选择具有 disabled 属性且属性值为以 led 结尾的字符串的 option 元素。*/
                background-color: greenyellow ;
            }
            #div option[disabled*="ed"]{
                /*选择具有 disabled 属性且属性值包含 ed 结尾的字符串的 option 元素。*/
                font-weight: bold;
            }
        </style>
    </head>
    <body>
        <div id="div">
            <p title="study">前端学习</p>
            <select name="kuangjia">
                <option>框架</option>
                <option selected="selected">Bootstrap</option>
                <option disabled="disabled">JQuery</option>
                <option>AngularJS</option>
            </select>
        </div>
    </body>
</html>
```

代码运行效果如图 7-10 所示。

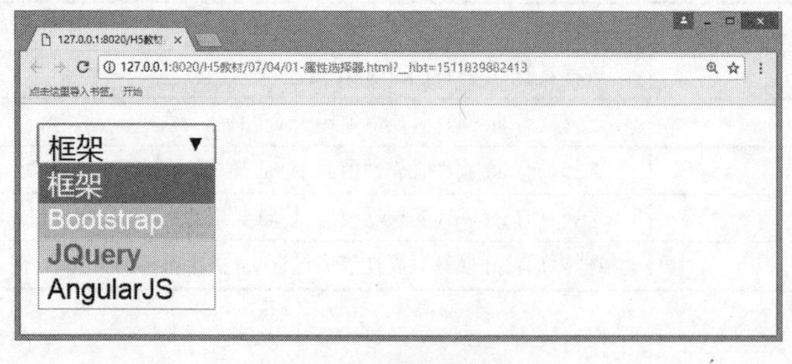

图 7-10　属性选择器

7.4.2　结构伪类选择器

结构伪类选择器利用 DOM 实现元素过滤，通过 DOM 的相互关系来匹配特定的元素，这样做可以减少文档内对 class 属性和 id 属性的定义，使得文档更加简洁。由于篇幅限制，表 7-4 仅列出部分结构伪类选择器，感兴趣的读者可以查阅帮助文档了解具体内容。

表 7-4　部分结构伪类选择器

选 择 器	说　明
E:nth-child(n)	匹配父元素的第 n 个子元素 E
E:first-of-type	匹配同类型中的第一个同级兄弟元素 E
E:only-child	匹配父元素仅有的一个子元素 E
E:empty	匹配没有任何子元素（包括 text 节点）的元素 E

代码示例如下：

```
<!DOCTYPE html>
<html>
    <head>
        <style type="text/css">
            p:nth-child(2){
                /*选中父元素中的第二个子元素 p*/
                font-weight: bold;/*加粗*/
            }
            p:first-of-type{
                /*选中父元素中第一个同类型子元素*/
                font-style: italic;/*倾斜*/
            }
            a:only-child{
                /*选中父元素仅有的子元素 a*/
                text-decoration: underline;/*下画线*/
            }
            p:empty{
                /*选中没有任何子元素的 p 标签*/
                height: 20px;
                width: 200px;
                background-color: yellow;
            }
        </style>
    </head>
    <body>
        <div>
            <p>第一个 p 标签</p>
            <p>第二个 p 标签</p>
            <p></p>    <!--没有子元素的 p 标签-->
        </div>
        <div>
```

```
                <a>父元素中仅有子元素的 a</a>
            </div>
        </body>
    </html>
```

代码运行效果如图 7-11 所示。

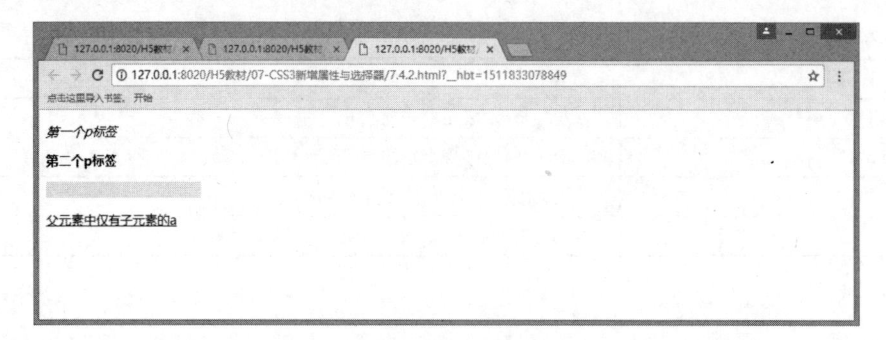

图 7-11　结构伪类选择器

7.4.3　状态伪类选择器

状态伪类选择器也叫 UI 状态伪类选择器，常用于表单空间，如选中页面中被禁用的输入框、选中页面中被选中的复选框等功能。常见的 UI 状态伪类选择器见表 7-5。

表 7-5　常见的 UI 状态伪类选择器

选　择　器	说　　明
E:enabled	匹配用户界面上处于可用状态的元素 E
E:disabled	匹配用户界面上处于禁用状态的元素 E
E:checked	匹配用户界面上处于选中状态的元素 E

代码示例如下：

```
    <!DOCTYPE html>
    <html>
        <head>
            <style type="text/css">
                input:enabled{   /*选中可以操作的 input*/
                    font-weight: bold;
                    height: 30px;
                }
                input:disabled{   /*选中被禁用的 input*/
                    width: 30px;
                    background-color: red;
                }
                input:checked{
                    width: 30px;
                }
```

```
        </style>
    </head>
    <body>
        第一个输入框：<input type="text" /> <br/><br/>
        第二个输入框：<input type="button" disabled="disabled"/> <br/><br/>
        第三个选择框：
        <input type="checkbox" checked="checked" style="vertical-align: middle;" /> 选中项
        <input type="checkbox" style="vertical-align: middle;" /> 未选中项
    </body>
</html>
```

代码运行效果如图 7-12 所示。

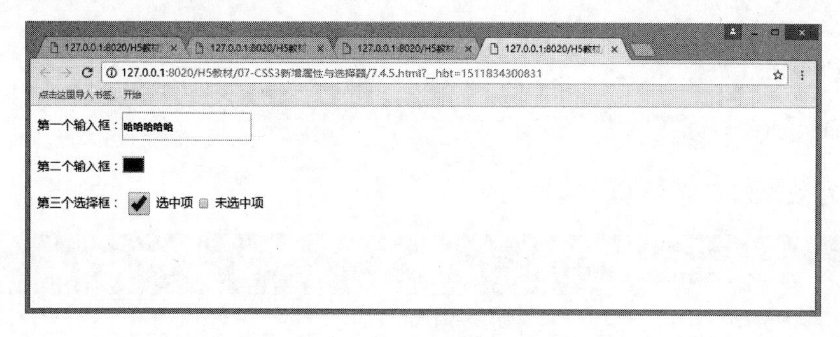

图 7-12　状态伪类选择器

7.4.4　其他选择器

CSS3 的选择器还有很多，这里不再一一列举。表 7-6 列出几个常见的选择器。

表 7-6　其他选择器

选　择　器	说　　明
E～F	兄弟选择器，选择 E 元素所有兄弟元素 F
E:not(s)	否定伪类选择器，匹配不含有 s 选择符的元素 E
E:after/E::after	设置在对象后发生的内容。用来和 content 属性一起使用，并且必须定义 content 属性

代码示例如下：

```
<!DOCTYPE html>
<html>
    <head>
        <style type="text/css">
            p～span{ /* 兄弟选择器 */
                font-weight: bold;
            }
            p:not(span){ /* 否定伪类选择器 */
                text-decoration: line-through;
            }
```

```
                #span::after{   /* 伪对象选择器 */
                    background:#fff;
                    color:#000;
                    content:"        这是写在 p 标签后的内容";
                    font-size:14px;
                }
            </style>
        </head>
        <body>
            <div>
                <p>第一个 p 标签</p>
                <p >第二个 p 标签</p>
                <span id="span">第一个 span</span>
            </div>
        </body>
</html>
```

代码运行效果如图 7-13 所示。

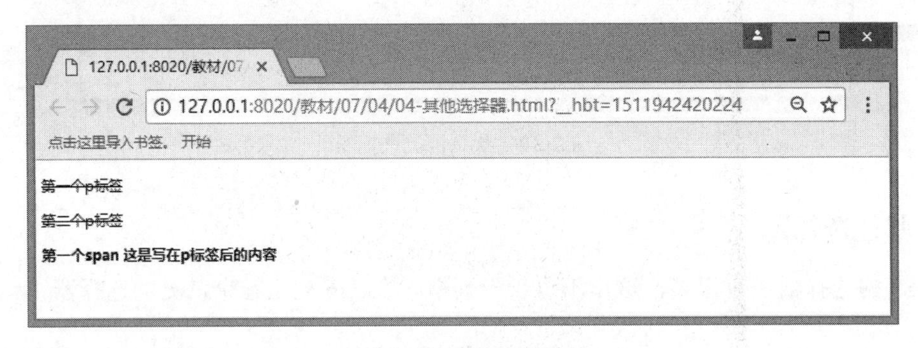

图 7-13　其他选择器

7.5　章节案例：飞机滑翔动画实现

学习完动画的详细使用以后，使用 CSS3 动画实现一个案例。页面中一个小飞机图片，从页面左上角开始，飞向页面右边中间位置，继续掉头飞向页面左下角结束。

【案例代码】

```
<!DOCTYPE html>
<html>
    <head>
        <style type="text/css">
            #plane img{
                    animation: myplane 6s ease infinite forwards;
          /*动画名称 完成动画所需时间 速度曲线 无限循环播放 动画结束后停留在动画结束状态*/
                    position: absolute;
            }
```

```
            @keyframes myplane{
                0%{
                    top: 0px;
                    left: 0px;
                }
                50%{
                    top: 35%;
                    left: 90%;
                    transform: rotateY(180deg);
                }
                100%{
                    top: 80%;
                    left: 0px;
                }
            }
        </style>
    </head>
    <body>
        <div id="plane">
            <img src="img/plane.jpg" width="100" height="50" />
        </div>
    </body>
</html>
```

代码运行实现效果如图 7-14～图 7-16 所示。

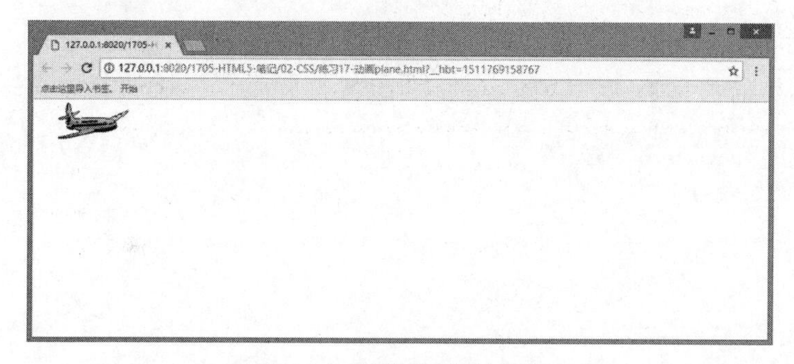

图 7-14　阶段 0%时的效果

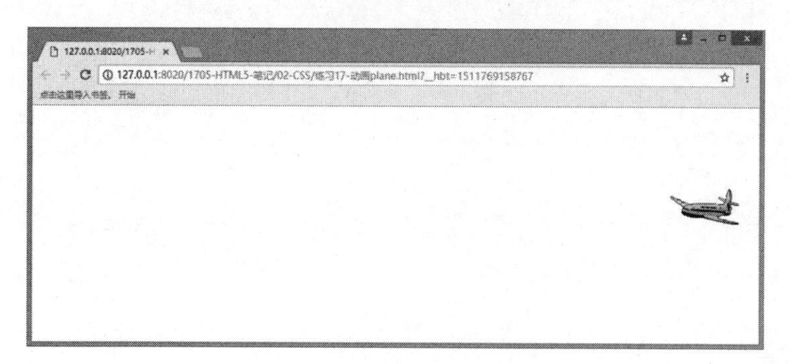

图 7-15　阶段 50%时的效果

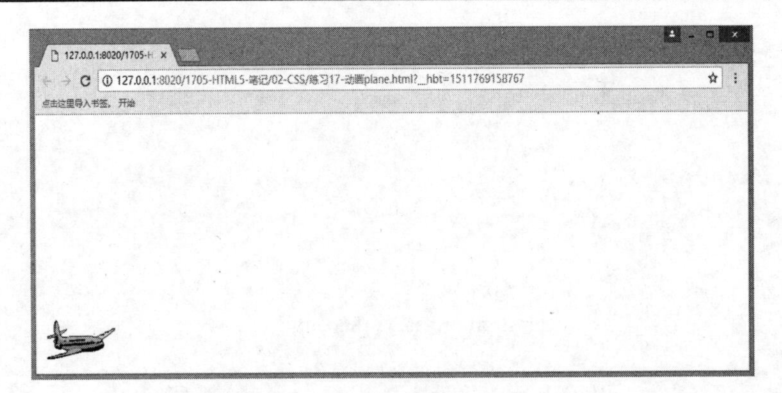

图 7-16　阶段 100%时的效果

【章节练习】

1. 过渡效果的运行速度可选值有 ease、________、________、________、________。
2. 常用的变换属性值有 translate、________、________。
3. 写出一段简单的声明动画的代码。
4. 写出 5 个以上动画的属性及属性值。
5. 写出线性渐变的 W3C 标准语法。

第 8 章　CSS 盒模型与浮动定位

盒模型（Box Model）是 CSS 中一个非常重要的概念，它表示了页面中的一个元素在页面中占有的位置，主要在网页的设计和布局时使用。本章将重点介绍 CSS 中的盒模型以及基于盒模型实现的浮动与定位。

本章学习目标：

➢ 了解 CSS 盒模型的基本概念。

➢ 熟练掌握盒模型中 margin、border、padding 的使用。

➢ 学会使用 CSS3 中关于盒模型的最新属性。

➢ 能够使用浮动进行页面布局的调整。

➢ 能够使用定位进行页面布局的调整。

通过 CSS 盒模型以及浮动、定位的学习，读者可以更加深刻地理解网页中元素的排列规则，并且可以熟练地调整页面中的布局。

8.1　盒模型

盒模型是 CSS 学习中的重要环节，在网页开发过程中，任何一个元素都可以理解成为一个盒子。

8.1.1　盒模型概述

CSS 盒模型主要用来设计和布局。HTML 文档中的每个元素都可以看作一个盒子，盒模型规定了这个盒子中的元素内容（content）、内边距（padding）、边框（border）和外边距（margin）所占据的空间。

图 8-1 所示为盒模型的示意图。

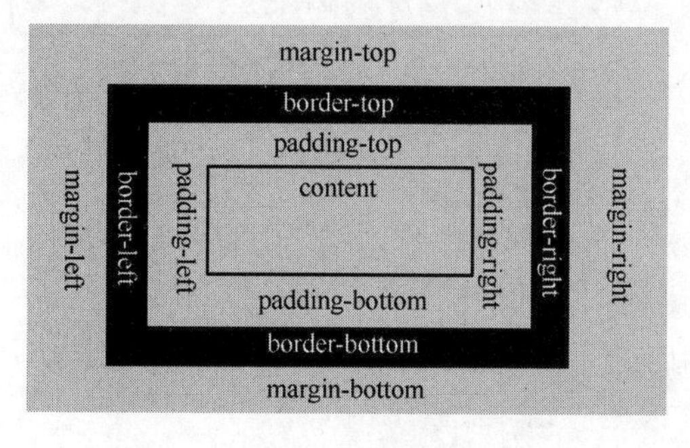

图 8-1　盒模型

从图 8-1 中可以看出，盒模型结构从内到外依次是 content、padding、border 和

margin。在后续小节中将详细讲解盒模型的各个属性。

盒模型可以分为两种。

1．标准盒模型

标准盒模型也称为 W3C 盒模型，现在大部分的浏览器都采用标准盒模型。在标准模式下，一个元素所占据的总宽度= width + padding（左右）+ border（左右）+ margin（左右），高度同理，如图 8-2 所示。

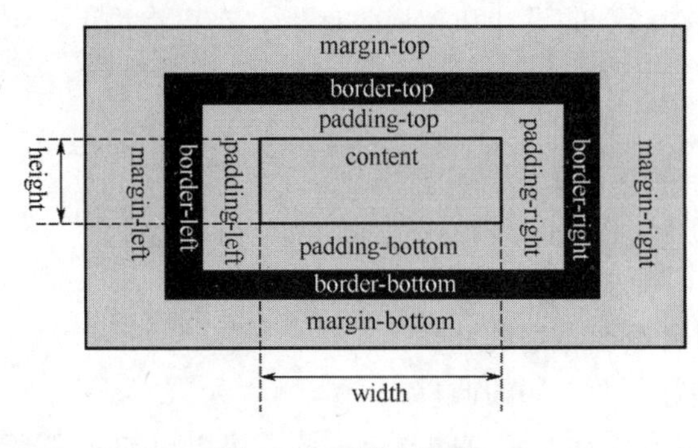

图 8-2　标准盒模型

2．IE 盒模型

IE 盒模型也称为怪异盒模型，IE6 之前的浏览器默认采用怪异盒模型。在怪异模式下，一个块元素的总宽度= width + margin（左右）（即 width 已经包含了 padding 和 border），高度同理，如图 8-3 所示。

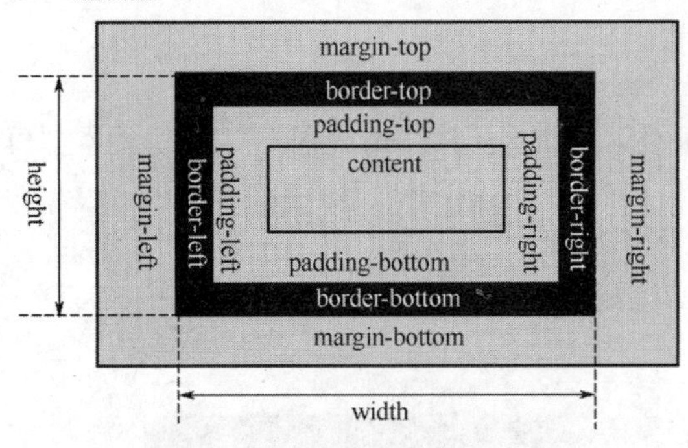

图 8-3　IE 盒模型

在 CSS 中可以设置 box-sizing 属性来规定使用哪种模型，属性值有两个。

（1）content-box：采用标准模式解析计算，也是默认模式。

（2）border-box：采用怪异模式解析计算。

标准盒子模型与 IE 盒模型对比，代码示例如下：

```
<!DOCTYPE html>
<html>
    <head>
```

```
            <style type="text/css">
                #div1{
                    width: 200px;
                    height: 200px;
                    padding: 20px;
                    margin: 10px;
                    border: 5px solid yellow;
                    box-sizing: border-box;   /* 加上 box-sizing: border-box;后，可以将当前 div
的盒模型设置为 IE 盒*/
                    background-color: greenyellow;
                }
                #div2{
                    width: 200px;
                    height: 200px;
                    padding: 20px;
                    margin: 10px;
                    border: 5px solid yellow;
                    background-color: red;
                }
            </style>
        </head>
        <body>
            <div id="div1">IE 盒模型</div>
            <div id="div2">标准盒模型</div>
        </body>
    </html>
```

展示效果如图 8-4 所示。

图 8-4　标准盒模型与 IE 盒模型对比

代码分析：从图 8-4 及代码示例中可以看到，为两个<div>设置的宽、高都是 200px，并且都设置了 20px 的 padding 和 5px 的 border，但是标准盒中<div>所占的实际区域变大（250px）；而在 IE 盒中，<div>的实际区域依然是 200px，但是内容区域缩小为 150px。

由此可得出结论：标准盒模型设置的宽度只包含内容区域；而 IE 盒模型设置的宽高包含了内容区域+padding+border。

8.1.2 margin：外边距

1．外边距的属性

围绕在元素周围的空白区域就是外边距，外边距是透明的，因此不会遮挡其后面的元素。

外边距有四个属性可以设置，对应上、下、左、右四个方向，可以使用 margin-top、margin-bottom、margin-left、margin-right 来分别设置，也可以使用简写形式 margin 来设置。属性值可以是带单位的数值（如像素、厘米等），也可以是百分比，还可以设为 auto。

简写形式的 margin 可以有 1～4 个值。

写一个数值：上、下、左、右四个方向数值相等。

写两个数值：第一个数等于上下外边距，第二个数等于左右外边距。

写三个数值：上、右、下边距，左边默认等于右边。

写四个数值：上、右、下、左 4 个方向的边距。

当设置 margin: 0 auto; 时，代表块级盒子在父容器中水平居中。

代码示例如下：

```
<!DOCTYPE html>
<html>
    <head>
        <style type="text/css">
            #div{
                width: 200px;
                height: 200px;
                color: white;
                background-color: blue;
                margin: 0 auto;                    /*父盒子在浏览器中水平居中*/
            }
            #div .p{
                width: 50px;
                height: 50px;
                color: black;
                background-color: yellow;
                /*
                margin: 50px 10px 50px 10px;          // 上、右、下、左
                margin: 50px 10px;                    // 上=下、右=左
                margin: 50px 10px 50px;               // 上、右、下（左=右）

                margin: 50px;                         // 上=右=下=左
```

```
                    */
                    margin: 0 auto;                    /* 设置水平居中 */
                }
            </style>
        </head>
        <body>
            <div id="div">
                父盒子
                <p class="p">子盒子</p>
            </div>
        </body>
</html>
```

实现效果如图 8-5 所示，该效果实现了子盒子在父盒子中居中显示，以及父盒子在浏览器中的居中显示。

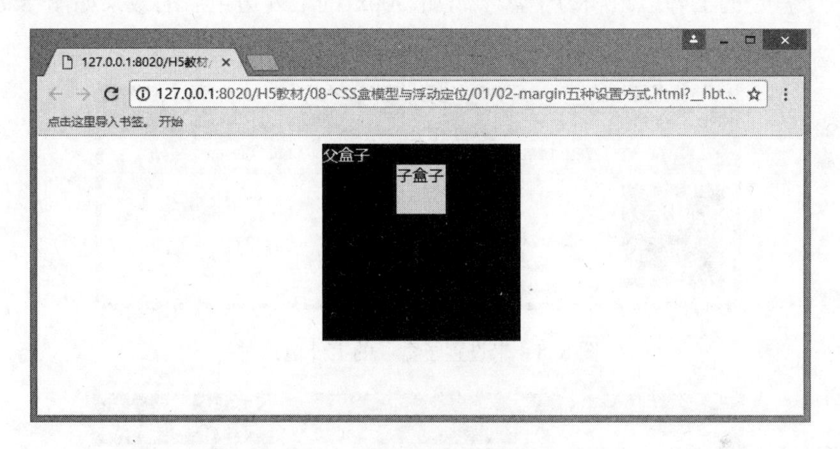

图 8-5　外边距设置方式

2．多个盒子之间的外边距影响

（1）行内盒子水平排放的外边距

结论：水平排放的盒子，水平间距是 margin 的累加，如图 8-6 所示。

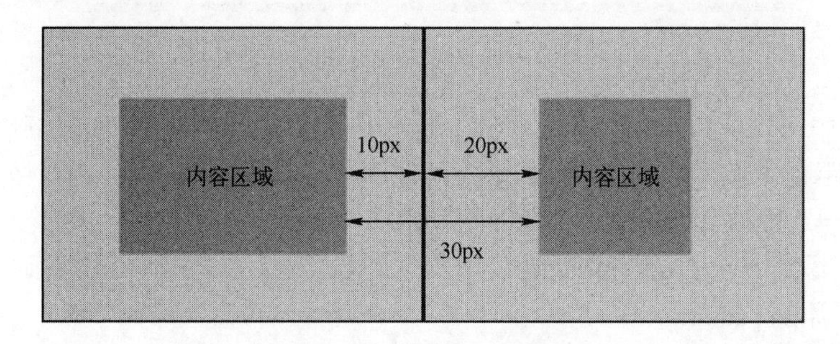

图 8-6　水平外边距合并

（2）块级盒子垂直排放的外边距

结论：垂直排放的盒子，垂直间距是合并的（取最大值），如图 8-7 所示。

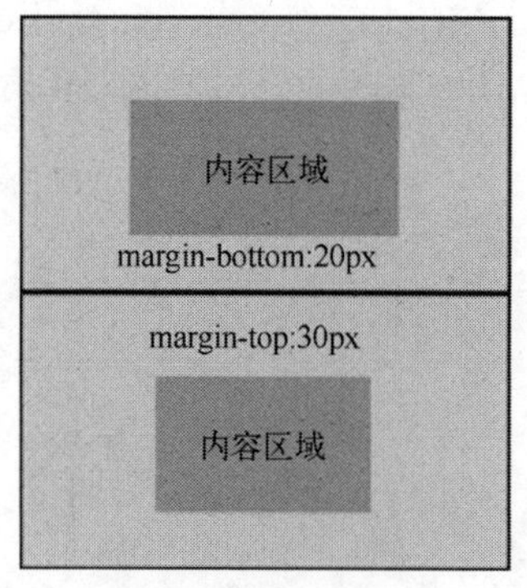

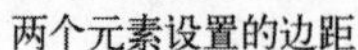

两个元素设置的边距

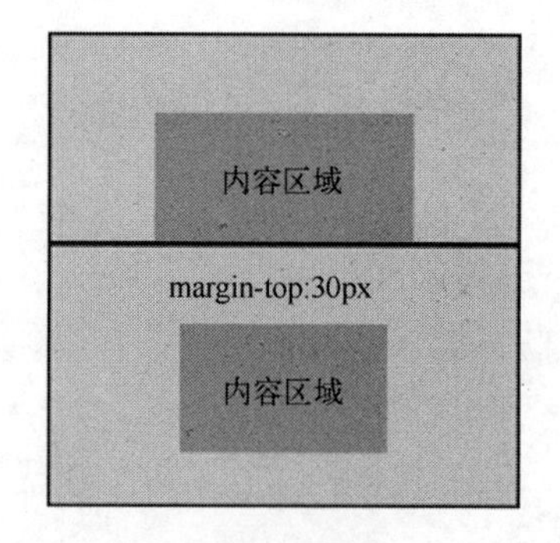

实际浏览器显示的边距

图 8-7　垂直外边距合并

（3）父、子盒子的垂直外边距合并

未设置子盒子的上外边距和为子盒子添加 30px 的上外边距后的效果如图 8-8 和图 8-9 所示。

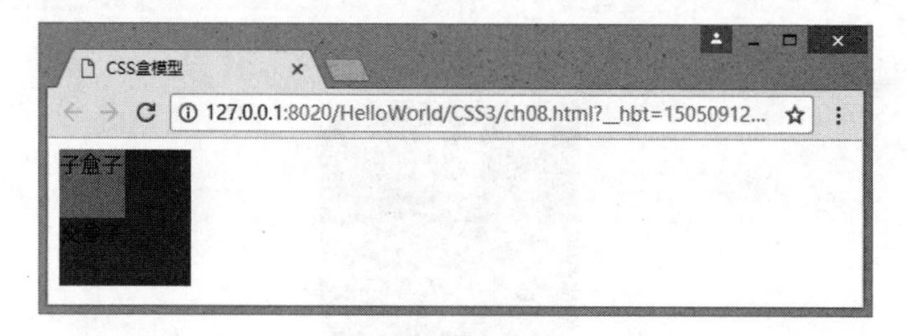

图 8-8　未设置子盒子的上外边距时

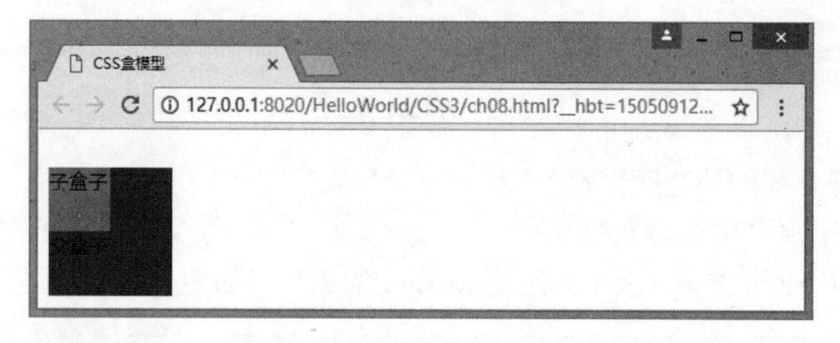

图 8-9　为子盒子添加 30px 的上外边距后

从图 8-9 中可以看到，在给子盒子添加上外边距后，父、子盒子同时下移，这说明父、子盒子的外边距合并了。为子盒子添加的上外边距也就是为父盒子添加了上外边距，这对网页排版造成了一定影响，为了消除这种效果，本书中提供了三种解决方式。

1）父盒子添加 overflow：hidden。

2）父盒子添加 padding。

3）父盒子添加 border。

以上三种方式都可以解决为子盒子添加上外边距后，父盒子也随之移动的情况。但是，实际开发中最常使用第一种方式，由于第二、第三种方式给父盒子添加了不必要的 padding 和 border，可能也会对网页布局细节产生影响，所以不常使用。

8.1.3　border：边框

元素的边框是围绕在元素内边距外的一条或多条线。通过 CSS 可以规定元素边框的样式、宽度和颜色，下面介绍边框的常用属性。

1．border-style

border-style 用于为元素设置边框的样式，可以单独设置一个边框，也可以设置所有边框。单独设置一条边框时写为 border-bottom-style。

当使用 border-style 设置边框样式时，可以写 1～4 个值。

写一个值时：设置四个边框为同一样式。

写两个值时：第一个值设置上下边框，第二个值设置左右边框。

写三个值时：第一个值设置上边框，第二个值设置左右边框，第三个值设置下边框。

写四个值时：依次设置上、右、下、左四个边框。

基本语法如下：

```
border-style:dotted solid dashed double;    /*分别设置四个边框的样式*/
```

border-style 的常用属性值有以下几个。

none：无边框。

hidden：与 none 相同。

dotted：设置为点状边框。

dashed：设置为虚线边框。

solid：设置为实线边框。

double：设置为双线边框。双线的宽度等于 border-width 的值。

2．border-width

border-width 用于为元素的边框设置宽度，可以单独设置一个边框，也可以设置所有边框。单独设置一条边框时写为 border-bottom-width，当使用简写形式 border-width 时，值也有 1～4 个，代表意思与 border-style 相同。

只有当边框样式不是 none 时才起作用。如果边框样式是 none，则视为没有边框，即宽度为 0。

基本语法如下：

```
border-width:thin medium thick 10px;            /*分别设置 4 个边框的宽度*/
```

border-width 的属性值通常有以下四种。

thin：设置为细边框。

medium：默认，设置为中等边框。

thick：设置为粗边框。

length：使用带单位的数值自定义边框宽度，不可设置为负值。

3．border-color

border-color 属性设置四条边框的颜色，可以单独设置一个边框，也可以设置所有边框。单独设置一条边框时写为 border-bottom-color，当使用简写形式 border-color 时，值也有 1～4 个，代表意思与 border-style 相同。

基本语法如下：

```
border-color:red green blue yellow;      /*分别设置四个边框的颜色*/
```

4．边框的添加方式

给元素添加边框有两种常用的方式。

（1）通过上述三个属性分别设置

代码示例如下：

```
<!DOCTYPE html>
<html>
    <head>
        <style type="text/css">
            #div1{
                border-style: dotted;
                border-width: 5px;
                border-color: red;
            }
            #div2{
                border-bottom-color: blue;
                border-bottom-style: solid;
                border-bottom-width: 5px;
            }
        </style>
    </head>
    <body>
        <div id="div1">第一个 div</div>
        <div id="div2">第二个 div</div>
    </body>
</html>
```

代码运行效果如图 8-10 所示。

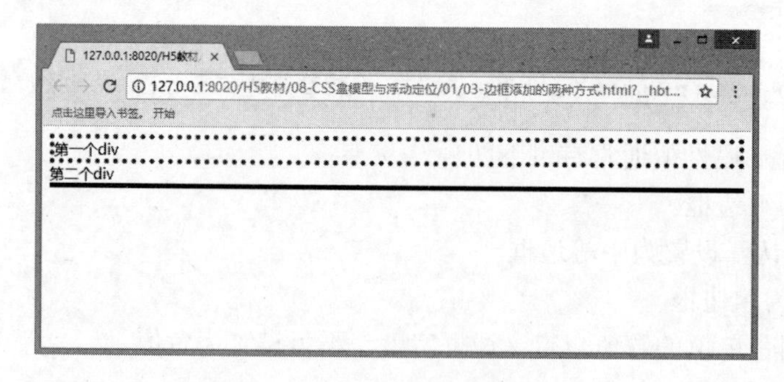

图 8-10　分别设置边框各个属性

（2）使用 border 属性

使用 border 属性，进行简写，提供三个属性值，分别代表边框宽度、边框样式和颜色，三个属性没有前后顺序。

代码示例如下：

```
<!DOCTYPE html>
<html>
    <head>
        <meta charset="UTF-8">
        <title></title>
        <style type="text/css">
            #div1{
                border: 5px solid red;
            }
            #div2{
                border-bottom: 5px dotted blue;
            }
        </style>
    </head>
    <body>
        <div id="div1">第一个 div</div>
        <div id="div2">第二个 div</div>
    </body>
</html>
```

代码运行效果如图 8-11 所示。

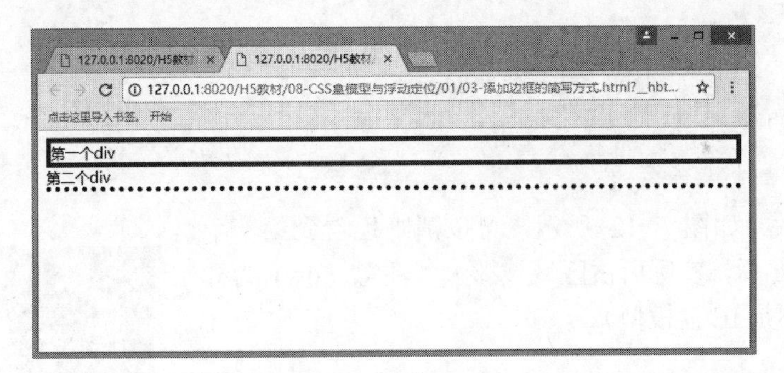

图 8-11　设置 border 属性（简写形式）

8.1.4　padding：内边距

内边距规定元素边框与元素内容之间的区域，也称为填充。内边距会使盒模型的整个可视区域变大，使用时需注意盒模式实际显示的大小。

padding 属性是一个简写属性，用于设置内容与边框之间的填充区域，可以写 1～4 个值，同 margin。

基本语法如下：

```
padding:25px;            /* 4 个边都是 25px */
padding:25px 50px;       /* 上下 25px，左右 50px */
```

```
padding:25px 50px 30px;            /* 上 25px，右 50px，下 30px，左默认=右边 */
padding:25px 50px 30px 60px;       /* 上 25px，右 50px，下 30px，左 60px */
```

代码示例如下：

```
<!DOCTYPE html>
<html>
    <head>
        <style6 type="text/css">
            #div1{
                width: 100px;
                height: 100px;
                padding:50px;
                color: white;
                background-color: red;
            }
            #div2{
                width: 100px;
                height: 100px;
                color: white;
                background-color: blue;
            }
        </style>
    </head>
    <body>
        <div id="div1">设置 padding</div>
        <div id="div2">未设置 padding</div>
    </body>
</html>
```

代码运行效果如图 8-12 所示，可以清晰地看到第一个 div 添加 padding 后，实际所占区域被撑大（注意：div1 为标准盒模型，而不是 IE 盒模型）。

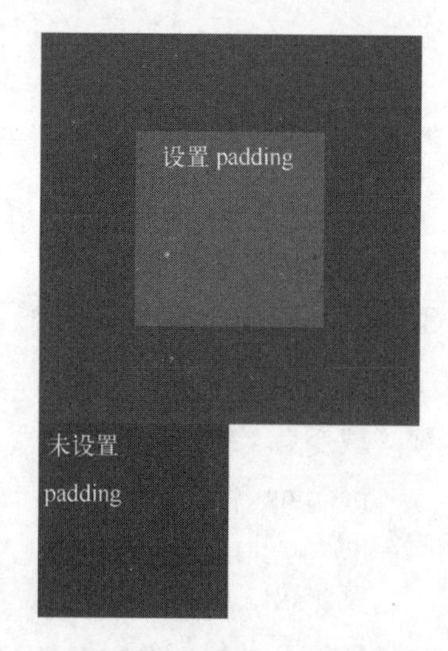

图 8-12　内边距设置方式

8.2　盒模型相关属性

除了 margin、border、padding 等盒模型的属性，盒模型还有很多重要属性需要掌握，如内容溢出控制、外围线、盒子阴影、边框圆角、图片边框等。

8.2.1　overflow：内容溢出控制

overflow 属性规定了内容溢出盒子时如何处理，属性值有四个：

1）Visible（默认值）：内容不会被修剪，会呈现在元素框之外。

2）auto：根据内容多少选择显示滚动条，文字多的时候显示滚动条。

3）scroll：无论文字多少，都会显示垂直和水平两个滚动条。

4）hidden：超出区域的文字直接隐藏，无法看到。

代码示例如下：

```
<style type="text/css">
    #div1{
        width: 255px;
        height: 200px;
        margin-left: 15px;
        float: left;
        /* overflow: auto; */          /*  示例图如图 8-13 所示  */
        /* overflow: scroll; */        /*  示例图如图 8-14 所示  */
        overflow: hidden;              /*  示例图如图 8-15 所示  */
    }
</style>
<body>
    <div  id="div1">品牌故事  主要开展 Java、iOS、android、H5、PHP、大数据、VR 方面的技术培训。同时针对在校成绩优异、动手能力强的学生，直接提供就业辅导服务，充当企业与学生中间的桥梁。经过了多年艰苦创业和精神耕耘已与国内数所高校、IT 企业建立良好的合作关系。烟台杰瑞教育科技有限公司（简称杰瑞教育），自 2011 年以来，一直致力于为 IT 企业提供助力，培养后备力量。目前，已成为知名 IT 教育机构及优秀人才资源提供商。杰瑞教育依托捷瑞数字的强大企业背景，专注教育培训、IT 人才选拔推荐业务。
    </div>
</body>
```

overflow 属性值为 auto 时，如图 8-13 所示。

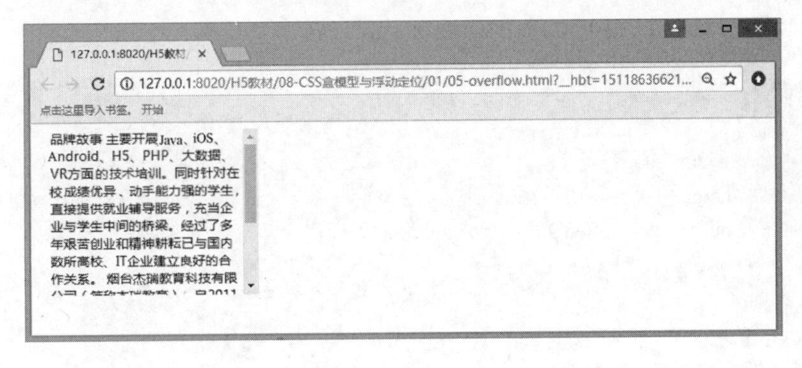

图 8-13　overflow 属性值设为 auto 时的效果

overflow 属性值为 scroll 时，如图 8-14 所示。

overflow 属性值为 hidden 时，如图 8-15 所示。

注意：还可以使用 overflow-x 和 overflow-y 设置水平和垂直方向的滚动条是否显示。

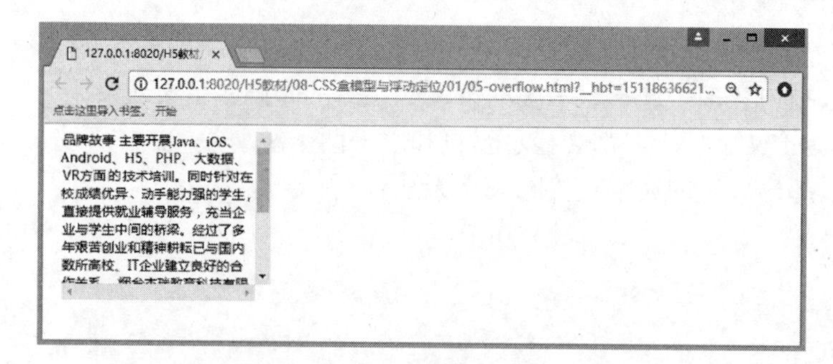

图 8-14　overflow 属性值设为 scroll 时的效果

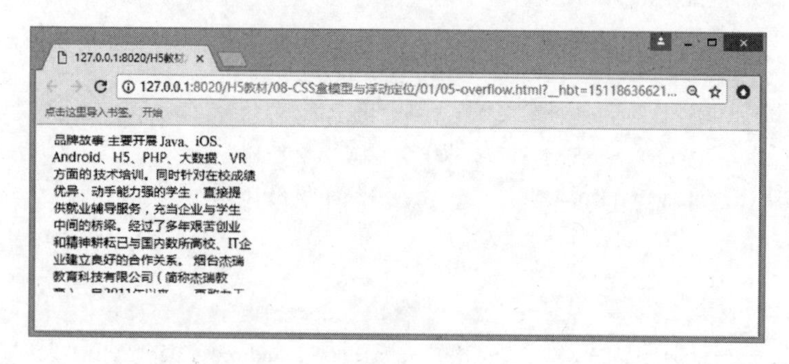

图 8-15　overflow 属性值设为 hidden 时的效果

8.2.2　outline：外围线

outline 是显示在边框边缘外围的一条线，起到突出元素的作用。外围线的属性写法与边框相同，此处不再赘述。外围线不会占用空间。

基本语法如下：

```
outline:red dotted medium;
```

代码示例如下：

```
<style type="text/css">
    #div{
        width: 100px;
        height: 100px;
        outline: red dotted 20px; /*给 div 添加外围线*/
        background-color: darkgrey;
    }
</style>
<body>
    <div id="div"></div>
    <span>div 添加 outline，外围线不会占用空间，会盖住周围的文字</span>
</body>
```

实现效果如图 8-16 所示，图中可以看到 outline 与 border 的区别，outline 的高度会覆盖到 span 的上方。

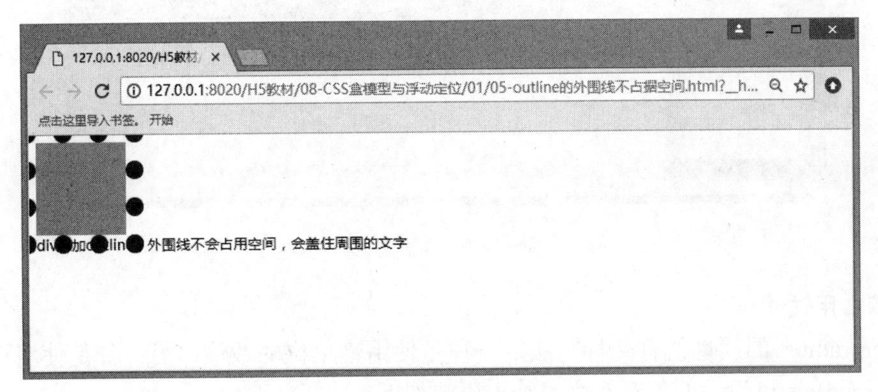

图 8-16　外围线

8.2.3　box-shadow：盒子阴影

box-shadow 是给元素周围添加阴影效果，该属性有六个属性值。

1）X 轴阴影距离：必写，可正可负，正值右移，负值左移。

2）Y 轴阴影距离：必写，可正可负，正值下移，负值上移。

3）阴影模糊半径：可写，只能为正，默认值为 0。数值越大，阴影越模糊。

4）阴影扩展半径：可写，可正可负，默认值为 0。数值增大，阴影扩大；数值减小，阴影缩小。

5）阴影颜色：可写，默认为黑色。

6）内外阴影：可写，可选值：inset（内阴影），不选默认为外阴影。

代码示例如下：

```
<style type="text/css">
    .shadow{
        width: 100px;
        height: 70px;
        background-color: yellow;
        box-shadow: 5px 5px 10px 10px green;
    }
</style>
<body>
    <div class="shadow"></div>
</body>
```

代码运行效果如图 8-17 所示。

8.2.4　border-radius：边框圆角

border-radius 属性是一个简写属性，可以设置一个元素四个边框的圆角，与之前的属性相同，也可以单独为其中一个角设置样式，写法为 border-top-left-radius:20px。

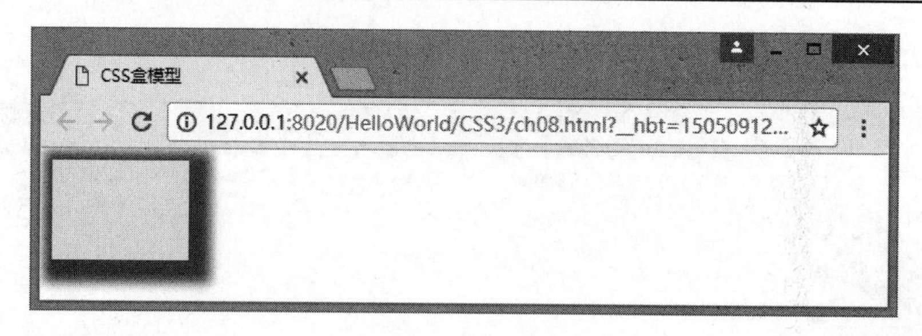

图 8-17　盒子阴影

1．基本用法

border-radius 的属性值有两种写法，一种是使用带单位的数值；另一种是使用百分比设置。border-radius 可设置的值有八个，基本语法如下：

```
border-radius: 40px 30px 20px 10px/40px 30px 20px 10px;
```

代码含义："/"前后各有四个值，依次对应的是左上角、右上角、右下角、左下角。而"/"前表示四顶点沿 X 轴移动的距离，"/"后表示四顶点沿 Y 轴移动的距离。移动完成后，用弧线连接，即为圆角，如图 8-18 所示。

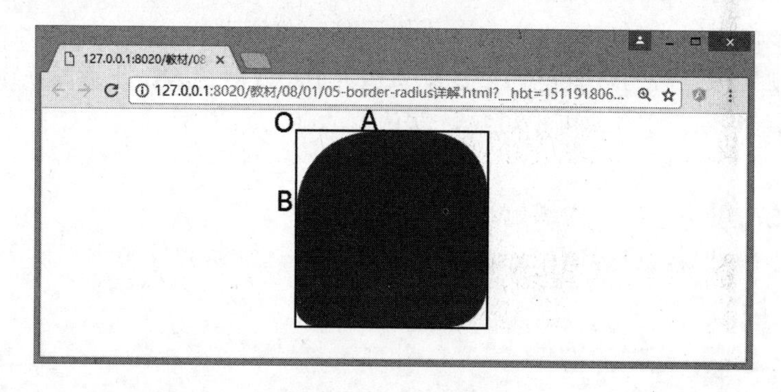

图 8-18　边框圆角

以图 8-18 左上角为例，div 原来的顶点为 O 点，给 div 添加如下代码，左上角沿 X 轴移动 40px 到 A 点，沿 Y 轴移动 40px 到 B 点，确定 A 和 B 点后，两点之间画弧线，即为左上角的圆角弧度。其余三个角同理。

```
border-radius: 40px 30px 20px 10px/40px 30px 20px 10px;
```

2．简写形式

为了方便使用，border-radius 同样提供了简写形式，简写原则如下。

1）只写 X 轴，Y 轴将默认等于 X 轴。基本语法如下：

```
border-radius:50px 20px 50px 20px; //只写 X 轴。   Y 轴=X 轴
```

2）4 个角写不全，默认对角相等。基本语法如下：

```
border-radius:50px 20px; // 只写左上角，右上角。 右下角=左上角；左下角=右上角
```

3）只写一个值，默认 8 个数均等。基本语法如下：

```
border-radius:50p;  //只写一个值，默认 8 个数均等
```

8.2.5　border-image：图片边框

border-image 表示为当前盒子设置一个图片边框，也就是使用图片进行裁切作为边框显示，主要有如下四个需要设置的部分。

1．图片路径（border-image-source）

用于当作边框的图片地址，使用 url()引入图片路径。基本语法如下：

```
border-image-source: url(img/border.png);
```

2．图片切片宽度（border-image-slice）

有 4 个值，代表上、右、下、左 4 条切线，通过 4 条切线切割，可以将图片分为 9 宫格。9 宫格 4 个角分别对应边框的 4 个角（不会进行任何拉伸），9 宫格 4 条边分别对应 4 条边框（会根据设置进行拉伸、铺满、重复等操作，后续讲解）。

基本语法如下：

```
border-image-slice:27 27 27 27;
border-image-slice:27;                    // 表示 4 条切线都是 27px
```

如图 8-19 所示，4 条虚线分别代表 4 条切线。

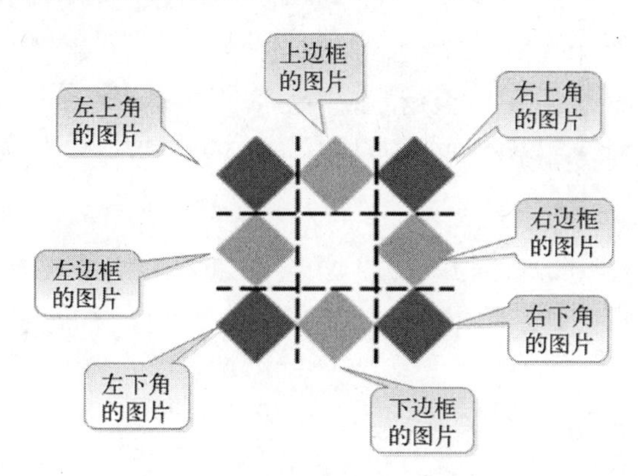

图 8-19　图片切片宽度

3．边框宽度（border-image-width）

边框宽度表示图片边框的宽度大小，使用规则与 border 类似。

基本语法如下：

```
border-image-width: 10 10 10 10;
border-image-width: 10;                 // 表示 4 条边框的宽度都是 10px
```

4．图片重复方式（border-image-repeat）

设置边框区域图片的重复方式，常用的属性值主要有三个：stretch（拉伸）、round（铺

满）、repeat（重复）。

代码示例如下：

```
border-image-repeat:stretch;                    // 拉伸
border-image-repeat:round;                      // 铺满
border-image-repeat:repeat;                     // 重复
```

效果如图 8-20 所示。

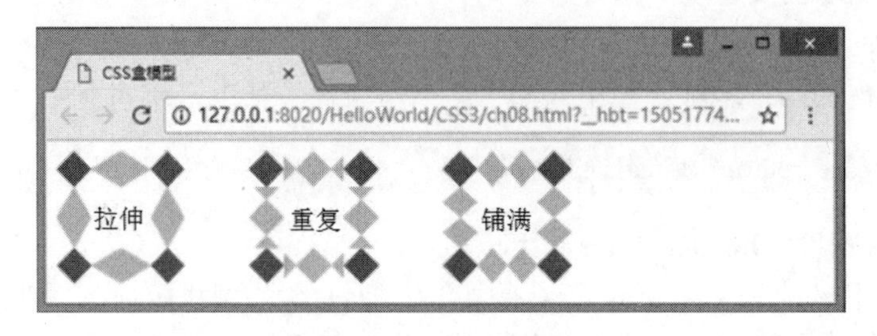

图 8-20　边框的图片重复方式

铺满和重复的区别如下：

1）重复会保持原有 4 条边的宽度，可能导致角落处无法显示完整一个图标。

2）铺满会对 4 条边进行适当地拉伸、压缩，确保可以正好显示完全。

5．简写方式（border-image）

上述四个属性分开设置比较麻烦，可以使用 border-image 一次性设置所有属性。

基本语法如下：

```
border-image: url(img/border.png) 27/10px stretch;
-webkit-border-image: url(img/border.png) 27/10px repeat;          // webkit 浏览器内核专用
```

代码解释：

缩写时的顺序必须按照图片路径、切片宽度、边框宽度、重复方式。其中，切片宽度和边框宽度之间用“/”分隔，且只能在边框宽度后带有一个 px 单位。

8.3　浮动与清除浮动

在网页中，行级元素从左往右显示，块级元素独占一行显示。但是，这种显示规则可能在布局中受到的局限性非常大，往往需要打破常规的文档流模型，而浮动就是其中最常用的方式之一。

8.3.1　float：浮动

float 属性使元素脱离了常规文档流而表现为向右或向左浮动，由于浮动的元素不在文档流中，所以在文档流中浮动的元素就像不存在一样，其周围的元素也会重新排列。常用的 float 属性有三个。

1）left 元素向左浮动。

2）right 元素向右浮动。

3）none 默认值，元素不浮动。

代码示例如下：

```
<style type="text/css">
    #div1{
        width: 100px;
        height: 100px;
        background-color: red;
        float: left;                    /*给 div1 添加左浮动*/
    }
    #div2{
        width: 100px;
        height: 100px;
        background-color: yellow;
        float: right;                   /*给 div2 添加右浮动*/
    }
</style>
<body>
    <div id="div1">元素向左浮动</div>
    <div id="div2">元素向右浮动</div>
</body>
```

图 8-21 为两个分别向左和向右浮动的元素。

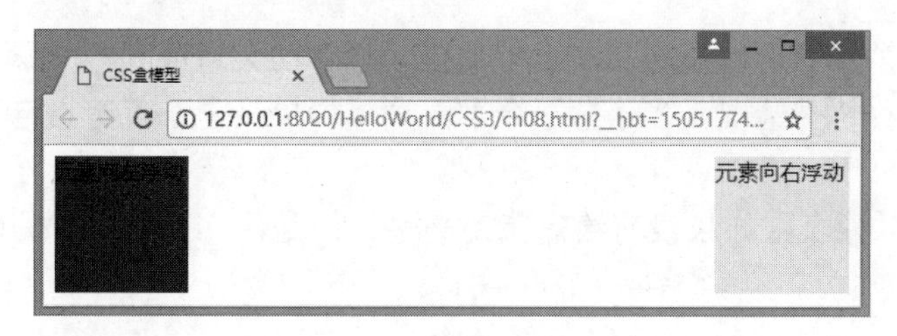

图 8-21　向左和向右浮动的元素

8.3.2　clear：清除浮动

当一个元素浮动以后，很有可能对其他元素的位置造成影响，如图 8-22 所示，两个 div 为上下排列。

当给 div1 添加浮动以后，div2 受到 div1 的影响，会产生如图 8-23 所示的情况，下方的 div 受到上方的影响，位置发生变化。但是，**浮动只能打破文档流，不能打破文字流**，所以 div2 的文字保持在原位置不动。

为了解决这个情况，可以给第二个 div 添加 clear 属性，clear 属性有三个可选值：left、right、both，分别表示清除左浮动影响、右浮动影响，以及同时清除左右浮动的影响。实际开发过程中，为了方便使用，通常直接使用“clear:both”。

比如上述案例中，给第二个 div 添加“clear:both”后，显示效果又将回到图 8-22 所示。

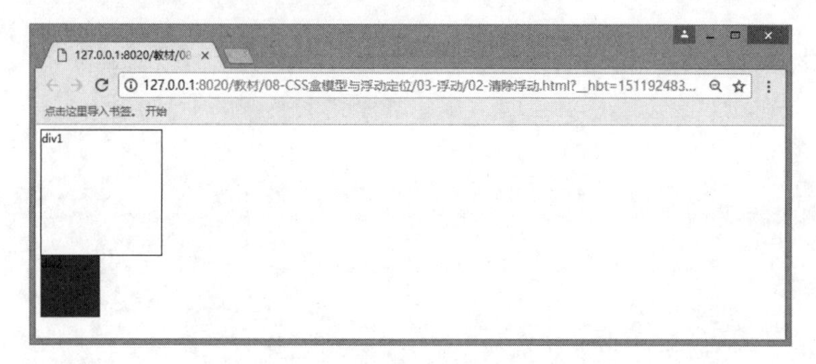

图 8-22　两个 div 均未设置浮动时的效果

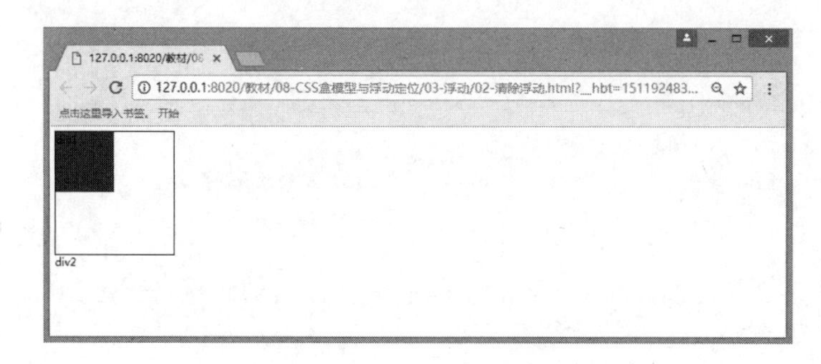

图 8-23　给第一个 div 设置浮动后的效果

8.3.3　子盒子浮动造成父盒子高度塌陷

通过 8.3.1 节，读者可以发现了一个现象：元素浮动会造成其他元素位置的变化。除此之外，浮动还有一种特殊情况，当子盒子全部浮动，如果父盒子没有指定高度，则父盒子高度将会塌陷为 0。

比如，一个 ul 列表，如果没有给它指定高度，而是由 li 的高度撑开，效果如图 8-24 所示。

图 8-24　ul 未指定高度，列表高度由 li 撑开时的效果

当 ul 里面的 li 全部浮动以后，ul 的高度就将塌陷为 0，也就是无法看到 ul 的背景色了，如图 8-25 所示。

从图 8-25 可以看到，当 li 全部浮动时，ul 的背景色消失了，也就是说，此时 ul 的高度为 0，即**子元素全部浮动后，父元素的高度将会塌陷为 0**。

为了解决这个问题，本书提供三种解决思路。

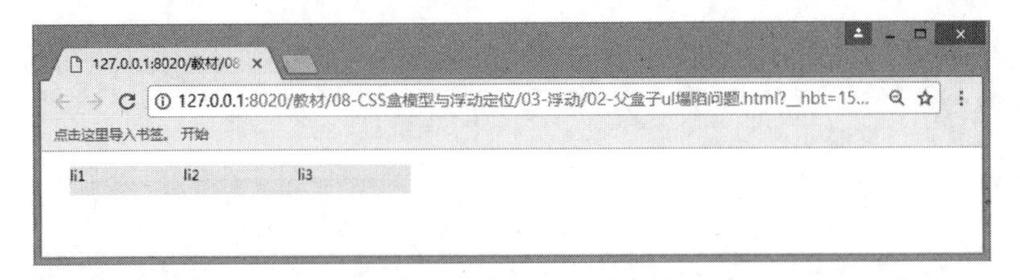

图 8-25　li 全部浮动后的效果

1．在父元素中添加一个新的元素，为新元素设置 clear:both

代码示例如下：

```
<div class="outer">
    <div class="div1">1</div>
    <div class="div2">2</div>
    <div class="div3">3</div>
    <div class="clear"></div>
</div>
.clear{
    clear:both;
    height: 0;
}
```

2．为父元素添加 overflow: hidden 属性

代码示例如下：

```
<div class="outer">
    <div class="div1">1</div>
    <div class="div2">2</div>
    <div class="div3">3</div>
</div>
.outer{
    overflow:hidden;
}
```

3．为父元素添加伪类：after，对伪类设置 clear:both

代码示例如下：

```
<div class="outer">
    <div class="div1">1</div>
    <div class="div2">2</div>
    <div class="div3">3</div>
</div>
.outer :after {
    clear:both;
    content:'';
    display:block;
    width: 0;
```

```
        height: 0;
    }
```

8.4 定位

定位与浮动一样，都是改变元素在正常文档流中的位置，对网页内容进行重新排版。position 定位属性可选的属性值有 4 个。

1）relative：相对定位。

2）absolute：绝对定位。

3）fixed：固定定位。

4）static：没有定位，默认值。

当元素没有定位，出现在正常的文档流中，将不会受 left、right、top、bottom 和 z-index 的影响。这些属性值会在后文进行详细介绍。

8.4.1 relative：相对定位

使用 position: relative; 设置元素为相对定位元素，其定位机制如下：

1）相对于自己原来在文档流中的位置定位，当不指定 top、left 等定位值时，不会改变元素位置。

2）相对定位元素仍会占据原有文档流中的位置，而不会释放。

代码示例如下：

```
<!DOCTYPE html>
<html>
    <head>
        <style type="text/css">
            #div1{
                width: 200px;
                height: 200px;
                border: 1px solid black;
                position: relative;         /* 对 div1 进行相对定位 */
                top: 100px;                 /* 设置重新定位后的位置距原来上边距的距离 */
                left: 100px;                /*设置重新定位后的位置距原来左边距的距离*/
            }
            #div2{    /* 作为对比 div 存在 */
                width: 200px;
                height: 200px;
                background-color: blue;
            }
        </style>
    </head>
    <body>
        <div id="div1">div1</div>
```

```
        <div id="div2">div2</div>
    </body>
</html>
```

没有进行相对定位前，效果如图 8-26 所示，对 div1 进行相对定位后，实现效果如图 8-27 所示。

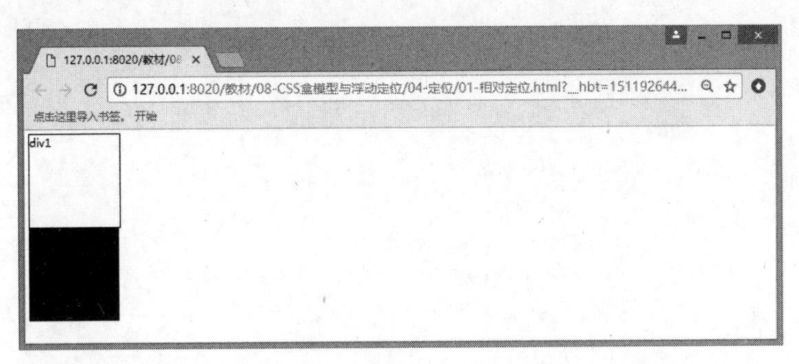

图 8-26　没有进行相对定位

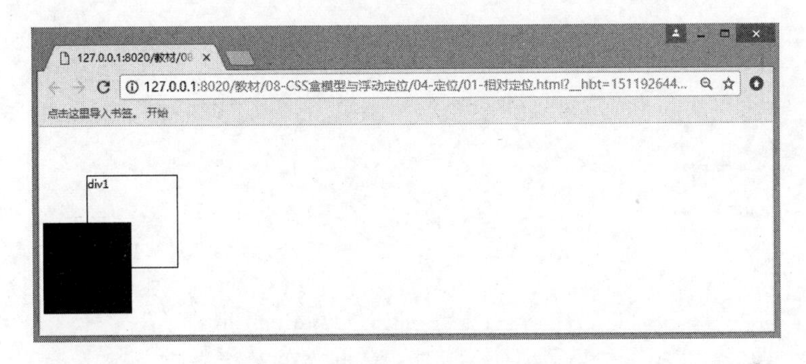

图 8-27　对 div1 进行相对定位

从图 8-26 和图 8-27 可以看出，进行相对定位后的元素相对自己原来的位置下移 100px（距原来位置的顶部 100px）、右移 100px（距原来位置的左边 100px），而且元素重新定位后，之前元素所在的空间并没有再被其他元素占据，即元素原来的空间没有被释放。

8.4.2　absolute：绝对定位

使用 position: absolute;设置元素为绝对定位元素，其定位机制如下：

1）相对于第一个非 static 的祖先元素（即使用了 relative、absolute、fixed 定位的祖先元素）进行定位。

2）如果所有祖先元素均未定位，则相对于浏览器左上角定位。

3）使用 absolute 的元素会从文档流中完全删除，原有空间释放不再占据。

代码示例如下：

```
<!DOCTYPE html>
<html>
    <head>
```

```
        <style type="text/css">
            #div{
                width: 400px;
                height: 400px;
                border: 3px solid black;
                margin: 0 auto; /*  使父盒子居中  */
                position: relative; /* 父盒子没有添加定位时，子盒子 div1 如图 8-28 所示；
父盒子添加定位后，子盒子 div1 如图 8-30 所示*/
            }
            #div1{
                width: 200px;
                height: 200px;
                background-color: yellow;
                position: absolute;            /* 对 div1 进行绝对定位  */
                top: 50px;
                left: 150px;
            }
            #div2{                             /*  作为对比元素  */
                width: 200px;
                height: 200px;
                background-color: red;
            }
        </style>
    </head>
    <body>
        <div id="div">
            <div id="div1">进行绝对定位的元素 div1</div>
            <div id="div2">作为对比的元素 div2</div>
        </div>
    </body>
</html>
```

父盒子和子盒子 div1 都没有进行定位前，如图 8-28 所示。当对 div1 进行了绝对定位，而父盒子没有进行相对定位时，实现效果如图 8-29 所示。但是，当对 div1 进行了绝对定位，同时父盒子也进行了相对定位时，实现效果如图 8-30 所示。

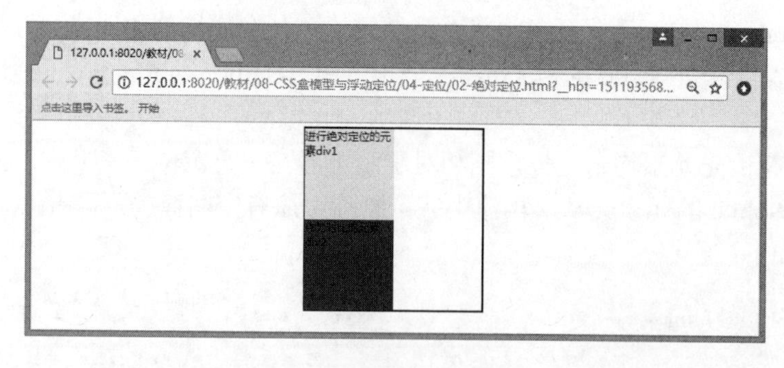

图 8-28　没有进行定位时的效果图

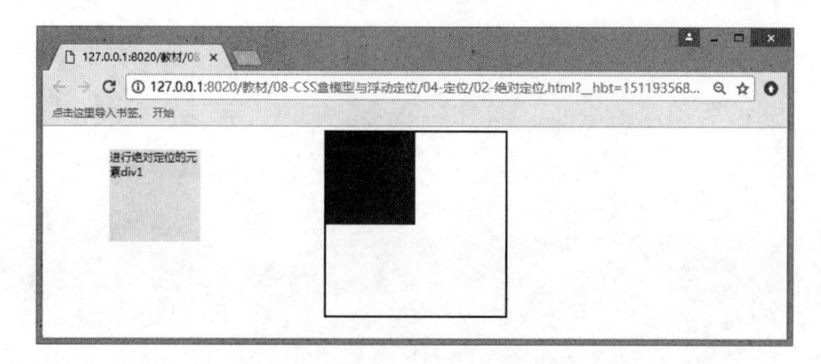

图 8-29　父盒子没有定位时子盒子绝对定位的效果图

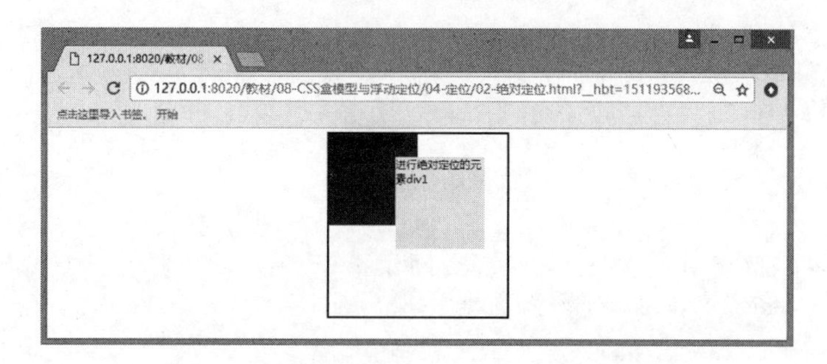

图 8-30　父盒子有定位时子盒子绝对定位的效果图

从图 8-28 和图 8-29 可以看出，div1 进行相对定位后，原来元素所占的空间被释放，紧接着被 div2 占据。

从图 8-29 和图 8-30 可以看出，div1 相对于使用了 relative 定位的祖先元素 div 进行的定位。当 div 没有进行 relative 定位时，div1 相对浏览器左上角进行定位。

8.4.3　fixed：固定定位

固定定位是一种特殊的绝对定位，它与普通绝对定位的区别是无论父元素是否定位，子元素如果采用固定定位，都将相对于浏览器左上角定位，且固定在指定位置，不随浏览器滚动条的滚动而滚动。

代码示例如下：

```
<!DOCTYPE html>
<html>
<head>
	<style type="text/css">
		#div{
				width: 400px;
				height: 400px;
				border: 3px solid black;
				margin: 0 auto;			/* 使父盒子居中 */
				position: relative; /* 父盒子没有添加定位时，子盒子 div1 如图 8-31 所示；
父盒子添加定位后，效果同样如图 8-31 所示*/
		}
		#div1{
```

```
                width: 200px;
                height: 200px;
                background-color: yellow;
                position: fixed;                /* 对 div1 进行固定定位 */
                top: 50px;
                left: 150px;
            }
            #div2{  /* 作为对比元素 */
                width: 200px;
                height: 200px;
                background-color: red;
            }
        </style>
    </head>
    <body>
        <div id="div">
            <div id="div1">进行固定定位的元素 div1</div>
            <div id="div2">作为对比的元素 div2</div>
        </div>
    </body>
    </html>
```

代码运行效果如图 8-31 所示。

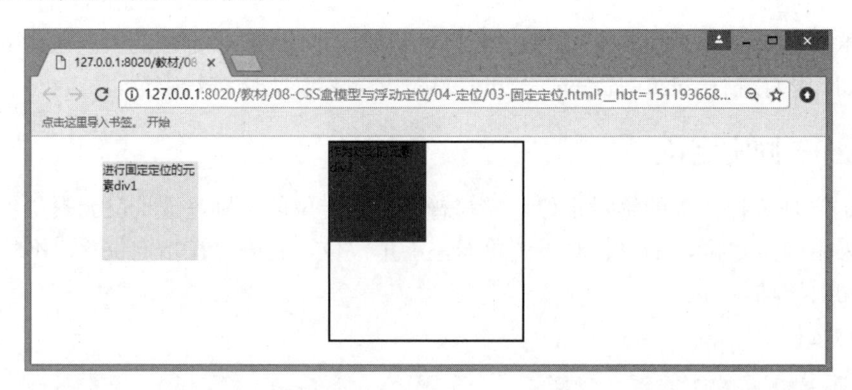

图 8-31　子容器的固定定位与父容器是否定位无关

从图 8-31 可以看出，对 div1 进行固定定位后，原来的元素空间会被释放，而且即使父容器 div 添加了相对定位，div1 依然相对于浏览器左上角定位。

注意：以上三种定位方式均使用 top、left、bottom、right 调整位置。当 left 和 right 同时存在，left 生效；当 top 和 bottom 同时存在，top 生效。

8.4.4　使用定位实现元素的绝对居中

定位有一个非常重要的作用，可以设置元素的绝对居中。在之前学习块级元素时，可以使用“margin:0 auto”设置水平居中，而设置垂直居中，定位将会是一个不错的选择。

实现的思路包括如下两部分：

1）设置父子元素均为定位元素。

2）对子元素设置。基本语法如下：

```
left:50%;    margin-left: - width/2;
top:50%;     margin-top: - height/2;
```

代码示例如下：

```
<!DOCTYPE html>
<html>
    <head>
        <style type="text/css">
            .div1{
                width: 100px;
                height: 100px;
                background-color: red;
                position: relative;
            }
            .div2{
                width: 50px;
                height: 50px;
                background-color: blue;
                position: absolute;
                left: 50%;
                margin-left: -25px;
                top: 50%;
                margin-top: -25px;
            }
        </style>
    </head>
    <body>
        <div class="div1">
            <div class="div2"></div>
        </div>
    </body>
</html>
```

代码运行效果如图 8-32 所示。

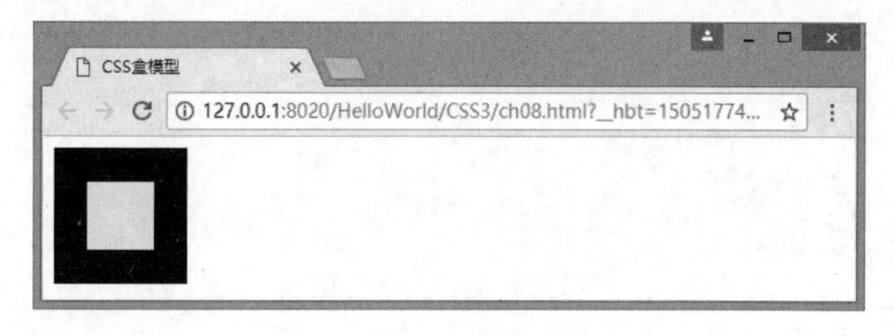

图 8-32　元素水平垂直居中

8.4.5 z-index

1．z-index 的作用

设置定位元素的层叠顺序。

2．使用要求

1）必须是定位（relative、absolute、fixed）元素才能使用 z-index。

2）使用 z-index 需要考虑父容器的约束。

① 如果父容器没有设置 z-index，或父容器设置为 z-index:auto，则子容器的 z-index 可以不受父容器的约束。

② 如果父容器对 z-index 进行了设置，则子容器的层叠顺序将以父容器的 z-index 为准（此时子元素的 z-index 只能调整自身与父容器中不同子元素之间的层叠顺序）。

3．z-index:auto 与 z-index:0 的异同

1）z-index:auto 为默认值，与 z-index:0 处于同一平面。

2）z-index:auto 不会约束子元素的 z-index 层次，而 z-index:0 会约束子元素必须与父元素处于同一平面。

4．z-index 相同（处于同一平面的定位元素）的层叠关系

后来者居上，即写在后面的元素在上一层。

代码示例如下：

```
<!DOCTYPE html>
<html>
    <head>
        <style type="text/css">
            #div1{
                width: 200px;
                height: 200px;
                background-color: yellow;
                position: relative;
                top: 50px;
                left: 50px;
                z-index: 1;    /* 使用 z-index 更改 div1 的层叠关系 */
            }
            #div2{
                width: 200px;
                height: 200px;
                background-color: red;
                position: relative;
                top: 0px;
                left: 100px;
            }
        </style>
    </head>
    <body>
            <div id="div1">进行了相对定位的元素 div1</div>
            <div id="div2">后来居上的定位元素 div2</div>
    </body>
```

```
</html>
```

没有对 div1 使用 z-index 之前的实现效果如图 8-33 所示，对 div1 使用 z-index>0 之后的实现效果如图 8-34 所示。

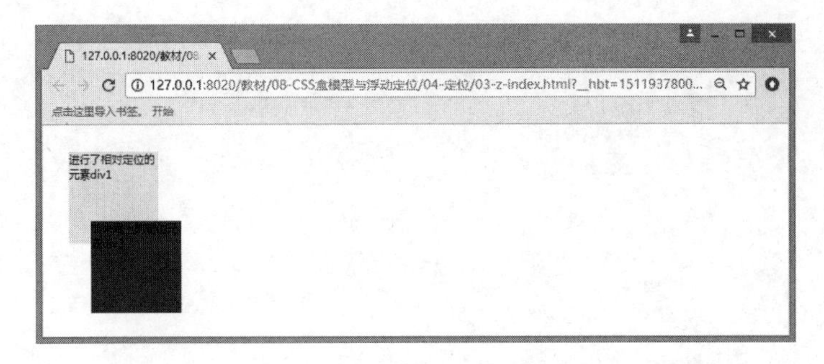

图 8-33　没有对 div1 使用 z-index 之前的效果图

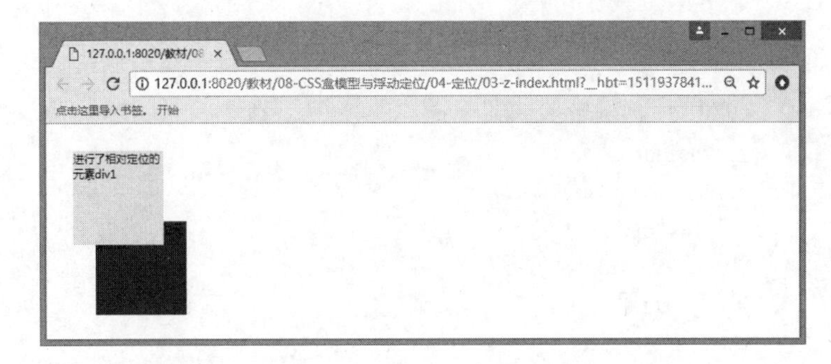

图 8-34　对 div1 使用 z-index>0 之后的效果图

8.5　章节案例：网页布局练习

经过本章的学习，应用盒模型与浮动定位等知识实现如图 8-35 所示的网页布局效果。

图 8-35　网页布局案例练习

【案例代码】

```
<!DOCTYPE html>
<html>
    <head>
        <style type="text/css">
            *{
                margin: 0;
                padding: 0;
            }
            #header{
                height: 100px;
            }
            #header .left{
                background-color: #FF00FF;
                height: 100%;
                width: 20%;
                float: left;
            }
            #header .center{
                background-color: #FFFF00;
                margin: 0 1%;
                width: 58%;
                height: 100%;
                float: left;
            }
            #header .right{
                height: 100%;
                width: 20%;
                background-color: #AAFF00;
                float: left;
            }
            #nav{
                height: 30px;
                width: 100%;
                margin: 10px 0;
                background-color: #00BBFF;
            }
            #main{
                height: 800px;
            }
            #content{
                width: 75%;
                height:100%;
                float: left;
            }
```

```
            #content .left1{
                width: 40%;
                height: 49%;
                background-color: #CCCCCC;
                float: left;
                margin-bottom: 1%;
                margin-right: 1%;
            }
            #content .left2{
                width: 40%;
                height: 49%;
                background-color: #CCCCCC;
                float: left;
                clear: left;
                margin-right: 1%;
            }
            #content .right1{
                width: 59%;
                height: 49%;
                float: right;
                margin-bottom: 1%;
                background-color: #CCCCCC;
            }
            #content .right2{
                width: 59%;
                height: 49%;
                float: right;
                background-color: #CCCCCC;
            }
            #aside{
                width: 24%;
                height: 100%;
                float: right;
                margin-left: 1%;
                background-color: #FFFF00;
            }
        </style>
</head>
<body>
        <div id="header">
            <div class="left"></div>
            <div class="center"></div>
            <div class="right"></div>
        </div>
        <div id="nav"></div>
        <div id="main" >
```

```
                <div id="content">
                    <div class="left1"></div>
                    <div class="right1"></div>
                    <div class="left2"></div>
                    <div class="right2"></div>
                </div>
                <div id="aside"></div>
            </div>
        </body>
    </html>
```

【章节练习】

1．盒模型包括哪四部分？

2．简述标准盒模型与 IE 盒模型的区别，CSS 如何设置使用哪种盒模型？

3．边框的简写属性包括哪 3 个？

4．写出“box-shadow: 10px 5px 5px 10px blue inset;”代表的意思。

5．写出清除浮动的三种方式。

【上机练习】

运用本章所学知识绘制图 8-36。

图 8-36　上机练习

第 9 章　移动开发与响应式

随着移动互联网时代的到来，仅用计算机浏览网页已经不能满足用户的需求，各种移动设备特别是智能手机成为主流工具。前端工程师应该紧跟时代潮流，投入移动开发与响应式开发的潮流。

本章学习目标：

➢ 了解移动开发与响应式的基本概念。

➢ 了解视口（viewport）的重要概念。

➢ 了解移动开发常用的头部标签与 CSS 设置。

➢ 熟练使用媒体查询实现响应式开发。

通过本章内容的学习，读者所制作的网站将不再局限于计算机，而能够自动识别各种屏幕设备并进行响应式的变化，让网站达到更好的用户体验效果。

9.1　移动开发基础知识

要学习移动开发，首先要知道移动开发中会遇到的各种基本概念，比如屏幕的宽高、屏幕的分辨率、像素的基础知识、视口的基本概念等。这些知识点在开发过程中或许不会用到很多，却是理解问题的关键。

9.1.1　媒体设备常用属性

媒体设备，即各种不同的展示设备，每个设备的大小、尺寸、分辨率都将影响网页展示的实际效果，所以关于媒体设备的一些基本概念，还是有必要了解。

1．屏幕宽高（device-width/device-height）

设备宽度（device-width）指当前设备的屏幕宽度。通常，每个设备的屏幕宽度是固定不变的，而不同设备的屏幕宽度又是各不相同的。设备高度（device-height）同理。

2．渲染窗口的宽高

宽度（width）指浏览器窗口的宽度。对于桌面操作系统来说，就是当前浏览器的宽度（并且是包括滚动条的）。最小宽度（min-width）表示当前元素允许的最小宽度，最大宽度（max-width）表示当前元素允许的最大宽度。高度（height）、最小高度（min-height）、最大高度（max-height）同理。

3．设备方向（orientation）

设备方向表示当前设备所处的方向是水平方向还是垂直方向。但是，取值并不是用水平或垂直表示，只有两个可选值：portrait 和 landscape。两个值的区别如下：

1）portrait：表示当前页面区域的高度大于或等于宽度（也就是通常人们理解的设备垂直）。

2）landscape：除 portrait 值情况外，都是 landscape。

4．设备分辨率（resolution）

设备分辨率表示当前设备的分辨率大小，可以使用整数表示分辨率的取值，单位为 dpi。该特性接受 min 和 max 前缀，因此可以派生出 min-resolution 和 max-resolution 两个媒体特性。

代码示例如下：

```
resolution:960dpi;              /* 屏幕分辨率为 960dpi */
min-resolution:300dpi;          /* 屏幕最小分辨率为 300dpi */
max-resolution:1080dpi;         /* 屏幕最大分辨率为 1080dpi */
```

9.1.2　像素的基础知识

从开始接触 CSS，人们就了解了一种最常用的单位——px（像素）。那 1px 真的等于 1px 吗？这句话看上去是个病句，但确实存在这种情况，因为在网页开发过程中有很多种像素类型，之前接触的都是 CSS 像素。下面介绍各种像素类型。

1．设备物理像素

设备物理像素，又称设备像素或物理像素。一个物理像素是显示器（手机屏幕）上最小的物理显示单元，即设备能控制显示的最小单位。可以把这些像素看作屏幕上一个个的点。

2．设备独立像素

设备独立像素（也称为密度无关像素），可以认为是计算机坐标系统中的一个点，这个点代表一个可以在程序中使用的虚拟像素。这个虚拟像素的大小与屏幕上的一个像素点（也就是物理像素）没有关系，可以通过一定的转换关系将几个物理像素点转换为一个虚拟像素（也就是设备独立像素）。

因此，物理像素和设备独立像素之间存在着一定的对应关系，即设备像素比（dpr）。当 dpr 为 1 时，设备独立像素=设备物理像素。

3．设备像素比

设备像素比就是设备物理像素与设备独立像素的比例，存在如下转换关系：

设备像素比 = 物理像素 / 设备无关像素

4．CSS 像素

CSS 像素是一个相对单位。对于不同屏幕，其实际像素大小不同。当页面没有缩放时，CSS 像素等于设备独立像素。

注意：通常在移动开发中 CSS 的 1px 并不等于设备的 1px。因此，需要通过视口（viewport）的设置，让 1px 的 CSS 像素等于 1px 的设备独立像素，进而等于 1px 的设备物理像素。也就是说，合理地设置 viewport，才能处理好这些像素之间的转换关系。

9.1.3　viewport：视口

移动前端中常说的 viewport（视口）就是浏览器显示页面内容的屏幕区域。首先了解以下几个概念。

1．layout viewport（布局视口）

一般移动设备的浏览器都默认设置了一个 viewport 元标签，定义一个虚拟的 layout viewport（布局视口），用于解决早期的页面在手机上显示的问题。iOS 和 Android 基本都将这个视口分辨率设置为 980px，所以计算机上的网页基本能在手机上呈现，只不过元素看上去很小，一般默认可以通过手动缩放网页。

2．visual viewport（视觉视口）和物理像素

visual viewport（视觉视口）指设备物理屏幕的可视区域。物理像素指屏幕显示器的物理像素，同样尺寸的屏幕，像素密度大的设备，硬件像素会更多。

3．ideal viewport（理想视口）和设备独立像素

ideal viewport（理想视口）通常是指屏幕分辨率。设备独立像素跟设备的硬件像素无关。一个设备独立像素在任意像素密度的设备屏幕上都占据相同的空间。

在计算机中，可以通过设置去调整屏幕的分辨率，也就是调整理想的视口显示。而移动端手机屏幕通常不可以设置分辨率，一般都是设备厂家默认设置的固定值。换句话说，设备独立像素的值就是理想视口（也就是分辨率）的值。

4．CSS 像素与设备独立像素

CSS 像素是用于页面布局的单位。样式的像素尺寸（如 width: 100px）是以 CSS 像素为单位指定的。CSS 像素与设备独立像素的比例即为网页的缩放比例，如果网页没有缩放，那么一个 CSS 像素就对应一个设备独立像素。

5．视口（viewport）的设置

为了保持一个 CSS 像素等于一个设备独立像素，通常需要在网页中通过代码去设置视口的大小。基本语法如下：

```
<meta name="viewport" content="width=device-width,initial-scale=1.0,maximum-scale=1, minimum-scale=1,user-scalable=no"/>
```

代码解释如下：

（1）width=device-width

width 属性用于控制 layout viewport 的宽度，layout viewport 宽度默认值是设备厂家指定的。将 width 设为 device-width，表示让视口宽度等于屏幕设备宽度，也就是将 layout viewport 的宽度设置 ideal viewport 的宽度。当网页缩放比例为 100%时，一个 CSS 像素就对应一个设备独立像素。

（2）initial-scale=1.0

initial-scale 用于指定页面的初始缩放比例，initial-scale=1 让页面的初始缩放比为 1，也就是上面提到的将 layout viewport 的宽度设置为 ideal viewport 的宽度，进而让一个 CSS 像素就对应一个设备独立像素。

（3）maximum-scale=1

设置用户的最大缩放比为 1，也就是不允许用户放大窗口。

（4）minimum-scale=1

设置用户的最小缩放比为 1，也就是不允许用户缩小窗口。

（5）user-scalable=no

直接设置用户禁止缩放（在 iOS 10 中的 Safari 浏览器失效）。

注意：上述视口的讲解涉及太多的概念性问题，对于初学者来说可能有一定的难度，不过只需要熟练记住设置 viewport 的 meta 语句，并且在移动开发的页面中设置 meta 语句即可。其他理解性内容，随着学习的深入，自然可以有效理解。

9.2 移动开发常用设置

了解移动开发过程中需要设置的第一条 meta 语句后，本节正式步入到移动页面的开发。除了视口的设置，还需要设置哪些内容呢？下面介绍在移动开发过程中可能用到的一些设置语句。

9.2.1 移动开发中常用的头部标签

<meta>标签的相关属性在之前的章节已经学习过，此处不再重复介绍，现在直接来看一些移动开发中用到的<meta>标签。

1）禁止设备对疑似手机号或邮箱进行识别，取消单击拨打电话等事件。代码如下：

```
<meta name="format-detection"content="telephone=no,email=no"/>
```

2）iOS 添加网页到主屏幕时，生成 WebAPP 的标题。代码如下：

```
<meta name="apple-mobile-web-app-title" content="我的第一个 WebAPP">
```

3）iOS 添加网页到主屏幕时，WebAPP 的 icon 图标。代码如下：

```
<link rel="apple-touch-icon-precomposed" href=" http://www.jredu100.com/favicon.ico" />
```

4）iOS 添加网页到主屏幕后，启用 WebAPP 全屏模式，删除顶端地址栏和底部工具栏。代码如下：

```
<meta name="apple-mobile-web-app-capable" content="yes" />
```

5）iOS 添加网页到主屏幕时，WebAPP 顶部状态的样式。

- black：黑色。
- default：默认白色。
- black-translucent（半透明）：网页内容充满整个屏幕，顶部状态栏会遮挡网页头部。

代码如下：

```
<meta name="apple-mobile-web-app-status-bar-style" content="black-translucent">
```

6）设置浏览器使用 edge 和 chrome 引擎去编译网页。代码如下：

```
<meta http-equiv="X-UA-Compatible" content="IE=edge,chrome=1"/>
```

7）设置浏览器过期时间，-1 表示时刻过期，及每次刷新都要请求最新数据。代码如下：

```
<meta http-equiv="Expires" content="-1">
```

8）是否设置浏览器缓存，否。代码如下：

```
<meta http-equiv="Cache-Control" content="no-cache">
```

9）是否从本机读取缓存文件，否。代码如下：

```
<meta http-equiv="Pragma" content="no-cache">
```

9.2.2　移动开发中常用的 CSS 设置

除了需要在头部设置一些配置语句外，在移动开发过程中，由于手机浏览器没有计算机浏览器强大的功能和字体支持，所以需要对一些默认的 CSS 效果进行设置。主要包含如下几种情况。

1．手机端字体选择

中文字体：一般手机均不支持微软雅黑，中文字体无须设置，使用手机默认即可。

英文字体：一般选择 font-family:Helvetica。

代码如下：

```
font-family: helvetica sans-serif;
```

2．禁止选中文本（如无文本选中需求，此为必选项）

手机端禁止长按选中。

计算机端禁止鼠标选择。

代码如下：

```
span{
        -webkit-user-select: none;
        -moz-user-select: none;
        -ms-user-select: none;
}
```

3．去除表单默认外观，手机、计算机均可使用

代码如下：

```
Input{
        appearance: none;
        -webkit-appearance: none;
        -moz-appearance: none;
}
```

4．禁止长按链接与图片弹出菜单

代码如下：

```
Img,a{
```

```
        -webkit-appearance:none;
    }
```

9.3 网页布局方式介绍

在网页的开发过程中，网页布局可以说是最重要的一个环节。布局合理，则事半功倍；布局不合理，则事倍功半。因此，选择合适的网页布局将是非常重要的一个环节。本节主要介绍网页中常用的布局方式，并重点介绍一种新兴的响应式布局。

9.3.1 网页的布局方式

网页的布局方式主要有三种：固定布局、流体布局和弹性布局。弹性布局是新兴的一种布局方式，将在第 10 章进行详细讲解。下面先了解固定布局和流体布局。

1．固定布局

从名字可以看出，固定布局是指网页中每块内容的宽高都是由固定的像素宽度值确定，同时这些内容区块的位置也是固定的，所以不管屏幕大小如何变化，用户看到的都是固定宽度的内容。

图 9-1 展示的是一个固定宽度布局的基本轮廓。轮廓里面的三列宽度分别是 520px、200px 和 200px。960px 已经成为现代 Web 设计的标准，因为大多数用户被假定为使用 1024px*768px 分辨率。

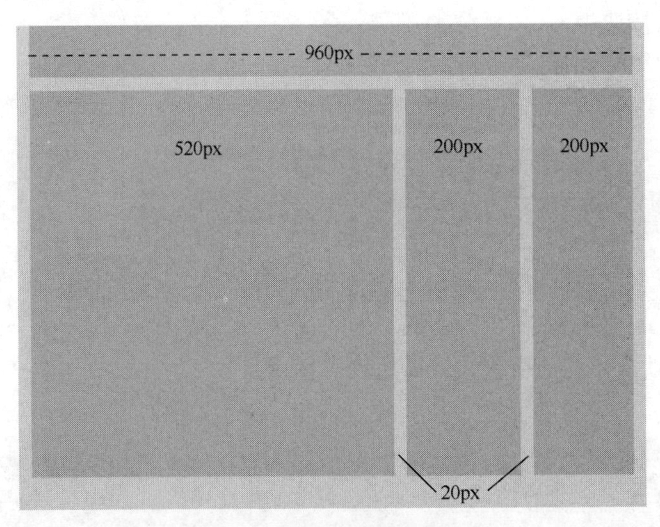

图 9-1 固定布局示意图

2．流体布局

流体布局也称为流动布局，是自适应布局的一种。其实现方法就是将大多数元素区块都设成百分比宽度，而不是用具体的像素单位，这样可以让页面根据用户的屏幕和浏览器窗口大小自适应调整。

图 9-2 是一个简单流动（流体）布局的轮廓。虽然有些设计师可能给流动布局中某些元

素设置了固定宽度，如 margin，但是只要主体元素是百分比宽度，就可以让布局自适应各种分辨率。

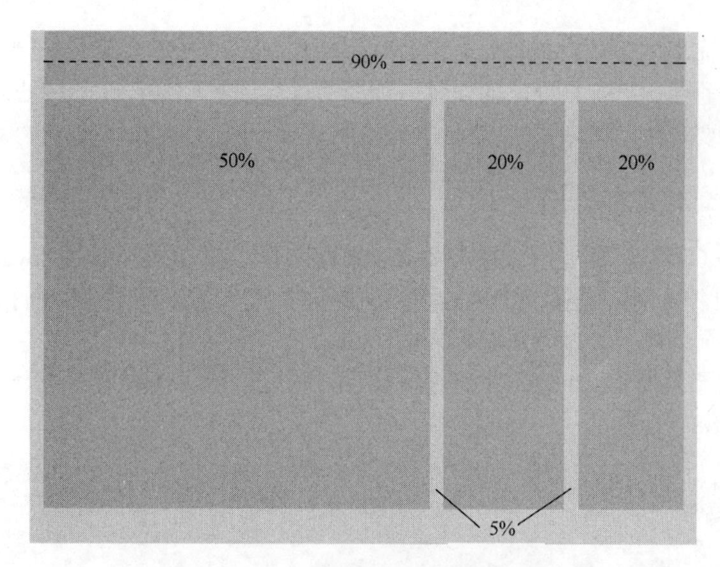

图 9-2　流体布局示意图

9.3.2　响应式布局介绍

无论是固定布局还是流体布局，都存在着自己的局限性。针对这个问题，响应式布局正式诞生。

响应式布局就是一个网站能够兼容多种终端，而不是为每种终端做一个对应的网站。这种布局主要是为改善移动互联网的浏览体验而诞生的。

1．响应式布局优点

1）面对不同分辨率设备，展示不同效果的网站，灵活性强。

2）能够快捷解决多设备显示适应问题，而不需要做计算机站与手机站。

2．响应式布局缺点

1）兼容各种设备工作量大，效率低下（但相比于制作计算机站+手机站，还是快速很多）。

2）代码累赘，会出现隐藏无用的元素，使页面加载时间变长。

3．响应式的实现方式

响应式布局没有固定的要求，只要能实现计算机站与手机站的不同效果显示，都可以称为响应式网站。基于这个原则，流体布局其实本身就是响应式布局之一，除此之外，响应式还可以通过如下几种途径实现。

1）媒体查询。

2）流体布局。

3）弹性布局。

4）通过 JavaScript、JQuery 进行判断来显示不同的布局页面。

5）Bootstrap 等第三方框架。

9.4 媒体查询实现响应式

实现响应式布局的方式有很多种，但是如果使用 JavaScript 实现页面响应式跳转，会造成非常浩大的工程量。CSS3 推出的媒体查询成为了实现响应式设计的核心思想，也是实际开发过程中的主要选择。

9.4.1 媒体查询的基本语法

媒体查询是 CSS3 新推出的一种实现响应式查询的方式， 无须使用 JavaScript 即可快速实现响应式。顾名思义，媒体查询就是通过判断媒体查询的设备类型，而执行不同的 CSS 代码，进而在不同的媒体设备上展示不同的样式。

媒体查询主要是使用@media 关键字来实现，通过检测媒体类型是否符合要求，而确定是否执行这段 CSS 代码。基本语法如下：

```
@media[not|only] type [and][expr]{
    rules
}
```

代码解释如下：

（1）and、not、only：逻辑关键字

逻辑关键字配合紧跟的媒体类型发挥作用，如 not screen 表示不检测屏幕宽度；only screen 表示只检测屏幕宽度而不关心其他媒体设备的属性。

（2）type：媒体类型

媒体设备的类型有很多，大家可以参考帮助文档自行了解。网页开发中最常用的有 all 和 screen，all 表示检测所有媒体设备；screen 表示只检测媒体设备的屏幕宽度而不关心是哪种设备。

（3）expr：媒体表达式

媒体表达式中用的属性就是 9.1.1 节讲解的各种媒体设备常用属性，比如最常用的就是检测屏幕的宽度处于某个范围之间：(min-width:640px) and (max-width: 980px)。

（4）rules：CSS 代码

当上述设置的媒体设备查询语句生效以后，需要执行的 CSS 代码。与普通的 CSS 选择器、语句写法完全相同，只是如果媒体设备查询不符合要求将不执行。

了解了媒体查询的语句以后，我们来看一段完整的代码示例：

```
@media only screen (min-width:640px) and (max-width: 980px) {
    body{
        background-color: red;
    }
}
```

代码含义：只检测屏幕的宽度，而且当屏幕的宽度大于或等于 640px、小于或等于 980px 时，媒体查询将生效，并执行其中的 CSS 代码。

9.4.2　使用媒体查询的三种方式

由于 CSS 的使用方式有三种，所以可以在三种情况下分别使用媒体查询。

1．直接在 CSS 文件中使用

代码如下：

```
<style type="text/css">
    // 没有经过媒体查询限制的 CSS
    @media 类型 and (条件 1) and (条件 2){
        // 媒体查询生效才会执行的 CSS
    }
</style>
```

2．使用 import 导入

代码如下：

```
@import url("css/media.css") all and (max-width:980px); // 当所有设备的宽度小于 980px 时，才会
使用 import 导入 CSS 文件
```

3．使用 link 链接，media 作为属性用于设置查询方式

代码如下：

```
<link rel="stylesheet" href="css/media.css" media="all and (max-width:980px)" />  // 当所有设备的
宽度小于 980px 时，才会使用 link 链接 CSS 文件
```

注意：媒体查询的优先级与普通 CSS 完全相同，因此当使用媒体查询时，一定要将媒体查询的样式放在默认样式之后，否则媒体查询会被默认样式覆盖，也就无法针对不同设备进行变化。

9.5　章节案例：媒体查询实例练习

通过上述学习，已经知道了媒体查询的基本使用方式，但是对于媒体查询的综合应用可能还存在问题。下面制作一个简单的响应式布局的页面，来看看媒体查询是如何在不同的设备上，显示不同的样式。显示效果如图 9-3 和图 9-4 所示，当屏幕宽度大于 1200px 时，保持计算机站的样式；当屏幕宽度小于 640px 时，变为手机站的样式。

【案例代码】

HTML5 文件中的代码如下：

```
<!DOCTYPE html>
<html>
    <head>
        <link rel="stylesheet" href="../css/响应式布局 Demo.css" />
    </head>
    <body>
```

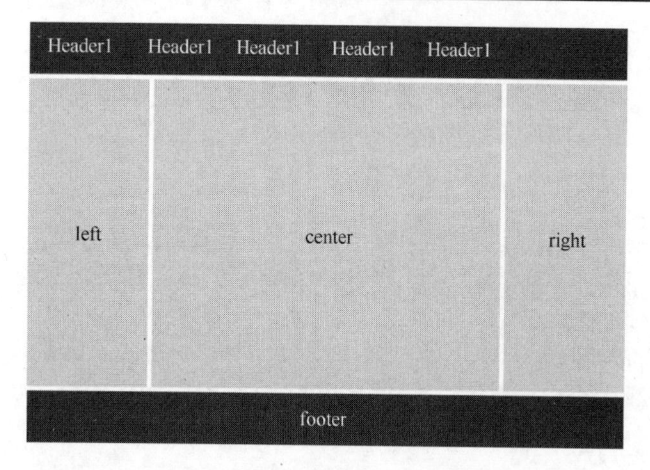

图 9-3　浏览器宽度在 1200px 以上的布局效果

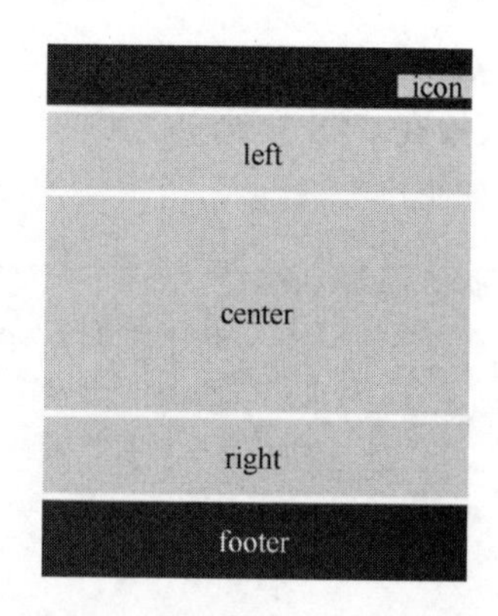

图 9-4　浏览器宽度在 640px 以下时的布局效果

```
            <header id="head">
                <ul>
                    <li>Header1</li>
                    <li>Header1</li>
                    <li>Header1</li>
                    <li>Header1</li>
                    <li>Header1</li>
                </ul>
                <div>icon</div>
            </header>
            <section id="main">
                <div class="left">left</div>
                <div class="center">center</div>
                <div class="right">right</div>
            </section>
            <footer id="foot">footer</footer>
        </body>
    </html>
```

CSS 文件中的代码如下：

```
*{
    margin: 0px;
    padding: 0px;
    text-align: center;
    font-size: 48px;
}
#head,#foot,#main{
    height: 100px;
    width: 1200px;
    background-color: burlywood;
    line-height: 100px;
```

```
        margin: 0 auto;
        min-width: 320px;
}
#head ul{ width: 80%; }
#head ul li{
        float: left;
        width: 20%;
        text-align: center;
        list-style: none;
        font-size: 20px;
}
#head div{
        display: none;
        font-size: 20px;
        height: 30px;
        width: 100px;
        background-color: yellow;
        float: right;
        margin-top: 35px;
        line-height: 30px;
}
#main{
        height: auto;
        margin: 10px auto;
        overflow: hidden;
}
.left,.center,.right{
        height: 600px;
        line-height: 600px;
        float: left;
        width: 20%;
        background-color: yellowgreen;
}
.center{
        width: 60%;
        border-left: 10px solid #FFFFFF;
        border-right: 10px solid #FFFFFF;
        box-sizing: border-box;
}

@media only screen and (max-width: 1200px) { /*当屏幕宽度大于 1200px 时会执行的 CSS 代码*/
        #head,
        #foot,
        #main{
                width: 100%;
        }
```

```
}
@media only screen and (max-width: 980px) { /*当屏幕宽度小于 980px 时会执行的 CSS 代码*/
        .right{ display: none; }
        .left{ width: 30%; }
        .center{
                width:70%;
                border-right: hidden;
        }
}
@media only screen  and (max-width: 640px) { /*当屏幕宽度小于 640px 时会执行的 CSS 代码*/
        .left,.center,.right{
                width: 100%;
                height: 200px;
                line-height: 200px;
                display: block;
        }
        .center{
                border: hidden;
                border-top: 10px solid #FFFFFF;
                border-bottom: 10px solid #FFFFFF;
                height: 600px;
                line-height: 600px;
        }
        #head ul{ display: none; }
        #head div{ display: block; }
}
```

【章节练习】

1．说明以下代码的含义。

```
<meta name="viewport" content="width=device-width,initial-scale=1.0,maximum-scale=1, minimum-scale=1,user-scalable=no"/>
```

2．写出禁止用户选中文本的代码。

3．实现响应式布局有哪几种方式？

4．写出在宽度为 980px 时发生改变的媒体查询基本语法。

第 10 章　CSS3 弹性布局

弹性布局是 CSS3 新推出的一种布局方式，这种布局方式现在已经得到所有主流浏览器的支持，可以放心地使用。弹性布局的出现让实现响应式布局变得更加轻松方便，本章节来进行具体地学习。

本章学习目标：

➢ 了解弹性布局的基本概念。

➢ 熟练掌握弹性布局的各种属性的使用。

➢ 能够熟练使用弹性布局实现网页开发。

弹性布局是现在非常常用的布局方式之一，通过本章的学习，读者能够熟练地使用弹性布局这种新型的布局方式，并且能够熟练地使用弹性布局进行网页的开发。

10.1　弹性布局简介

弹性布局又称 Flex 布局，是由 W3C 于 2009 年推出的一种布局方式，可以简便、完整、响应式地实现各种页面布局，而且已经得到所有主流浏览器的支持，所以可以放心使用。

10.1.1　弹性布局的基本概念

为了方便大家更加熟练地学习弹性布局，首先了解两个基本概念，在接下来的内容中会频繁提到。

1．容器与项目

容器（box）：需要添加弹性布局的父元素。

项目（item）：弹性布局容器中的每一个子元素，称为项目。

2．主轴与交叉轴

主轴（principal axis）：在弹性布局中，通过属性规定水平或垂直方向为主轴。

交叉轴（intersecting axle）：与主轴垂直的另一方向，称为交叉轴。

10.1.2　使用弹性布局需要注意的问题

弹性布局使用非常简单，但是依然有一些注意事项需要大家重视。在使用弹性布局时一定需要注意以下几点：

1）给父容器添加 display: flex/inline-flex;属性，即可使容器内容采用弹性布局显示，而不遵循常规文档流的显示方式。

2）容器添加弹性布局后，仅仅是容器中的项目采用弹性布局，而容器本身在文档流中的定位方式依然遵循常规文档流。

3）display:flex; 容器添加弹性布局后，显示为块级元素。

4）display:inline-flex; 容器添加弹性布局后，显示为行级元素。

5）将父容器设为弹性布局后，子项目的 float、clear 和 vertical-align 属性将失效，但 position 属性依然生效。

10.1.3 弹性布局代码示例

了解了一些弹性布局的基本概念和注意事项后，接下来看一个使用弹性布局的代码示例。可以看到，弹性布局使用起来非常简单，只需要给父容器添加“display:flex”即可。

在当前容器内使用弹性布局，代码示例如下：

```
<!DOCTYPE html>
<html>
	<head>
		<style>
			#box{
				width: 200px;
				height: 200px;
				background-color: yellow;
				display: flex;  /* 将当前元素设置为弹性布局。 不添加此行代码的效果图如图 10-1 所示采用常规文档流布局，添加此行代码的效果图如图 10-2 所示采用弹性布局 */
			}
			#box div{
				width: 50px;
				height: 50px;
				background-color: blue;
				color: white;
				font-size: 20px;
			}
		</style>
	</head>
	<body>
		<div id="box">
			<div class="item1">1</div>
			<div class="item2">2</div>
			<div class="item3">3</div>
			<div class="item4">4</div>
		</div>
	</body>
</html>
```

当没有添加“display:flex;”时，div 内部依然采用常规的文档流方式进行布局，也就是每个子 div 将显示为块状元素，上下排列。

而当给 div 添加了“display:flex”后，div 内容将采用弹性布局的方式进行排列，每个子 div 将不再按照常规文档流的上下排列，而是默认成了一行显示。

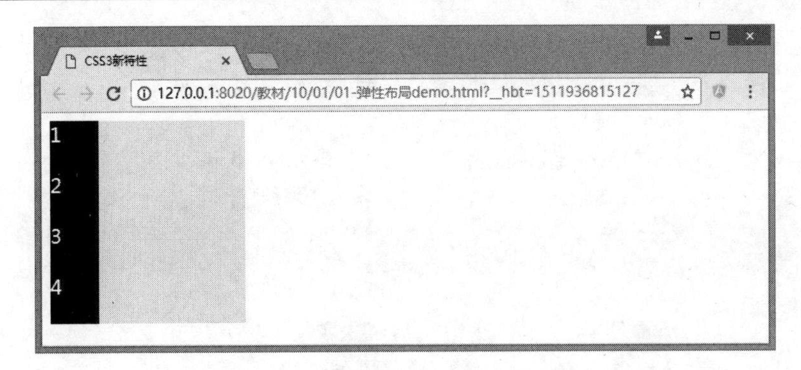

图 10-1　未添加弹性布局将采用常规文档流

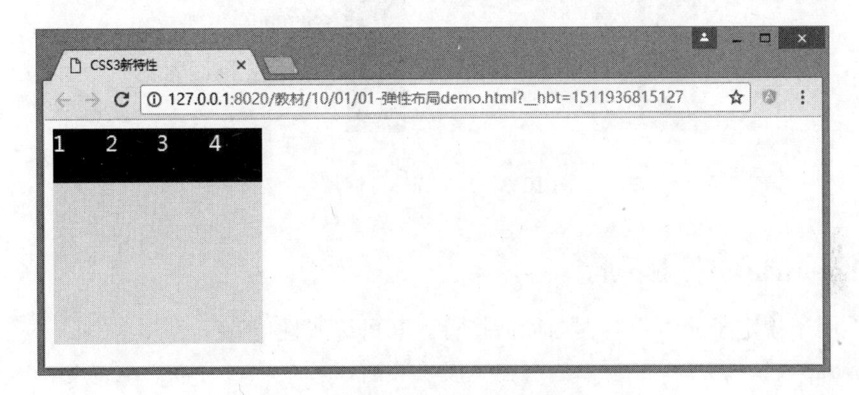

图 10-2　添加弹性布局将打破常规文档流

了解了弹性布局的基本效果后，接下来探讨一下如何设置子项目在父容器中的排列，这就需要用到弹性布局的各种属性。为了方便讲解，后续所有代码将继续使用上述代码进行演示。

10.2　作用于容器的属性

在简单了解弹性布局后，来详解一下弹性布局中使用的 12 个属性。这 12 个属性分为两类，6 个作用于父容器，另外 6 个作用于子项目。首先介绍作用于父容器的 6 个属性。

注意：演示中将以主轴方向为从左到右来介绍这些属性。

10.2.1　flex-direction：主轴方向

该属性规定主轴的方向（即项目的排列方向）。其可选属性值有四个。

1）row（默认值）：主轴为水平，方向从左到右。

2）row-reverse：主轴为水平，方向从右到左。

3）column：主轴为垂直，方向从上到下。

4）column-reverse：主轴为垂直，方向从下到上。

示意图如图 10-3 所示。

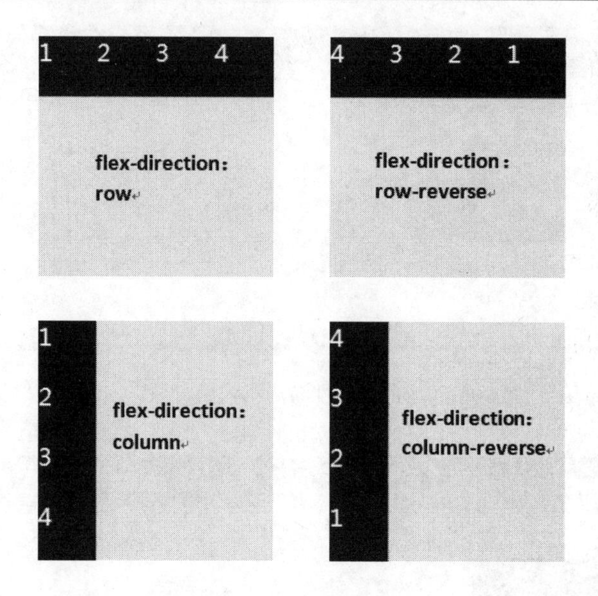

图 10-3 flex-direction 属性

10.2.2 flex-wrap：控制换行

该属性用于规定子元素在容器内如何换行。其可选属性值有三个。

1）nowrap（默认）：不换行。当容器宽度不够时，每个项目会被挤压宽度。

2）wrap：换行显示，并且第一行在容器最上方。

3）wrap-reverse：换行显示，并且第一行在容器最下方。

将外面的父容器宽度改为 100px，效果如图 10-4 所示。

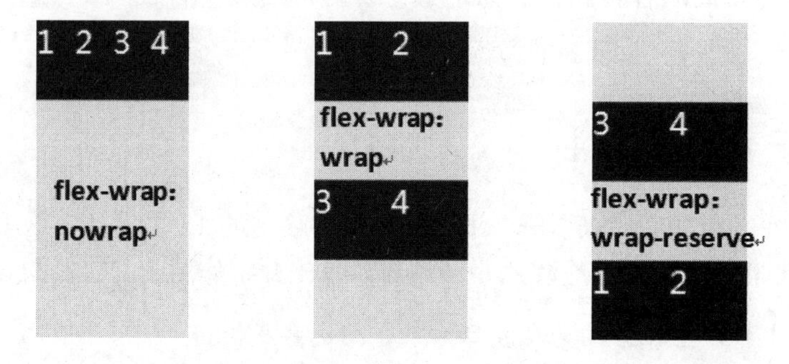

图 10-4 flex-wrap 属性

10.2.3 flex-flow：缩写形式

该属性是 flex-direction 属性和 flex-wrap 属性的简写形式，默认值为 row nowrap，其他属性值不再赘述。

10.2.4 justify-content：主轴对齐

该属性规定项目在主轴线上的对齐方式。其可选属性值有五个。

1）flex-start（默认值）：项目位于主轴起点。

2）flex-end：项目位于主轴终点。

3）center：居中。

4）space-between：两端对齐，项目之间的间隔都相等（开头和最后的项目，与父容器边缘没有间隔）。

5）space-around：每个项目两侧的间隔相等。同时项目之间的间隔比项目与边框的间隔大一倍（开头和最后的项目，与父容器边缘有一定的间隔）。

将高度改为 120px，宽度改为 150px，项目宽度改为 30px，结果如图 10-5 所示。

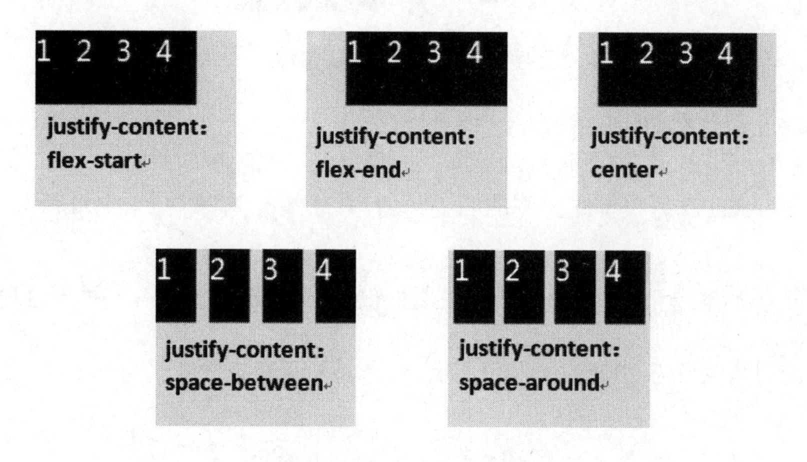

图 10-5　justify-content 属性

10.2.5　align-items：交叉轴单行对齐

该属性规定项目在交叉轴上的对齐方式。其可选属性值有五个。

1）flex-start：与交叉轴的起点对齐。

2）flex-end：与交叉轴的终点对齐。

3）center：与交叉轴的中点对齐。

4）baseline：根据项目的第一行文字的基线对齐（文字的行高、字体大小会影响每行的基线）。

5）stretch（默认值）：如果项目未设置高度或设为 auto，则将占满整个容器的高度。

将父容器的宽度改为 150px，高度改为 150px，子元素的宽度改为 50px，其中展示 baseline 属性时将“1”和“3”的字体大小做了调整，最终所有属性值的对齐效果如图 10-6 所示。

10.2.6　align-content：交叉轴多行对齐

该属性规定每一行或每一列在另一方向上的对齐方式，即主轴在交叉轴的对齐方式。只有一行或一列时，该属性无效。其可选属性值有六个。

1）flex-start：与交叉轴的起点对齐。

2）flex-end：与交叉轴的终点对齐。

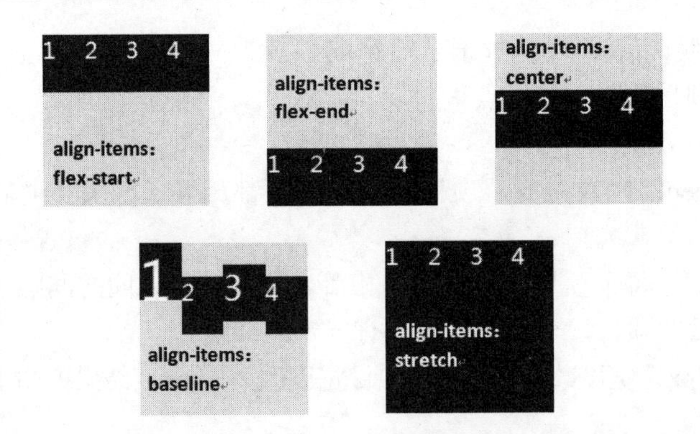

图 10-6　align-items 属性

3）center：与交叉轴的中点对齐。

4）space-between：与交叉轴两端对齐，轴线之间的间隔平均分布。

5）space-around：每根轴线两侧的间隔都相等。所以，轴线之间的间隔比轴线与边框的间隔大一倍。

6）stretch（默认值）：如果项目未设置高度或设为 auto，则将占满整个容器的高度（占满整个交叉轴）。

将父容器的高度设为 200px，宽度设为 150px，子元素的宽度设为 60px，效果如图 10-7 所示。

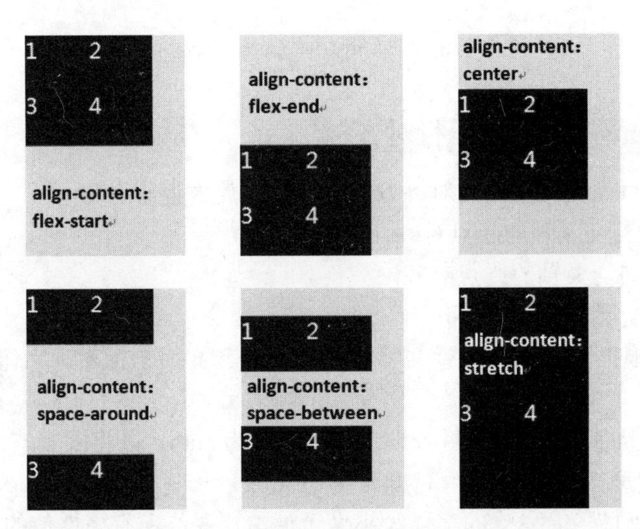

图 10-7　align-content 属性

10.3　作用于项目的属性

10.3.1　order：项目排序

该属性规定项目的排列顺序，使用整数设置，数值越小越靠前，可以为负值。

给“1”和“3”添加 order 属性，顺序变为如图 10-8 所示。

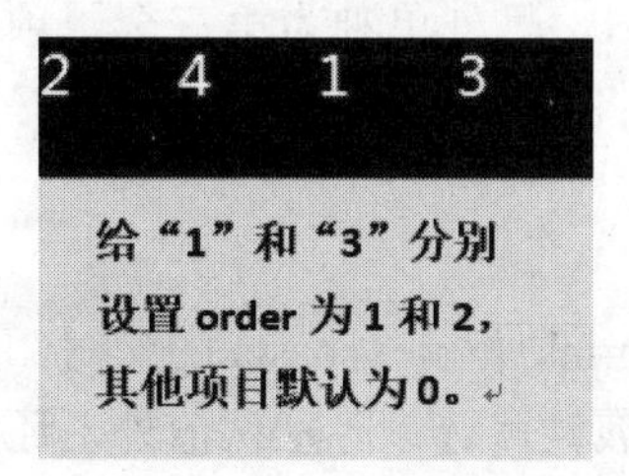

图 10-8　order 属性

10.3.2　flex-grow：项目放大比

该属性规定项目的放大比例，默认为 0，即如果存在剩余空间，也不放大。变化如图 10-9 所示。

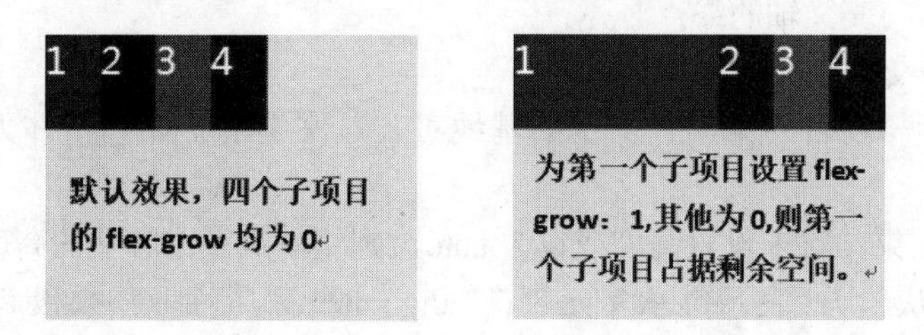

图 10-9　flex-grow 属性

10.3.3　flex-shrink：项目缩小比

该属性规定项目的缩小比例，默认为 1，即如果空间不足，该项目将缩小。

现在把所有子项目的宽度改为 70px，父容器宽度不变，依然为 200px，变化如图 10-10 所示。

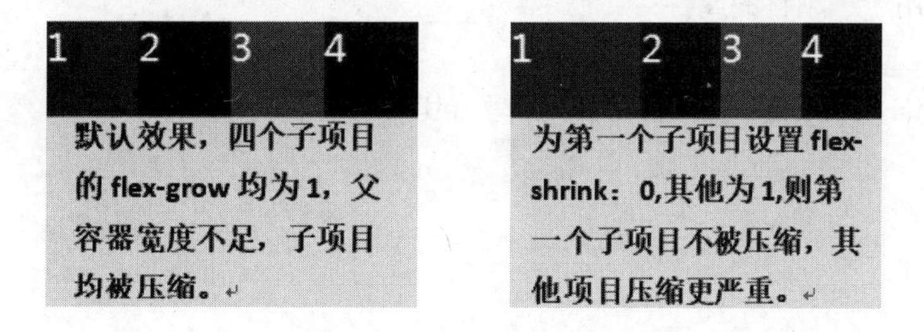

图 10-10　flex-shrink 属性

10.3.4　flex-basis：伸缩基准值

该属性规定项目的伸缩基准值。浏览器根据这个属性，计算主轴是否有多余空间来分配空间。例如，如果主轴为水平，则设置这个属性后，相当于设置了项目的宽度，原宽度将会失效。

把所有子项目宽度改回 50px，另外单独为第三个子项目设置 flex-basis:100px，效果如图 10-11 所示。

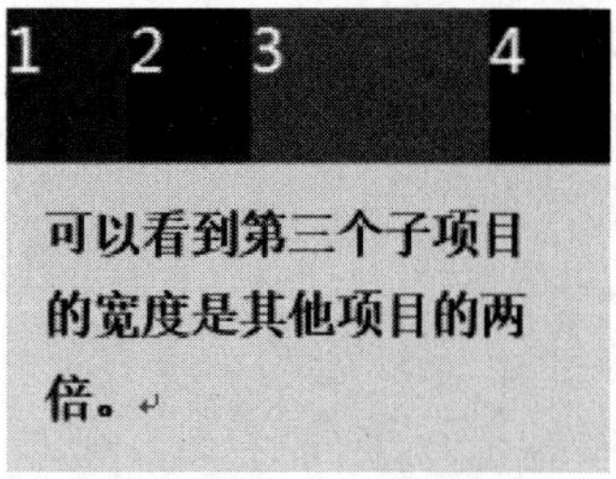

图 10-11　flex-basis 属性

10.3.5　flex：缩写形式

该属性是 flex-grow、flex-shrink 和 flex-basis 的简写，默认值为 flex:0 1 auto。后两个属性可选，除默认值外，还有 none（0 0 auto）和 auto（1 1 auto）两个快捷设置值。

10.3.6　align-self：自身对齐

该属性定义单个项目自身在交叉轴上的排列方式，可以覆盖掉容器上的 align-items 属性。可选属性值除 auto 外，与 align-item 相同。

1）flex-start：与交叉轴的起点对齐。

2）flex-end：与交叉轴的终点对齐。

3）center：与交叉轴的中点对齐。

4）baseline：与项目的第一行文字的基线对齐（文字的行高、字体大小会影响每行的基线）。

5）stretch：如果项目未设置高度或设为 auto，则将占满整个容器的高度。

6）auto（默认值）：表示继承父元素的 align-items 属性。如果没有父元素，则等于 stretch。

将父容器的 align-items 设为 flex-start，将第三个子项目的 align-self 设为 flex-end，效果如图 10-12 所示。

1
2
4
第三个子项目的 align-self 属性覆盖了父容器的 align-items 属性
3

图 10-12　align-self 属性

【章节练习】

1．写出作用于父容器的属性：_______、_______、_______、_______、_______、_______。

2．写出 justify-content 代表的含义，并写出其所有的属性值。

3．写出作用于子项目的属性：_______、_______、_______、_______、_______、_______。

4．写出 align-content 代表的含义，并写出其所有的属性值。

第 3 篇　JavaScript

第 11 章　JavaScript 基础

在前两篇中，读者已经学习了 HTML5 和 CSS3，HTML5 负责定义网页的内容，CSS3 负责美化网页布局。接下来要学习的 JavaScript 是负责控制网页行为的。

本章学习目标：

- ➢ 熟悉使用 JavaScript 的三种方式。
- ➢ 掌握 JavaScript 中的六种数据类型。
- ➢ 掌握 JavaScript 中的变量函数的使用。
- ➢ 掌握 JavaScript 中的输入输出语句。
- ➢ 熟悉 JavaScript 中的各种运算符及优先级。

目前，JavaScript 是世界上最流行的脚本语言之一，它适用于个人计算机、笔记本式计算机、平板计算机和移动电话。学习了本章内容后，可以掌握 JavaScript 的一些基础性知识。

11.1　JavaScript 简介

JavaScript 是一种直译式脚本语言（代码不进行预编译），是一种动态类型、弱类型、基于原型的语言，内置支持类型，常用来为网页添加各式各样的动态功能，为用户提供更流畅美观的浏览效果。

11.1.1　JavaScript 概念

JavaScript 是一种直译式脚本语言，也就是说在运行前不需要进行预编译，而是在网页运行过程中由浏览器解释。它的解释器被称为 JavaScript 引擎，是浏览器的一部分。它是广泛用于客户端的脚本语言，最早是在 HTML 网页上使用，用来给 HTML 网页增加动态功能。

JavaScript 可以直接嵌入 HTML 页面，但写成单独的 JavaScript 文件有利于结构和行为的分离。它还具有跨平台特性，在绝大多数浏览器的支持下，可以在多种平台下运行，如 Windows、Linux、Mac、Android、iOS 等。

1995 年，它在网景（Netscape）导航者浏览器（Navigator）上首次设计实现，设计之初起名为 LiveScript，在 Netscape Navigator 2.0 即将正式发布前，Netscape 公司将其更名为 JavaScript。

JavaScript 主要由三部分组成：ECMAScript、DOM（文档对象模型）以及 BOM（浏览器对象模型）。ECMAScript 是 JavaScript 的核心，它描述了该语言的语法和基本对象，包括语法类型、语句、关键字、保留字、运算符、对象。DOM 将整个页面规划成由节点层级构成的文档，通过 DOM 可访问 JavaScript HTML 文档的所有元素。BOM 尚无正式标准，它使 JavaScript 有能力与浏览器进行交互。

11.1.2 页面中使用 JavaScript 的三种方式

如前面章节所述，在页面中使用 CSS 有三种方式。在 JavaScript 中，同样也有三种使用 JavaScript 的方式，分别是在标签中内嵌 JavaScript、页面中使用 JavaScript、引入其他 JavaScript 文件。

1．HTML 标签中内嵌 JavaScript

```
<button onclick="JavaScript:alert('Hello JavaScript！')">点我</button>
```

2．HTML 页面中直接使用 JavaScript

```
<script type="text/javascript">
    // JavaScript 代码
</script>
```

3．引用外部 JavaScript 文件

```
<script language="JavaScript" src=" JavaScript 文件路径"></script>
```

注意：

- 页面中 JavaScript 代码与引用 JavaScript 代码可以嵌入到 HTML 页面的任何位置，但是位置不同会影响到 JavaScript 代码的执行顺序。

例如，<script>在 body 前面，会在页面加载之前执行 JavaScript 代码。

- 页面中 JavaScript 代码使用 type="text/javascript"或 language= "JavaScript"引用外部的 JavaScript 文件，但是这两个属性都可以省略不写。
- 引用外部 JavaScript 文件的<script></script>标签必须成对出现，且标签内部不能有任何代码。

11.2 JavaScript 的变量

变量是学习一门语言的基础，JavaScript 中有六种基本数据类型。由于 JavaScript 又是一门弱类型的语言，所以在声明变量的时候不需要声明变量的数据类型，统一使用 var 关键字声明。变量的具体类型取决于变量所赋值的类型。

11.2.1 变量的声明

变量就是程序中用于存储数据的容器，JavaScript 中的变量可以直接存放一个值，也可以存放一个表达式。变量有三种声明方式。

1．使用 var 声明的变量

使用 var 声明的变量只在当前函数作用域有效，在其他作用域无法使用（作用域问题将在后续章节讲解）。基本语法如下：

```
var width1 = 10;
```

2．不使用 var，直接赋值声明变量

在 JavaScript 中，声明变量也可以不使用 var 关键字，直接通过赋值声明变量。但是这种声明变量的方式默认为全局变量，在整个 JavaScript 文件中都有效。基本语法如下：

```
width = 11;
```

3．同一声明语句同时声明多个变量

变量之间用英文逗号分隔，但是每个变量需要单独进行赋值。例如，在下面的式子中，只有 c 的值为 1，a 和 b 均为 undefined（未定义）。

```
var a,b,c=1;
```

但是下列写法，a、b、c 的值都为 1，代码如下：

```
var a=1,b=1,c=1;
```

11.2.2　声明变量的注意事项与命名规范

经过 11.2.1 节的学习，读者会发现变量的声明非常简单，但是在声明变量中依然有很多需要注意的细节以及变量名的一些命名规范，这些细节需要大家牢牢记住。

1．声明变量的注意事项

1）JavaScript 中所有变量类型声明均使用 var 关键字。变量的具体数据类型取决于给变量赋值的类型。例如：

```
//都是使用 var 声明的变量，变量 a 为整形，变量 b 为字符串
var a = 10;
var b = "杰瑞教育";
```

2）同一变量可以进行多次不同赋值，每次重新赋值时会修改变量的数据类型。例如：

```
// 变量 a 在声明时为整形，但是在第二次赋值时成了字符串
var a= 10;
a = "杰瑞教育";
```

3）变量可以使用 var 声明，也可以直接声明。区别是不使用 var，默认为全局变量。代码示例如下：

```
<script type="text/javascript">
    /*声明一个函数，函数的具体使用将在第 14 章讲解，大家稍作了解即可*/
    !(function func(){
        var a = 1;                    // 函数中使用 var 声明变量 a
        b = 1;                        // 函数中不用 var 声明变量 b
    })();
```

```
    /* console.log 控制台打印语句，详见 11.4.5 节 */
    console.log(b);          // b 不用 var 声明为全局变量，函数外可以访问
    console.log(a);          // a 使用 var 声明为局部变量，只能在函数中使用，函数外访问报错
</script>
```

4）同一变量名可以多次用 var 声明，但是并没有任何含义，也不会报错。第二次之后的声明只会被理解为赋值。例如：

```
// 同一变量 a，多次使用 var 声明，不会报错，但是没有任何含义
var a = 10;
var a = "13;
```

2．变量的命名规范

1）变量名只能由字母、数字、下画线、$ 组成，且开头不能是数字。

2）变量区分大小写，大写字母与小写字母为不同变量。

3）变量名命名要符合两大法则之一。

① 小驼峰法则：变量首字母为小写，之后每个单词首字母大写（常用）。

② 匈牙利命名法：变量所有字母都小写，单词之间用下画线分隔。

例如：

```
helloJavaScript   正确写法（小驼峰法则）√
hello_java_script   正确写法（匈牙利命名法）√
hellojavascript   错误写法×
```

4）在给变量命名时应该做到“见名知意”，尽量使用能看懂含义的单词，而不要用没有任何语义的字母或符号。

5）变量命名不能使用 JavaScript 中的关键字，如 NaN、Undefined 等。

11.2.3　变量的数据类型

在 JavaScript 中，基本数据类型有很多，后面章节要讲解的数组、正则都算是数据类型，而 ES6（JavaScript 的最新标准，后续讲解）也新增了很多种数据类型。但是，一旦提到基本数据类型，JavaScript 中只有 6 种。

1．Undefined：未定义

在 JavaScript 中，使用 var 声明变量，但没有进行初始化赋值时，结果为 Undefined。如果变量没有声明直接使用，则会报错，不属于 Undefined。代码示例如下：

```
<script type="text/javascript">
    var a ;
    /*console.log 控制台打印语句，详见 11.4.5 节*/
    console.log(a);             // 使用 var 声明变量 a，但未赋值，a 为 Undefined
    console.log(b);             // 没有声明直接使用的变量 b, 会报错
</script>
```

显示效果如图 11-1 所示。

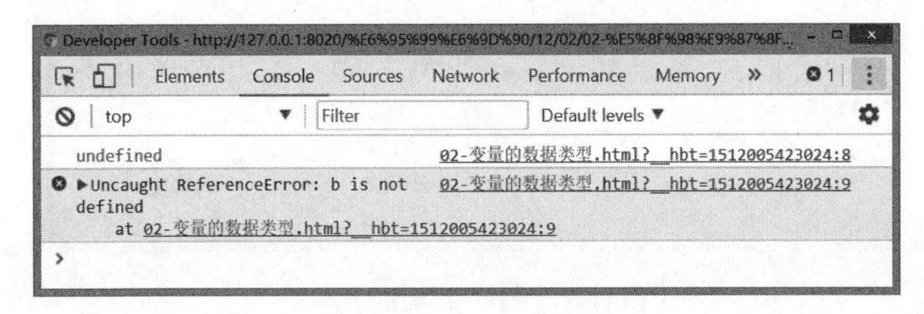

图 11-1　Undefined 显示效果

2．NULL：空引用

NULL 在 JavaScript 中是一种特殊的数据类型，表示一种空的引用，也就是这个变量中什么都没有。同时，NULL 作为关键字不区分大小写，形如“NULL”“Null”“null”均为合法数据类型。

```
var a = null;
```

3．Boolean：布尔类型

Boolean 值是一种非常常用的数据类型，表示真或者假，可选值只有两个：true 或 false。代码示例如下：

```
var a = true;              // a 直接被赋值为 true
var b = 1>2;               // b 通过计算，被赋值为 false
console.log(a);
console.log(b);
```

4．Number：数值类型

在 JavaScript 中，没有区分整数类型和小数类型，而是统一用数值类型代替。例如，整数类型和小数类型都输入 Number 类型：

```
var a = 11;                // a 整数类型
var b = 11.2;              // b 小数类型
```

5．String：字符串类型

使用双引号（""）或单引号（''）包裹的内容，被称为字符串。两种字符串没有任何区别，且可以互相包含。代码示例如下：

```
var a = "我在'杰瑞教育'上课";  //使用双引号声明字符串，双引号中可以包裹单引号
var b = '我在"杰瑞教育"上课';  //使用单引号声明字符串，单引号中可以包裹双引号
console.log(a);
console.log(b);
```

显示效果如图 11-2 所示。

6．Object：对象类型

Object 是一种对象类型。在 JavaScript 中有一句话“万物皆对象”，包括函数、数组、自定义对象等都属于对象类型，本书将在后续章节进行详细讲解。

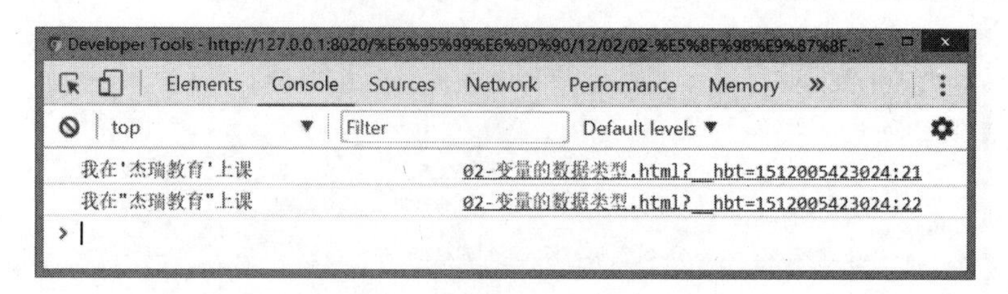

图 11-2　两种字符串显示效果

11.3　JavaScript 中的变量函数

经过 11.2 节的学习，读者知道了在 JavaScript 中变量如何使用，也了解到了 JavaScript 中变量的基本数据类型共有六种。那么如何检测变量是哪一种数据类型呢？如何能将变量的数据类型进行相互转换呢？这就需要用到在 JavaScript 中非常常用的变量函数了。由于某些函数不具备输出打印功能，所以在本节用到 console.log 输出打印语句。具体的 console.log 知识点详见 11.4.5 节。

11.3.1　Number：将变量转为数值类型

Number 函数的作用是将其他数据类型变量转换为数值类型，具体可以分为以下几种情况。

1．字符串类型转数值

1）字符串为纯数值字符串，会转为对应的数字。

```
Number("111");  // 转换之后结果为 111
```

2）字符串为空字符串时，会转为 0。

```
Number("");                         // 转换之后结果为 0
```

3）字符串包含其他非数字字符时，不能转换。

```
Number("111a");                     // 转换之后结果为 NaN
```

2．布尔 Boolean 类型转数值

1）true 转换为 1。

```
Number(true);                       // 将布尔型 true 转换为 1
```

2）false 转换为 0。

```
Number(false);                      // 将布尔型 false 转换为 0
```

3．Null 与 Undefined 转数值

1）Null 转换为 0。

```
Number(null);                       // 将空引用 null 转换为 0
```

2）Undefined 转换为 NaN。

```
Number(undefined);                    // 将未定义 undefined 转换为 NaN
```

4．Object 类型转数值

先调用 ValueOf 方法，确定函数是否有返回值，再根据上述各种情况判断，后续内容会详细讲解。

11.3.2　isNaN：检测变量是否为 NaN

isNaN 函数的作用是判断一个变量或常量是否为 NaN（非数值）。使用 isNaN 进行判断时，会尝试使用 Number()函数进行转换，如果能转换为数字，则不是非数值，结果为 false。

1．纯数字字符串，检测结果为 false

```
isNaN("111");          // 先用 Number() 转为数值类型的 111，所以 isNaN 检测结果为 false
```

2．空字符串，检测结果为 false

```
isNaN("");             // 先用 Number() 转为数值类型的 0，所以 isNaN 检测结果为 false
```

3．包含其他字符，检测结果为 true

```
isNaN("1a");           // 先用 Number() 转为 NaN ，所以 isNaN 检测结果为 true
```

4．布尔类型，检测结果为 false

```
isNaN(false);          // 先用 Number() 转为数值类型的 0，所以 isNaN 检测结果为 false
```

11.3.3　parseInt：将字符串转为整型

parseInt 函数的作用是将字符串类型转为整数数值类型，即 parseInt 函数可解析一个字符串，并返回一个整数。

1．空字符串

不能转换空字符串，输出 NaN。

```
parseInt("");                     // 打印输出 parseInt 转换后的值为 NaN
```

2．纯数值字符串

可以进行转换，但转化小数时，会直接抹掉小数点，不进行四舍五入。

```
parseInt("123");                  // 转换为 123
parseInt("123.11");               // 转换为 123
```

3．包含其他字符的字符串

截取第一个非数值字符前的数值部分进行输出。

```
parseInt("123.11a");         // 转化小数时，会直接抹掉小数点，转换为 123
```

```
parseInt("a123.11");            // 转换为 NaN
```

注意：parseInt 函数只能转换 String 类型，对 Boolean、null、Undefined 进行转换结果均为 NaN。

11.3.4 parseFloat：将字符串转为浮点型

parseFloat 函数的作用是将字符串转为小数数值类型，使用方式同 parseInt 类似，唯一不同的是，在转化整数字符串时，保留整数。但是，当转化包含小数点的字符串时，保留小数点。

例如："123"结果为 123，"123.5"结果为 123.5。

parseFloat 转换字符串。代码示例如下：

```
<script type="text/javascript">
    console.log(parseFloat("123"));     // 打印输出 parseFloat 转换后的 a 的值，可以发现与
                                        // parseInt 转换结果一致
    console.log(parseFloat("123a11"));          // 转换为 123
    console.log(parseFloat("a123"));            // 转换为 NaN
    console.log(parseFloat("123.112a"));        // 转化小数时，会保留小数点，转换为 123.112
    console.log(parseFloat("a123.11"));         // 转换为 NaN
</script>
```

注意：parseFloat 同样也是只能转换 String 类型，对 Boolean、null、Undefined 进行转换结果均为 NaN。

11.3.5 typeof：变量类型检测

typeof 函数是 JavaScript 中非常常用的一个函数，它的主要作用是用来检测一个变量的数据类型，传入一个变量，返回变量所属的数据类型。一般分为以下几种情况：

1）未定义：数据类型为 Undefined。

2）数值：数据类型为 Number。

3）字符串：数据类型为 String。

4）True / False：数据类型为 Boolean。

5）Null /对象：数据类型为 Object。

6）函数：数据类型为 function。

为了方便使用，JavaScript 在语法上为 typeof 函数提供了两种常用写法，分别是函数写法和指令写法。

1）函数写法：需要保留()，变量通过()传入。基本语法如下：

```
typeof("jredu"); // 函数调用方式需要将变量通过函数后面的()传入
```

2）指令写法：可以省略()，直接将变量紧跟 typeof。基本语法如下：

```
typeof  "jredu"; // 指令调用方式可以省略()，直接将变量紧跟 typeof
```

11.4　JavaScript 中的输入输出

11.4.1　document.write：文档中打印输出

在 JavaScript 中，document.write()方法常用来网页向文档中输出内容。document.write()输出语句将“()”中的内容打印在浏览器中，使用时需注意，除变量或常量以外的任何内容，打印时必须放到""中，变量或常量必须放到""外。

1．基本语法

```
document.write("输出内容");
```

2．拼接字符串

当打印输出的内容同时由多部分组成时，每部分用“+”符号链接。代码示例如下：

```
var str="你好" ;
document.write(str+" "+"world");   /* 在网页中输出的结果为：你好  world */
```

注意：拼接字符串，用加号"+"；字符串用双引号""包裹起来。

还可以通过 document.write()方法来输出 html 标签，也可以将 CSS 样式写入到标签中，注意书写格式，及引号之间的转义。

代码示例如下：

```
<script type="text/javascript">
        document.write("<p  style='border:1px  solid  black;width:300px;height:90px;line-height:90px;background:#abcdef;text-align:center;'>杰瑞教育 http://www.jredu100.com </p>");
        /* 输出 html 标签；只须将标签写入双引号中 */
</script>
```

显示效果如图 11-3 所示。

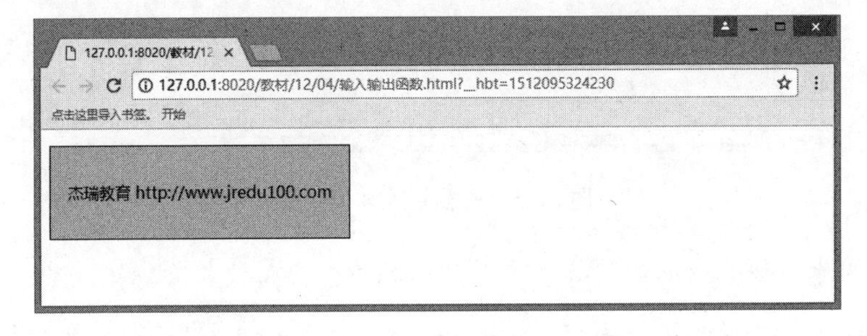

图 11-3　文档打印输出显示效果

11.4.2　alert：浏览器弹窗输出

JavaScript 的 alert 函数是专门用来弹窗显示的，它带有一个“确定”按钮。浏览器的 alert()弹窗警告，()中的语句的使用方式与 document.write()括号中的相同。基本语法如下：

```
alert("弹窗警告内容");
```

显示效果如图 11-4 所示。

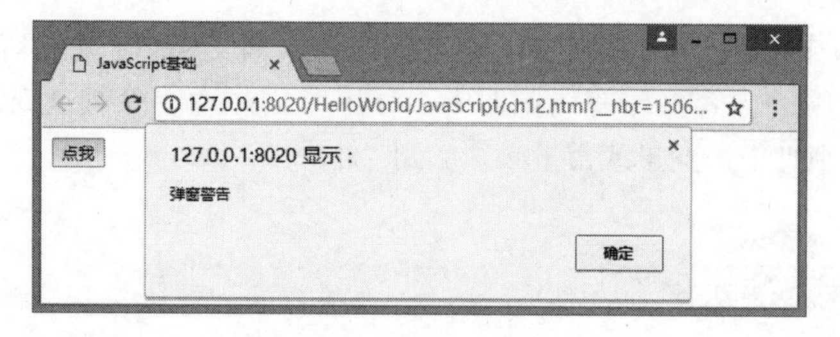

图 11-4　弹窗警告显示效果

11.4.3　prompt：浏览器弹窗输入

弹窗输入提示框经常用于提示用户在进入页面前输入某个值。当提示框出现后，用户需要输入某个值，然后单击“确认”或“取消”按钮才能继续操纵。如果用户单击“确认”按钮，那么返回值为输入的值。如果用户单击“取消”按钮，那么返回值为 null。

基本语法如下：

```
prompt("请输入您的年龄：","20 岁");
```

prompt 包含两部分参数：第一部分是输入框上面的提示信息，可选；第二部分是输入框里面的默认信息，可选。两部分之间用逗号分隔，只写一部分时，默认为提示信息。显示效果如图 11-5 所示。

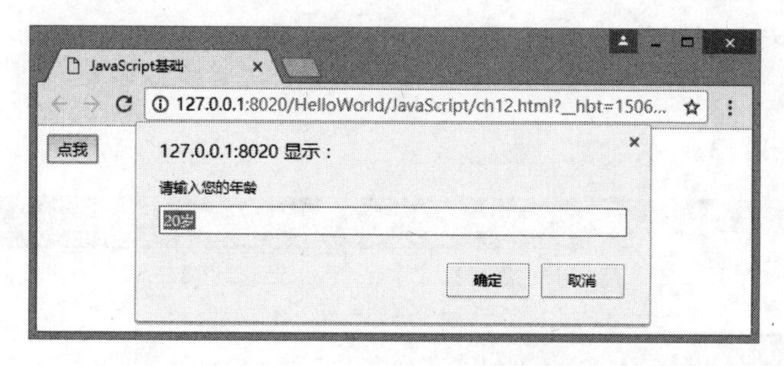

图 11-5　弹窗输入显示效果

注意：弹窗默认接收输入的内容，为字符串 String 格式。

还可以定义变量来接收输入内容，例如 var name = prompt("请输入您的名字：")，单击“确定”按钮，name 赋值为所输入的字符串；单击“取消”按钮，变量 name 赋值为 null。

11.4.4　confirm：浏览器弹窗确认

当用户进行手动操作时，浏览器弹窗确认可以一定程度上避免用户误删操作造成的数据丢失。比如数据的删除操作，当用户单击“删除”按钮时，会弹出一个确定对话框，如果用户单击“确定”按钮，执行删除操作；如果用户单击“取消”按钮，则不执行删除操作。

下面来看一段 JavaScript 代码。代码示例如下：

```
var is = confirm("在吗？？？");
if(is){
    alert("在");
}else{
    alert("不在");
}
```

显示效果如图 11-6 所示。

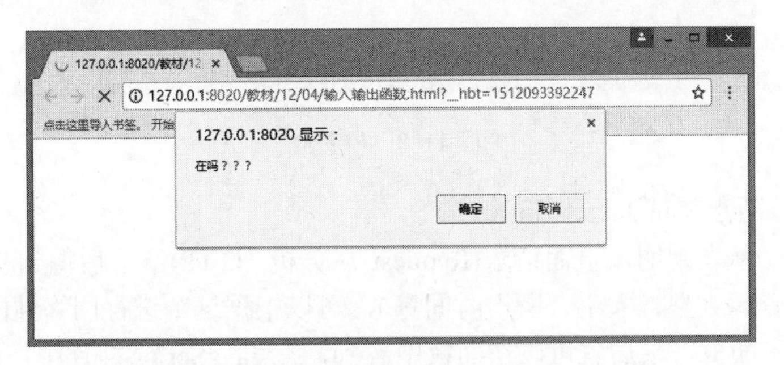

图 11-6　confirm 弹窗确认语句显示效果

单击“确定”按钮后的显示效果如图 11-7 所示。

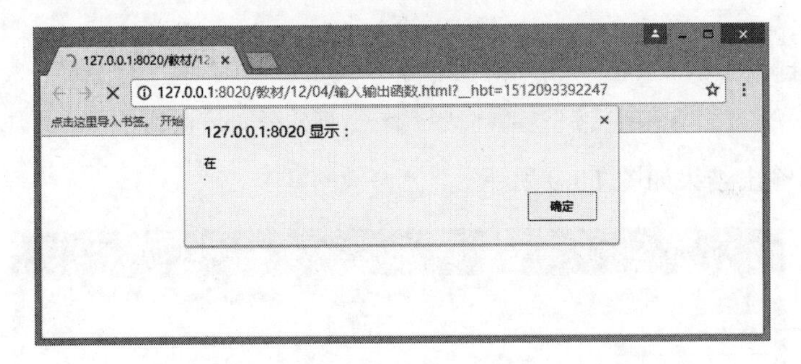

图 11-7　confirm 弹窗确认后的显示效果

11.4.5　console.log：浏览器控制台输出

本书用来调试的浏览器主要是 Chrome。先简单介绍 Chrome 的控制台，打开 Chrome 浏览器，按 F12 键可以轻松地打开控制台，万一不行，还可以在页面任意位置单击鼠标右键，再单击“检查”按钮即可。效果如图 11-8 所示。

从图 11-8 中，可以看到控制台面板上方有一行导航条，导航条上包含了 Elements 面板、Console 面板、Sources 面板、Network 面板等功能面板。

1）Elements：查找网页源代码 HTML 中的任意元素，手动修改任意元素的属性和样式且能实时在浏览器里面得到反馈。

2）Console：记录开发者开发过程中的日志信息，且可以作为与 JavaScript 进行交互的命令行 Shell。

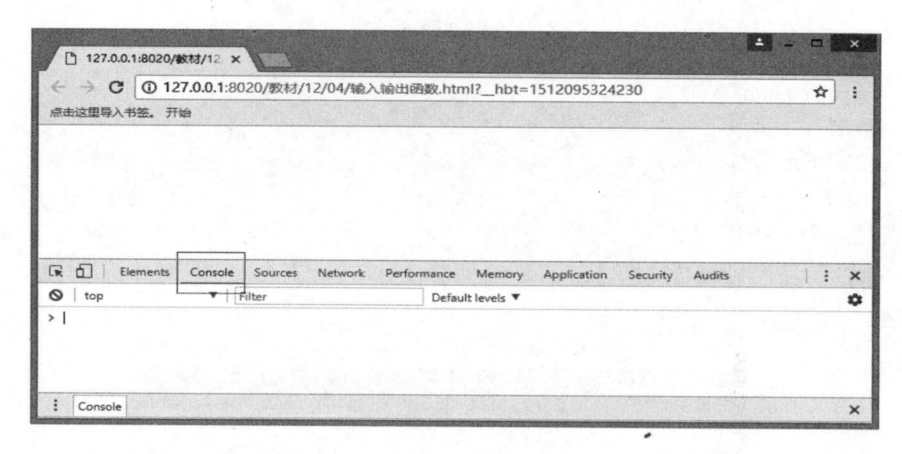

图 11-8　控制台

3）Sources：断点调试 JavaScript。

4）Network：从发起网页页面请求 Request 后分析 HTTP 请求后得到的各个请求资源信息（包括状态、资源类型、大小、所用时间等），可以根据这个进行网络性能优化。

选择 Console 面板，然后就可以在面板中看到，在 JavaScript 文件中使用 console.log()打印出来的内容了。

代码示例如下：

```
<script type="text/javascript">
    console.log("杰瑞教育出版");
</script>
```

控制台打印输出结果如图 11-9 所示。

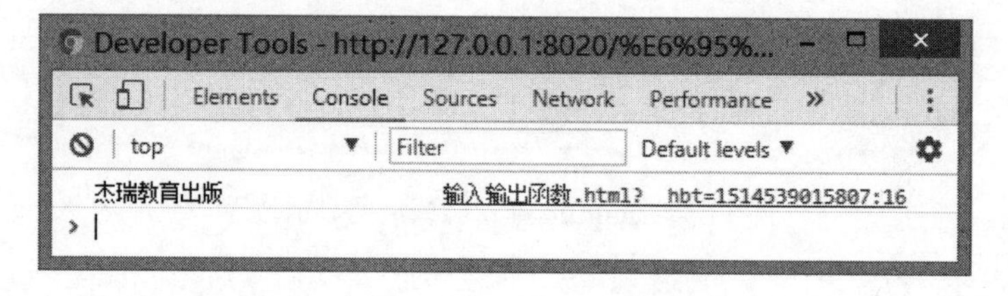

图 11-9　console 打印输出语句

11.4.6　JavaScript 中的注释

JavaScript 中的注释有两种方式，一种是单行注释；另一种是多行注释。使用注释有助于提高代码可读性，可以方便调试。

1．单行注释

以//开头，可以单独一行，也可以放在代码后，在同一行中。

```
// 这是单行注释
```

2．多行注释

以 /* 开始，以 */ 结尾，经常用来对一个函数或语句块进行解释说明。

```
/*
 这是一个多行注释
*/
```

3．文档注释

以 /** 开始，以 */ 结尾，使用上与多行注释类似，但是功能比多行注释强大。当在一个函数上方使用文档注释声明时，调用函数时可以看到注释内容。

注意：函数相关知识点将在第 14 章讲解，读者了解即可。

```
/**
* 这是函数的文档注释，调用函数名时，可以在编译器里面看到
*/
function test(){
}
```

使用文档注释后，通过调用函数，可以看到注释内容，如图 11-10 所示。

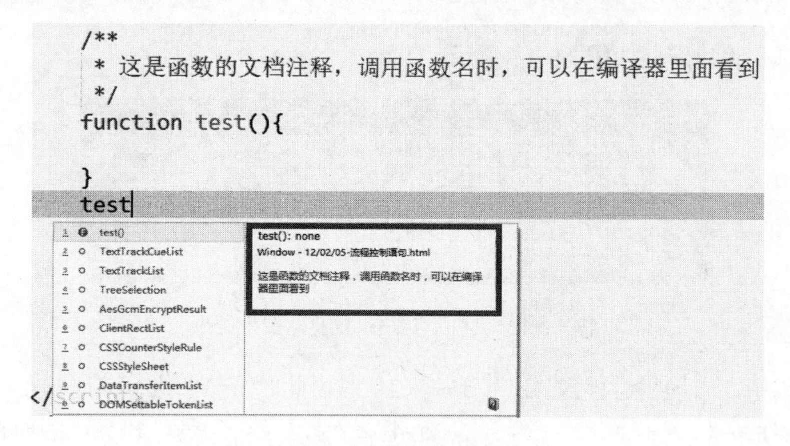

图 11-10　文档注释显示效果

11.5　JavaScript 的运算符

JavaScript 中的运算符与其他编程语言中的运算符大体类似，但是在具体的使用上又各有不同，学习时除了要记住每种运算符的作用之外，更要记住运算符在运行时的具体特点；在功能类似的运算符之间，要注意比较运算符之间的区别。

11.5.1　算术运算

算术运算符有 +（加）、-（减）、*（乘）、/（除）、%（取余）、++（自增）、--（自减）七种。下面对几个特殊符号进行解释。

1．运算符 +

有两种作用，一种是连接字符串；另一种是进行加法运算。当 + 两边均为数字时，进行加法运算；当+两边有任意一边为字符串时，进行字符串连接，连接之后的结果为字符串。

2．自增（自减）运算符

++：自增运算符将变量在原有基础上加 1。

--：自减运算符，将变量在原有基础上减 1。

3．n++ 与 ++n 的异同

（1）相同点

不论 n++还是++n，在执行完代码以后，均会把 n 的值加 1。

（2）不同点

n++：先使用 n 的值进行计算，然后把 n 加 1。

++n：先把 n 的值加 1，然后用 n+1 以后的值去运算。

代码示例如下：

```
var a = 3;
var b,c;
b = a++ +2;
c = ++a +2;
```

控制台打印输出结果如图 11-11 所示。

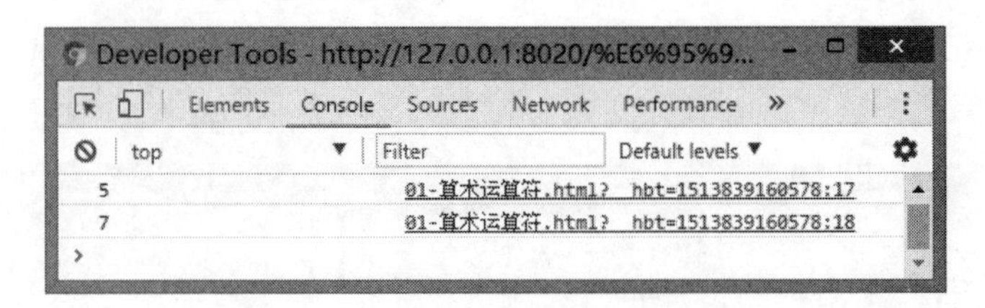

图 11-11　n++ 与 ++n 的打印输出结果

上述代码中，当程序运行到“b = a++ +2”时，此时 a=3，执行该语句 b=3+2=5，然后 a+1=4；当运行到“c = ++a +2”时，此时 a=4，但是这条语句是“++a”，因而在执行这条语句前，先执行 a+1=5，最后执行这条语句，得到 c=5+2=7。

11.5.2　赋值运算符

赋值运算符有基本运算符与复合运算符两种，下面针对它们的用法进行解释。

1．基本赋值运算符

基本的赋值运算符是“=”。它的优先级别低于其他的运算符，所以对该运算符往往最后读取。

一开始可能会以为它是“等于”，其实不是的。它的作用是将一个表达式的值赋给一个左值。一个表达式或者是一个左值，或者是一个右值。所谓左值是指一个能用于赋值运算左边的表达式。左值必须能够被修改，不能是常量。

一般用变量作左值，基本语法如下：

```
/* 赋值运算符 */
var a = 3;
var b = 4;
var c = ( a + b )*(2*a - b);                                    // 结果为 14
console.log(c);
```

2．复合赋值运算符

复合赋值运算符有+=、-=、*=、/=、%=五种，基本语法如下：

```
a += 5;  等价于 a = a + 5;
```

由于它们实际上是一种缩写形式，使得对变量的改变更为简洁，所以前者（+=）的执行效率要比后者快。

11.5.3　关系运算与逻辑运算

1．关系运算符

关系运算符有七种：==（等于）、===（严格等于）、!=（不等于）、>（大于）、<（小于）、>=（大于等于）、<=（小于等于）。

【=== 与 == 的区别】

===：严格等于，左右两边的数据类型不同时，返回 false；类型相同时，再进行下一步值的判断。

==：等于，左右两边的数据类型相同时，再进行下一步值的判断；类型不同时，尝试将等式两边转为数值类型，再进行判断。

代码示例如下：

```
var a = "123";
var b = 123;
console.log(a===b);
console.log(a==b);
```

控制台打印输出结果如图 11-12 所示。

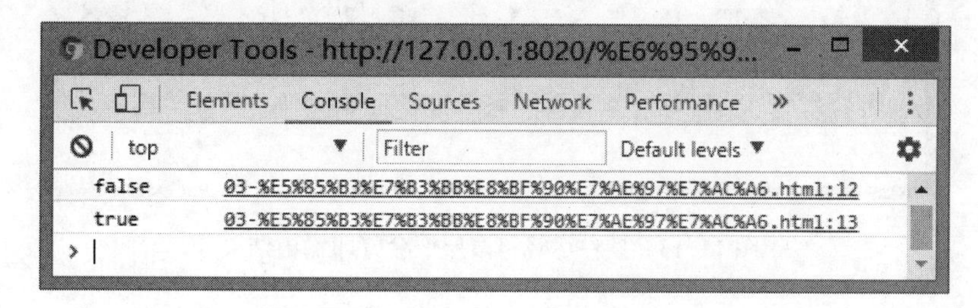

图 11-12　=== 与 == 的打印输出结果

2．逻辑运算符

逻辑运算符有三种：&&（与）、||（或）、!（非）。

逻辑运算符运算结果的总结见表 11-1。

表 11-1　逻辑运算符

a	b	!a	a||b	a&&b
true	true	false	true	true
True	false	false	true	false
false	true	true	true	false
false	false	true	false	false

根据表 11-1，可以总结出以下规律。

1）逻辑非：值为 true 的“!”为 false，值为 false 的“!”为 true。

2）逻辑与：当&&左右两侧的值均为 true 时，表达式结果为 true，否则表达式为 false。

3）逻辑或：当||左右两侧的值均为 false 时，表达式结果为 false，否则表达式为 true。

11.5.4　条件运算（多目运算）

1．条件运算符的形式

```
表达式 1？表达式 2：表达式 3
```

2．关键符号 ？和 ：

1）当 ？前面的部分运算结果为 true 时，执行“：”前面的代码。

2）当 ？前面的部分运算结果为 false 时，执行“：”后面的代码。

3．多层嵌套

多目运算符可以多层嵌套，基本语法如下：

```
var num = 5;
var result = num>5?"输入太大":(num==5?"猜对了！ ":"输入太小");
console.log(result);
```

控制台打印输出结果如图 11-13 所示。

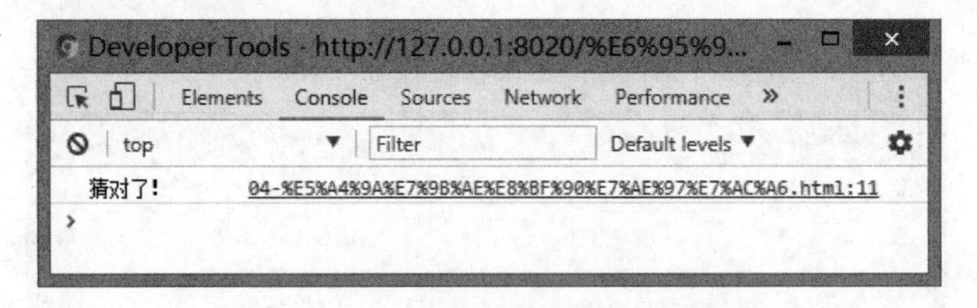

图 11-13　条件运算符多层嵌套打印输出结果

上述代码中定义了一个 num=5 的变量，执行第二条语句时，先进行 num>5 的判断，结果为 false，执行“：”后的语句，由于“：”后的语句又是一条多目运算语句，因而先执行 num==5 的判断，结果为 true，此时执行该条多目运算：前面的语句，变量 result 被赋值为“猜对了！”，打印输出 result，得到图 11-13 所示的打印结果。

11.5.5　逗号运算符

用逗号运算符连接起来的表达式，称为逗号表达式。

```
表达式 1, 表达式 2, … …, 表达式 n
```

下面直接看一段代码示例：

```
var a = 2;
var b = 0;
var c;
c = (++a, a *= 2, b = a * 5);
console.log(c);
```

控制台打印输出结果如图 11-14 所示。

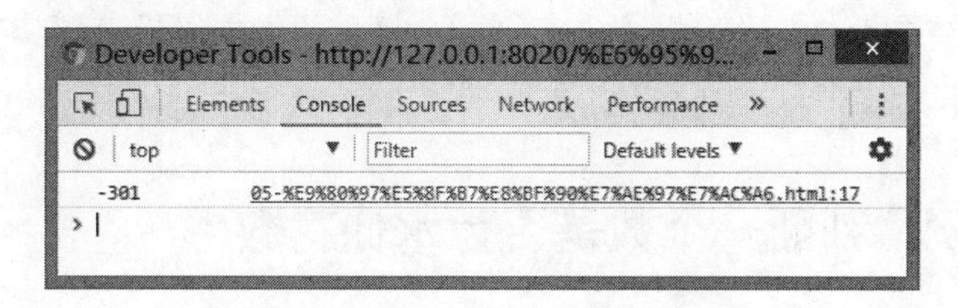

图 11-14　逗号运算符打印输出结果

执行第三条语句时，首先执行++a，a=2+1=3，然后执行 a=3*2=6，最后执行 b=6*5=30。由于整个逗号表达式的值是最后一个表达式的值，所以示例中 c 的值为 30。

11.5.6　运算符的优先级

JavaScript 中总是按从左到右的顺序来计算表达式，运算符的优先级决定了表达式中运算执行的先后顺序，先执行优先级高的运算符；而结合性指定了在多个具有同样优先级的运算符表达式中的运算顺序。如果在实际开发中无法确定所使用的运算符优先级，那么可以使用圆括号()来直接指定运算顺序。表 11-2 中的运算符就是按优先级依次递减的顺序排列的。

表 11-2　运算符的优先级与结合性

运　算　符	描　　述	结　合　性
()	圆括号	自左向右
!，++，−−	逻辑非，递增，递减	自右向左
*，/，%	乘法，除法，取余	自左向右
+，−	加法，减法	自左向右
<，<=，>，<=	小于，小于或等于，大于，大于或等于	自左向右
==，!=	等于，不等于	自左向右
&&	逻辑与	自左向右
||	逻辑或	自左向右
=，+=，−=，*=，/=，%=	赋值运算符，复合赋值运算符	自右向左

运算符优先级代码示例如下：

```
var z= 10+8 - 16*6*(80/20)+65 - 72%2;
console.log(z);
```

控制台打印输出结果如图 11-15 所示。

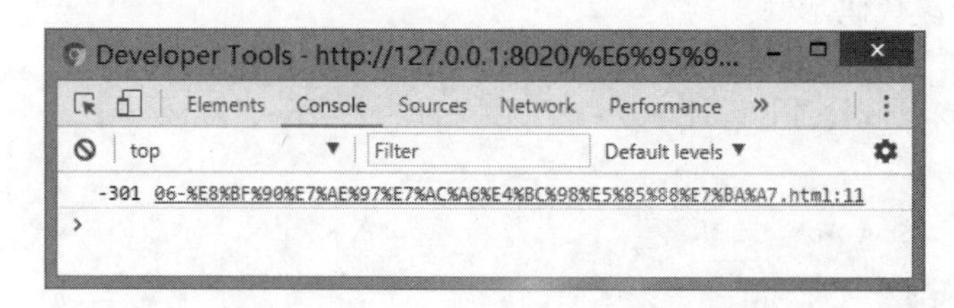

图 11-15　运算符优先级打印输出结果

上述代码运行结果为-301。根据优先级规则，括号的优先级最高，其次是乘除和取余，最后计算加减，由此得出结果-301。

11.6　章节案例：判断一个数是否为水仙花数

输入一个三位数，判断其是否为一个水仙花数。水仙花数是指一个 n 位数（n≥3），它的每个位上的数字的 n 次幂之和等于它本身。

例如，153 是一个水仙花数，因为 1^3 + 5^3+ 3^3 =153。

【案例代码】

```
var num = prompt("请输入一个三位正整数：");
var bai = parseInt(num/100);
var shi = parseInt(num%100/10);
var ge    = parseInt(num%10);
var sum = bai*bai*bai+shi*shi*shi+ge*ge*ge;
document.write(sum==num? num+"是水仙花数":num+"不是水仙花数");
```

【章节练习】

1．在页面中使用 JavaScript 有哪几种方式？

2．JavaScript 的变量命名需要注意哪些问题？

3．JavaScript 的变量数据类型有________、________、________、________、________、________。

4．分别写出三种数值函数进行转换时可能的情况。

【上机练习】

1．判断输入的年份是否为闰年。提示：闰年的判定规则为：能被 4 整除的普通年（不能被 100 整除的年份）和能被 400 整除的世纪年（能被 100 整除的年份）。

2．编写一个简单的计算器，实现两个数字的四则运算。

3．分别输入学生的姓名、学号、班级以及年龄，然后以表格形式输出展示，效果如图 11-16 和图 11-17 所示。

图 11-16　上机练习 3 实现后的效果图（一）

图 11-17　上机练习 3 实现后的效果图（二）

第 12 章　JavaScript 流程控制语句

上一章讲述了 JavaScript 的基础知识，包括 JavaScript 的变量、变量函数，表达式中运算符的优先级。这些都是 JavaScript 语句的基本组成内容，而这些语句是按照一定的顺序结构来执行的。实际上几乎每种程序都是由最基本的顺序、分支和循环结构组成，本章学习 JavaScript 中的流程控制语句。

本章学习目标：

➢ 掌握 JavaScript 的分支结构和循环结构。

➢ 掌握 JavaScript 的流程控制语句。

➢ 掌握 JavaScript 数据类型的真假表示。

通过本章节的学习，可以掌握 JavaScript 的分支结构和循环结构等流程控制语句。所谓流程控制语句，就是当代码执行到指定位置后，通过判断条件是否成立决定代码如何继续往下执行。在进行条件判断时，不是只有 Boolean 类型才能表示真假，JavaScript 的其他数据类型也可以进行真假判断。详细的关系见表 12-1。

表 12-1　各种数据类型的真假表示

数 据 类 型	真	假
Boolean	true	false
String	非空字符串	空字符串
Number	非 0 数值	0
Object	全为真	—
NULL、NaN、Undefined	—	全为假

12.1　分支结构

在学习分支结构前先来了解一下顺序结构，顺序结构是程序设计的基本结构。顺序结构，顾名思义，按照语句出现的顺序从上到下依次执行。总体来说，基本所有程序都是按照语句出现的先后顺序来执行代码。

本节学习另一种代码的执行结构——分支结构。分支结构就是需要根据不同条件进行判断，然后执行不同的操作。分支结构主要分为 if-else 结构和 switch-else 结构两大类，首先来了解 if-else 结构。

12.1.1　简单 if 结构

if 结构是最简单的分支结构，其判断的原理就是通过判断 if 后面的条件是否成立，如果条件成立，则执行 if 后面的语句；如果条件不成立，则不执行 if 后面的语句。

基本语法如下：

```
if(判断条件){
    // if 条件成立时，代码执行语句块
}
```

其中，if 后面的{}可以省略，形如下面的写法也是成立的。

```
if(判断条件)
    // if 条件后紧跟的一行语句 ，才是属于 if 结构的
```

注意：当省略{}后，if 后面紧跟的一行语句才是属于 if 结构的，其后的其他语句与 if 结构无关。代码示例如下:

```
if(1>2)
    console.log("这句话当 if 条件成立才能打印输出！"); // 1>2 不成立，所以此行代码不执行

console.log("这句话与 if 条件无关，永远都会执行！");
```

注意：后续所有 if 相关结构，均可以省略{}，省略后效果同上，后续章节将不再一一赘述。但是，良好的代码规范要求在 if 后面添加{}，即使只有一句代码也不要省略，以便清晰明确地显示 if 语句控制范围。

12.1.2　if-else 结构

if-else 结构相比于单纯的 if 结构，多了一种选择。当 if 条件成立时，执行 if 后面的语句；当 if 条件不成立时，执行 else 后面的语句。

if-else 结构的基本语法如下：

```
if(判断条件){
    //条件为 true 时执行的代码块
}else{
    //条件为 false 时执行的代码块
}
```

代码示例如下：

```
var num = prompt("请输入一个整数","0");
if(num>100){
    //条件为 true 时执行
    document.write("这是一个大于 100 的整数");
}else{
    //条件为 false 时执行
    document.write("这是一个小于 100 的整数");
}
```

12.1.3 多重 if 结构

多重 if 结构也称为阶梯 if 结构，是 if-else 的另一种形式。在普通的 if-else 结构中，只有两种情况可供选择。

所谓的多重 if 结构，就是在 else 后面还有判断，当第一个 if 不成立时判断第二个 if，当第二个 if 不成立时判断第三个 if，以此类推，直到最后一个 else 结构，表示上述所有 if 条件都不成立。

基本语法如下：

```
if(条件一){
    // 条件一成立
} else if(条件二){
    // 条件一不成立&&条件二成立
    // else-if 部分，可以有 N 多个
} else{
    // 条件一不成立&&条件二不成立
}
```

代码示例如下：

```
var num = prompt("请输入一个整数","0");
if(num>5){
    document.write("输入过大");
} else if(num<5){
    document.write("输入过小");
} else if(num==5){
    document.write("输入正确");
}
```

12.1.4 嵌套 if 结构

嵌套 if 结构，顾名思义，就是将一个完整的 if 结构包裹在另一个 if 结构里面。其功能与多重 if 结构类似，也能判断多种分支情况。

但与多重 if 结构不同的是，多重 if 结构是在前一个 if 条件不成立时，继续判断下一个 if 条件；而嵌套 if 结构是在前一个 if 条件成立时，继续判断下一个 if。

基本语法如下：

```
if (条件一){
    if (条件二){
        if (条件三){
            语句块;
        }
    }
}else{
    语句块;
}
```

代码示例如下：

```
var num = prompt("请输入一个整数","0");
if (num>0){
    if (num>100){
        document.write("这是一个大于 100 的整数");}
}else{
    document.write("输入的数字不是正数");
}
```

注意：由于嵌套 if 结构比较烦琐，实际开发过程中一般嵌套不超过三层。同时有一个重要的原则，能用多重 if 结构解决的问题，尽量不使用嵌套 if 结构。

12.1.5　switch-case 结构

switch-case 语句是专门用于判断多路分支的语句。在实际开发过程中，当存在很多种判断条件的时候，应该首先考虑使用 switch-case 结构。

1．switch-case 的基本语法

其判断的原理是先计算 switch 后面表达式的值，然后依次与每个 case 后面的常量表达式进行比对，并执行比对成功的第一个 case 结构。

基本语法如下：

```
switch(表达式){
    case 常量表达式 1:
        语句 1;
        break;
    case 常量表达式 2:
        语句 2;
        break;
        ……
    default:
        语句 N
        break;
}
```

2．switch-case 的注意事项

switch-case 结构相比于 if-else 结构，在写法上要稍微复杂一些，所以使用时有一些注意事项需要大家注意。希望大家在使用这个结构的时候，不要出现一些不必要的错误。

1）在 case 后的各常量表达式的值不能相同，否则只会执行第一个。代码示例如下：

```
switch (1+1){
    case 2:
        alert("当前 case 能够执行！");    // 判断 1+1=2 后，将执行第一个 case 结构
        break;
    case 2:
```

```
            alert("当前 case 不能执行！");    // 第二个 case 即便答案正确，也将不再执行
            break;
    }
```

2）在 case 后允许有多个语句，可以不用{}括起来。代码示例如下：

```
    switch (1>2){
        case true:{
            alert(1);                 // case 语句可以用{}括起来
            break;
        }
        case false:
            alert(2);                 // case 语句也可以不用{}括起来
            break;
    }
```

3）每个 case 语句后需要使用 break 语句来阻止下一个 case 运行。

switch-case 语句只能够判断一次正确答案，当遇到一个正确答案后，将不再进行判断。而 break 语句在 switch 结构中的作用是执行完 case 语句后跳出 switch 结构。如果省略 break 语句，将导致程序从正确的 case 项开始，依次执行后续所有 case。代码示例如下：

```
    switch (1>2){
        case true:
            alert("这条语句能够执行");
            //break;
        case false:
            alert("这条语句也能够执行");
            break;
    }
```

4）各 case 和 default 子句的先后顺序可以变动，而不会影响程序执行结果。代码示例如下：

```
    switch (1>2){
        // 如下两个 case 语句，没有先后关系，可以随意排列
        case true:
            alert("这条语句能够执行");
            break;
        case false:
            alert("这条语句也能够执行");
            break;
    }
```

5）default 子句可以省略，但通常不推荐省略，因为 default 子句说明了表达式的结果不等于任何一种情况时的操作。代码示例如下：

```
var num = 5;
switch (num){
    case 4:
        document.write("这是 4 的 case 块！");
        break;
    case 5:
        document.write("这是 5 的 case 块！");
        break;
    default:
        document.write("这是 default 的 case 块！");  //  default 语句可以省略
        break;
}
```

3．多重 if 结构与 switch-case 结构的比较

多重 if 结构与 switch-case 结构都是用于专门实现多路分支的结构，两者在功能上类似，但是在实际应用的情况上存在一些差异。两者的比较如下：

1）多重 if 结构和 switch-case 结构都可以用来实现多路分支。

2）多重 if 结构用来实现两路、三路分支比较方便，而 switch-case 结构实现三路以上分支比较方便。

3）switch-case 结构通常用于判断等于的情况，而多种 if 通常用于判断区间范围。

4）switch-case 结构的执行效率要比多重 if 结构更快。

12.2　循环结构

经过 12.1 节的学习，读者已经基本了解了分支结构。分支结构可以根据不同情况去执行不同的代码，但还会遇到一种情况，就是需要反复执行同一段代码，甚至可能不知道要执行多少次，这时就要使用循环结构来解决问题。只要指定条件为 true，就可以循环执行代码。

12.2.1　循环的基本思路

循环结构是指一段代码通过流程控制，使其不断地执行，直到条件不成立时，跳出循环结构。但是，如何才能通过控制，让程序执行指定的次数呢？这就需要声明一个变量，来记录代码执行了多少次，代码每执行一次，使这个变量值加 1，最后通过变量的值控制循环的次数。这个变量就是循环结构中非常重要的“循环变量”。

那么，就可以归纳出循环结构的基本思路，包括如下几个步骤。

1．声明循环变量

循环第一步就是定义一个循环变量，并给这个循环变量赋一个初始值。

```
var i = 0;
```

2．判断循环条件

声明循环变量后，需要判断这个变量的值是否符合循环的要求。以 while 循环为例

（while 循环将在 12.2.2 节讲解），基本语法如下：

```
while(i<5){   // 当循环变量 i 的值小于 5 时，执行循环
}
```

3．执行循环体操作

当判断循环变量的值符合循环要求时，才能执行循环体代码。

注意：不断循环操作的代码，被称为循环体，也就是循环结构{}中的代码。

```
while(i<5){
    // 循环结构{}中的代码，被称为循环体
}
```

4．更新循环变量

当循环体全部代码执行完成后，需要修改循环变量的值，让其增加（或减少）一个或多个值，常用的语句就是“i++”“i--”等。基本语法如下：

```
while(1<5){
    // 循环体其他代码;
    i++; // 让循环变量+1，也可以一次增加多个值，比如使用 i+=2;
}
```

5．重复执行第 2～4 步

当循环变量的值修改以后，重新判断新的循环变量是否符合要求。如果符合要求，则循环执行第 2～4 步；如果不符合要求，则直接跳出循环。

12.2.2 while 循环结构

经过 12.2.1 节的学习，读者知道了循环的基本思路，也大体了解了 while 循环的语法。while 循环其实与分支结构十分类似，都需要提供一个能够返回真假的判断条件。不同的是，分支结构只会执行一次，而 while 循环会不断地判断条件是否成立，并且不断地修改循环变量，直到条件不成立为止。

基本语法如下：

```
while (条件){
  需要执行的代码块
}
```

了解了 while 循环的基本语句，以及循环的重要步骤，下面通过实例代码，演示 while 循环的具体使用。

实例代码如下：

```
var n = 1;                                    // ① 声明循环变量
while (n<=5){                                 // ② 判断循环条件
    document.write("HelloWhile<br />");       // ③ 执行循环体操作
```

```
        n++;                                    // ④ 更新循环变量
    }
```

上述代码的功能就是在页面打印了 5 个“HelloWhile”，而打印的次数就是通过循环变量 n 的大小进行控制，所以在循环体中切记不能遗漏循环变量的更新语句“i++”。如果缺少更新语句，则循环变量没有更新，导致循环条件一直成立，循环不断地执行，就会造成“死循环”。

12.2.3 do-while 循环结构

do-while 循环是 while 循环的变体。它的基本使用与 while 循环类似，但是有一个非常重要的区别。while 循环在声明循环变量以后，先判断循环条件。也就是说，如果循环变量初始值不符合循环条件，则 while 循环体代码一次都不会执行。而 do-while 循环会先执行一遍循环体操作，再判断循环条件是否成立。也就是说，无论循环变量的初始值是否符合循环条件，do-while 循环都至少执行一次。

基本语法如下：

```
do{
   需要执行的代码块
}while (条件);
```

学习了 do-while 循环的基本语法后，可以使用 do-while 循环改写 12.2.2 节中的实例代码。代码如下：

```
var m = 1;
do{
        document.write("HelloDoWhile<br />");
        m++;
}while(m<=5);
```

12.2.4 for 循环结构

for 循环是最常用的一种循环结构。相比于 while 循环和 do-while 循环，for 循环将声明循环变量、判断循环条件、修改循环变量三个步骤都放到了 for 语句后面的()中，使得代码看上去更加简洁。

1．for 循环的基本语法

for 循环有三个表达式，分别为声明循环变量、判断循环条件和更新循环变量。三个表达式之间用英文分号分隔。

基本语法如下：

```
for (初始化循环变量; 循环条件; 修改循环变量的值){
   需要执行的代码块
}
```

下面使用 for 循环改写 12.2.2 节中的实例代码。代码如下：

```
for (var i=0; i<5; i++){
    document.write("HelloWhile<br />");
}
```

可以看到 for 循环代码相对于 while 循环和 do-while 循环要简洁很多。for 循环的特点和 while 循环相同，都是**先判断条件是否成立，再决定是否执行循环体操作**。

2．for 循环省略表达式

了解 for 循环的基本语法，可以发现 for 循环后面的小括号中应该包含三个表达式，但是 for 循环的三个表达式均可以省略，而两个分号（;）缺一不可。代码示例如下：

```
var i = 0;
for(;i<=5;){
    // 这个 for 循环省略了第 1、第 3 个表达式，改写成与 while 循环完全相同的写法
    i++;
}

for(;;){
    // 这个 for 循环省略了三个表达式，当前循环称为死循环，可以通过其他流程控制语句控制
循环的结束
}
```

3．for 循环中同时使用多个循环变量

for 循环的三个表达式均可以由多部分组成，表达式之间用逗号分隔，但是第二部分的判断条件需要用&&连接，最终结果需要为真或假。也就是说，通过一次 for 循环，可以同时更新多个循环变量。

代码示例如下：

```
for (var i=0,j=5; i<=5 && j>=0; i++,j--) {
    // 同一个 for 循环，i 从 0 增大到 5，j 从 5 减小到 0
    console.log(i+"---"+j);
}
```

4．for-in 循环

除了本节讲述的 for 循环结构外，for 循环还有一种结构，即 for-in 循环，这种结构主要用于遍历对象的属性。将在后续章节学习具体用法，下面简单介绍其语法结构。

```
var arr = [1,2,3,4,5]; // 声明一个数组
for(item in arr){
    // 读出数组中的每一个值(数组有几个值，for-in 便循环几次)
    console.log(item);
}
```

12.2.5 循环嵌套

一个循环内又包含另一个完整的循环结构，称为循环嵌套。当内层的循环中继续嵌套循

环时，就成了多重嵌套。循环嵌套的特点是外层循环转一次，内层循环转一遍。

代码示例如下：

```
for(var i=0; i<=5; i++){
    // 外层循环转一次，内层循环转一圈
    // 也就是外层循环执行一次，将打印 5 个*号，并打印一个换行
    for(var j=0; j<=5; j++){
        document.write(" * ");
    }
    document.write("<br/>");
}
```

代码运行效果如图 12-1 所示。

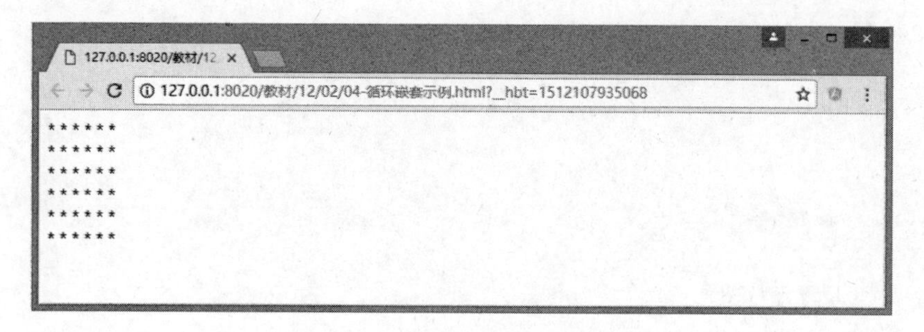

图 12-1　嵌套循环打印矩形效果

通过图 12-1 可以观察出打印矩形时，内层循环的次数永远都是 5 次。但是在某些情况下，内层循环的次数需要根据外层循环的循环条件决定。代码示例如下：

```
for(var i=0; i<=5; i++){
    // 内存循环的次数与外层循环的循环变量 i 有关
    // 也就是说，i=1 时内层循环打印 1 个*，i=2 时内层循环打印 2 个*，以此类推
    for(var j=0; j<=i; j++){
        document.write(" * ");
    }
    document.write("<br/>");
}
```

代码运行效果如图 12-2 所示。

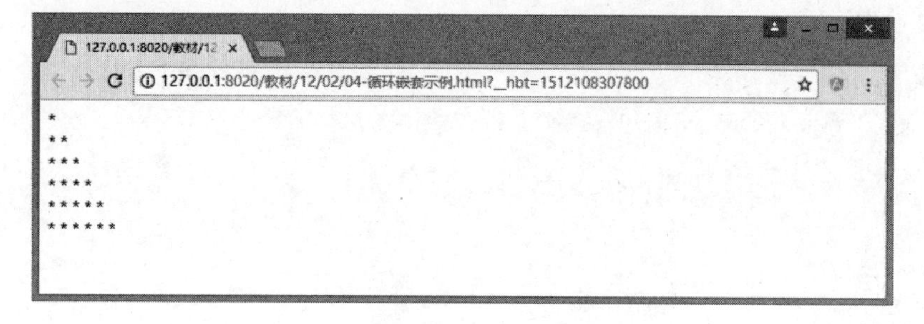

图 12-2　嵌套循环打印直角三角形效果

12.3 流程控制语句

经过 12.2 节的学习，了解到循环结构的基本用法，但是循环结构都是指定了循环的次数，而循环除了可以等待其自动执行完成后，也可以通过流程控制语句手动跳出循环，或者跳过某些次数的循环。常用的流程控制语句有 break、continue、return 三种。

12.3.1 break 语句

break 语句在 switch-case 结构中已经见到过了，作用就是跳出当前 switch-case 结构。break 语句还有一个非常重要的所用，就是**跳过本层循环，继续执行循环后面的语句**。

代码示例如下：

```
for(var i=1; i<=5; i++){
    // i=3 时，break 语句将跳过本层循环
    if(i==3){
        break;
    }
    console.log(i);
}
console.log("循环结束！");
```

代码运行效果如图 12-3 所示，当 i=3 的时候，break 语句将直接跳过本层循环，继续执行循环后面的语句，所以只能打印出 1、2 两个值。

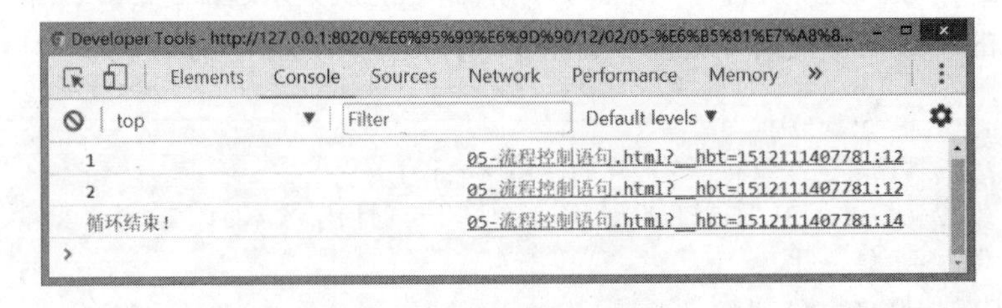

图 12-3　break 语句执行效果

12.3.2 continue 语句

continue 语句的作用是跳过本次循环中循环体剩余的语句而继续执行下一次循环。

代码示例如下：

```
for(var i=1; i<=5; i++){
    // i=3 时，continue 语句只会跳过本次循环，继续执行下一次循环
    if(i==3){
        continue;
    }
    console.log(i);
}
console.log("循环结束！");
```

代码运行效果如图 12-4 所示，当 i=3 时，continue 语句只会跳过一次循环，i=4、i=5 将照常执行，所以将能够打印出 1、2、4、5。

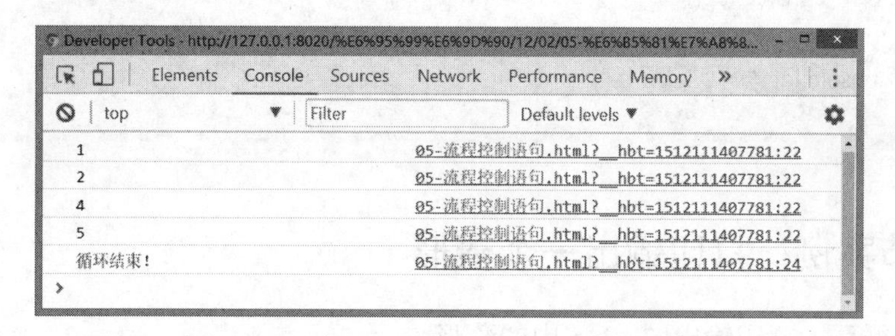

图 12-4　continue 语句执行效果

需要注意的是，对于 while 循环和 do-while 循环，continue 语句执行之后的操作是条件判断；对于 for 循环，continue 语句执行之后的操作是变量更新。

也就是说，对于 while 循环和 do-while 循环，必须将循环变量更新语句放到 continue 语句之上，否则将造成死循环。代码示例如下：

```
var i = 1;
while(i<=5){
    /* i=3 时，continue 语句被执行，将跳过本次循环后面的语句，包括 i++。这将会导致循环变量没有更新，而导致死循环*/
    if(i==3){
        continue;
    }
    console.log(i);
    i++;
}
console.log("循环结束！");
```

总结：break 语句用在循环中时，可以直接终止循环，将控制转向循环后面的语句。continue 语句的作用是跳过循环体中剩余的语句而直接执行下一次循环。

12.3.3　return 语句

return 语句只能用于函数中，作用效果比 break 语句更加强悍，将会直接终止当前函数执行，包括循环后面的语句也不再执行。

注意：函数相关知识点将在第 14 章详细讲解，大家稍作了解即可。

代码示例如下：

```
!function(){
    for(var i=1; i<=5; i++){
    // 当 i=3 时，return 语句执行将直接终止当前函数，包括循环后面的"循环结束!"
    // 也将不会执行
        if(i==3){
            return;
```

```
            }
            console.log(i);
        }
        console.log("循环结束！");
    }();
```

12.4 章节案例：打印输出一个菱形

使用嵌套循环，打印输出图 12-5 中的菱形。

```
   *
  ***
 *****
*******
 *****
  ***
   *
```

图 12-5　菱形

【案例代码】

```
<script type="text/javascript">
    for (var i=1;i<=4;i++) {
        for(var k=1;k<=4-i;k++){
            document.write("<span style='display: inline-block;width: 7px;'></span>");
        }
        for(var j=1;j<=2*i-1;j++){
            document.write("*");
        }
        document.write("<br/>");
    }
    for (var i=1;i<=3;i++) {
        for(var k=1;k<=i;k++){
            document.write("<span style='display: inline-block;width: 7px;'></span>");
        }
        for(var j=1;j<=7-2*i;j++){
            document.write("*");
        }
        document.write("<br/>");
    }
</script>
```

【章节练习】

【上机练习】

1．打印输出斐波那契数列的前 15 个数，斐波那契数列的第一个和第二个数分别为 1

和 1，从第三个数开始，每个数等于其前两个数之和，如 1，1，2，3，5，8，13，…

2．打印输出九九乘法表（如图 12-6 所示采用表格的形式）。

1*1=1								
2*1=2	2*2=4							
3*1=3	3*2=6	3*3=9						
4*1=4	4*2=8	4*3=12	4*3=16					
5*1=5	5*2=10	5*3=15	5*4=20	5*5=25				
6*1=6	6*2=12	6*3=18	6*4=24	6*5=30	6*6=36			
7*1=7	7*2=14	7*3=21	7*4=28	7*5=35	7*6=42			
8*1=8	8*2=16	8*3=24	8*4=32	8*5=40	8*6=48			
9*1=9	9*2=18	9*3=27	9*4=36	9*5=45	9*6=54	9*7=63	9*8=72	9*9=81

图 12-6　九九乘法表

第 13 章　JavaScript 函数

函数是指由事件驱动的或者当它被调用时执行的可重复使用的代码块。函数是 JavaScript 中的重要部分，它的使用方式有很多，比如可以将一个函数赋给一个变量或数组元素，还可以将其嵌套在另一个函数中使用。

本章学习目标：

- ➢ 掌握函数的声明与调用。
- ➢ 了解函数的作用域。
- ➢ 掌握匿名函数的声明与调用。
- ➢ 了解函数中的内置对象。
- ➢ 掌握 JavaScript 中代码的执行顺序。

通过本章的学习，可以很简便地使用 JavaScript 脚本实现更多的功能操作，大大提高代码的复用率。

13.1　函数的声明与调用

函数是在开发过程中常用的一种结构，它的主要作用是将程序中需要重复使用的代码进行封装，从而可以使代码重复使用。函数的使用分为声明和调用两个阶段，合理地使用函数，可以大大地提高代码的可重用性和可维护性。

13.1.1　函数的声明

在 JavaScript 中，函数使用 function 关键字进行声明。根据函数参数的有无，函数可以分为有参函数和无参函数两种。

1．有参函数

参数可以理解为函数内部需要使用的变量，这个变量可以在外部调用函数时传入函数中，从而可以在函数中使用。

有参函数是指在声明函数时，可以在函数体的圆括号中声明多个变量，提供给函数内部使用。

基本语法如下：

```
function 函数名(参数 1,参数 2,……){
    // 函数体
    return 结果;
}
```

语法解释：

1）函数必须使用 function 关键字声明，函数名后面的()用于放参数列表，这个参数列表称为**形参(形式参数)列表**。

2）函数可以有返回值，表示调用函数时可以接收一个返回的结果。在函数中使用 return 关键字将函数的结果返回。

代码示例如下：

```
function add(num1,num2){
    var sum = num1 + num2;              // 形参列表中的变量，可以直接在函数中使用
    return sum;                         // return 返回函数的返回值
}
```

2．无参函数

无参函数与有参函数在写法上的唯一区别，就是无参函数不需要指定形参列表。但是，函数名后面的()依然不能够省略。

基本语法如下：

```
function 函数名(){
    // 函数体
    return 结果;
}
```

代码示例如下：

```
function add(){
    var sum = 3 + 5;
    return sum;   // return 返回函数的返回值
}
```

通过函数封装起来的代码，就可以在后续使用过程中，通过函数名直接调用，而且可以重复使用。

13.1.2　函数的调用

封装起来的函数不能直接执行，而是需要手动调用函数，才能够执行函数中的代码。在 JavaScript 中，函数调用的常用方式有直接调用和事件调用两种。

1．直接调用

当声明好一个函数后，可以在 JavaScript 中直接使用“函数名()”调用，如果是有参函数，则需要通过()将参数的值传入函数。

例如，13.1.1 节中声明的两个 add()函数，可以通过如下代码直接调用。

```
// 调用有参函数
add(3,5);  // 3,5 将分别赋给函数的两个形参，num1 和 num2

// 调用无参函数
add();  // 无参函数不需要传递参数列表，但是()一定不能省略
```

语法解释：

1）函数调用无论有参函数还是无参函数，函数名后面的()都不能省略。

2）调用函数时传入参数列表的值称为**实参（实际参数）列表**。在 JavaScript 中，实参列表与形参列表的个数没有任何关联要求。也就是说，有形参不一定必须传入实参；而传入实参也不一定必须声明形参。

2．事件调用

除了使用函数名直接调用函数外，还可以通过事件的方式调用。关于事件操作的相关内容将在第 16 章详细讲解。

代码示例如下：

```
<button onclick="add(3,5)">点我调用方法</button>
```

语法解释：

给按钮添加 onclick 属性，表示当触发 onlick 事件（单击按钮）时调用函数。

13.1.3　函数的作用域

经过 13.1.1 节和 13.1.2 节的学习，读者已经学会了函数的声明和调用，下面了解函数的作用域。在 JavaScript 中，**变量只有函数作用域**。也就是说，函数内容声明的变量只有函数内部能用！

来看下面一段代码：

```
<script type="text/javascript">
    // 在函数外，无论是否使用 var 声明变量，都是全局变量，整个 JavaScript 文件可用
    var a = 1;
    b = 1;
    function func(){
        // 在函数内，使用 var 声明的变量为局部变量，只有函数内部可用
        var c = 1;
        // 在函数内，不用 var 声明的变量为全部变量，整个 JavaScript 文件可用
        d = 1;
        console.log(a);                  // √ 函数中可以使用全局变量
        console.log(b);                  // √ 函数中可以使用全局变量
        console.log(c);                  // √ 函数中可以使用自身的局部变量
        console.log(d);                  // √ 函数中可以使用全局变量
    }
    func();
    console.log(a);                      // √ 函数外可以使用全局变量
    console.log(b);                      // √ 函数外可以使用全局变量
    console.log(c);                      // × 函数外不能使用函数的局部变量
    console.log(d);                      // √ 函数外可以使用全局变量
</script>
```

从上述代码可以得出如下结论：

1）在函数外，无论是否使用 var 声明变量，都是全局变量，在整个 JavaScript 文件可用。

2）在函数内，使用 var 声明的变量为局部变量，只在当前函数可用。

3）在函数内，不用 var 声明的变量依然为全局变量，在整个 JavaScript 文件可用。

4）在 JavaScript 中，函数内部能够使用全局变量；而函数外部不能使用局部变量。

13.1.4　函数声明和调用的注意事项

函数的使用非常简单，但是在使用细节上依然有很多的注意事项。这些注意事项在上面讲解的过程中也提到了一些，下面进行汇总。

1．函数的命名规范

1）函数名只能由字母、数字、下画线和$组成，且开头不能是数字。

2）函数名对大小写敏感，使用时需注意区分大小写。

3）函数名的声明必须符合小驼峰法则或下画线命名法。

① 小驼峰法则：变量首字母为小写，之后每个单词首字母大写（常用）。

② 下画线命名法：变量所有字母都小写，单词之间用下画线分隔。

代码示例如下：

```
function functionName(){}          // √ 小驼峰法则
function function_name(){}         // √ 匈牙利命名法
function functionname(){}          // × 不符合命名规范
```

2．形参列表与实参列表

1）声明函数时的参数列表，称为“形参列表”（变量的名）。

```
function func(num1,num2,num3){}  // 形参列表
```

2）调用函数时的参数列表，称为“实参列表”（变量的值）。

```
func(1,2,3);  // 实参列表
```

3．函数形参与实参的个数并无直接关联

声明函数的形参列表与调用函数的实参列表没有直接关联关系。在函数中，实际有效的参数取决于实参的赋值，未被赋值的形参为 Undefined。

```
// 形参列表个数>实参列表个数。 num3 的值为 Undefined
function func1(num1,num2,num3){}
func1(1,2);

// 实参列表个数>形参列表个数。 多余的实参将存储在 arguments 对象中，详见 13.3.1 节
function func2(num1){}
func2(1,2,3);
```

4．函数如果需要返回值，可用 return 返回结果

函数可以有返回值，也可以没有返回值。如果需要返回值，在函数中使用 return 返回。

调用函数时，使用“var 变量名=函数名()”的方式接收返回结果。

如果函数没有返回值，则接收的结果为 Undefined。

```
function func1(){
    return 1;
}
var num1 = func1();                // 使用 num1 接收函数的返回值

function func2(){
}
var num2 = func2();                // 没有返回值的函数，直接接收 num2 为 Undefined
```

5．函数声明与函数调用没有先后之分

函数的声明语句与函数的调用语句没有先后顺序之分，即函数调用语句可以写在函数声明语句之前。具体原理与 JavaScript 代码的执行顺序有关，详见 13.4 节。

```
// 函数调用语句可以写在函数声明语句之前
func();
// 函数声明
function func(){}
// 函数调用语句也可以写在函数声明语句之后
func();
```

13.2 匿名函数的声明与调用

除了 13.1 节中讲解的函数声明与调用外，在 JavaScript 中还有一种特殊的函数——匿名函数。顾名思义，匿名函数就是指没有函数名的函数。这样的函数应该怎么声明？又该怎么调用呢？接下来一起来探讨这些问题。

13.2.1 事件调用匿名函数

匿名函数最常用的地方就是配合事件使用，表示当触发哪一个事件时，执行哪一个匿名函数。代码示例如下：

```
// window.onload 表示当文档加载完成后，自动调用匿名函数
window.onload=function(){
    alert("杰瑞教育");
}
```

代码解释：

1）window.onload 表示文档加载成功后自动执行的函数。关于事件相关内容将在第 16 章详细讲解。

2）上述代码中，形如 “function(){}” 的结构称为匿名函数，这类函数没有函数名，不能通过函数名直接调用。

13.2.2 匿名函数表达式

除了在事件调用中自动使用匿名函数之外，还可以使用匿名函数表达式，将一个匿名函

数赋值给一个变量，而在后续调用函数时，这个变量就可以当作函数名使用。

声明函数表达式：var func = function(){}

调用函数表达式：func();

注意：匿名函数表达式与普通函数在声明和调用上有一个非常大的区别。**使用匿名函数表达式时，函数调用语句必须在声明语句之后**，否则报错。具体原因与 JavaScript 代码的执行顺序有关，详见 13.4 节。

```
// × 在匿名函数表达式声明之前调用，将会报错！
func();
// 声明匿名函数表达式
var func = function(){}
// √ 在匿名函数表达式声明之后调用，可以正常使用！
func();
```

13.2.3　自执行函数

在 JavaScript 中，还有一个非常重要的函数概念——自执行函数。顾名思义，自执行函数是指无须手动调用，在声明函数时自动调用的函数类型。声明自执行函数的语法结构有三种。

1．!function(形参列表){}(实参列表);

这种声明方式是最常用的，可以使用任意运算符号开头，但一般使用英文叹号“!”，在函数{}后面紧跟一个圆括号，表示自动调用当前匿名函数，函数的实参可以通过最后的圆括号传入。

代码示例如下：

```
!function(num1,num2){
        var sum = num1 + num2;
}(1,2);
```

2．(function(形参列表){}(实参列表));

这种写法依然是在函数的{}后面使用圆括号调用当前函数。与第一种方式不同的是，这种写法使用圆括号将匿名函数及之后的圆括号包裹成为一个整体。

代码示例如下：

```
(function(num1,num2){
        var sum = num1 + num2;
}(1,2));
```

3．(function(形参列表){})(实参列表);

与第二种方式不同的是，这种写法只用圆括号包裹匿名函数体，而不是将最后调用匿名函数的圆括号一起包裹。

代码示例如下：

```
(function(num1,num2){
```

```
        var sum = num1 + num2;
    })(1,2);
```

4．三种写法的特点

第一种写法：开头使用“!”，结尾使用“()”结构清晰，是最常使用的写法。

第二种写法：使用括号包裹全部内容，可以表明匿名函数与之后调用函数的()为一个整体，官方推荐使用。

第三种写法：无法表明函数与之后调用函数的()为一个整体，不推荐使用。

13.3 函数中的内置对象

在 JavaScript 中，函数中内置了很多常用的对象。这其中最常用的就是 arguments 对象和 this 关键字。this 关键字将在第 19 章面向对象环节详细讲解，本章节只做简单描述。arguments 对象是本章节讲解的重点内容。

13.3.1 arguments 对象

arguments 是一个伪数组对象。由于数组将在第 17 章详细讲解，所以本章中只需要知道数组取值的基本概念即可。数组中的值是有序排列的，每个值都有一个下标，从 0 开始依次增大，当需要读取数组中的值时，可以使用“数组名[下标]”的方式进行调用。例如，需要读取 arguments 数组中的第一个值，可以使用下述代码：

```
    var    num1 = argument[0];
```

了解了如何从 arguments 对象中取值，那 arguments 对象里面存的值都是什么呢？其实 arguments 对象主要有两个作用。

1．arguments 对象用于存储函数的实参列表

arguments 对象的第一个作用是保存在调用函数时所赋值的实参列表。当调用函数并使用实参赋值时，实际上参数已经保存到 arguments 数组中。即使没有形参，也可以使用 arguments[n] 的形式调用参数。代码示例如下：

```
    <script type="text/javascript">
        function func(){
            // 无论是否有形参，都可以使用 arguments 对象取到实参列表所赋值的数据
            console.log(arguments[0]);
            console.log(arguments[1]);
            console.log(arguments[2]);
            console.log(arguments[3]); // 只有三个实参，读取第四个值为 Undefined
        }
        func("杰瑞教育","HTML5 课程","PHP 课程");

    </script>
```

代码运行效果如图 13-1 所示。

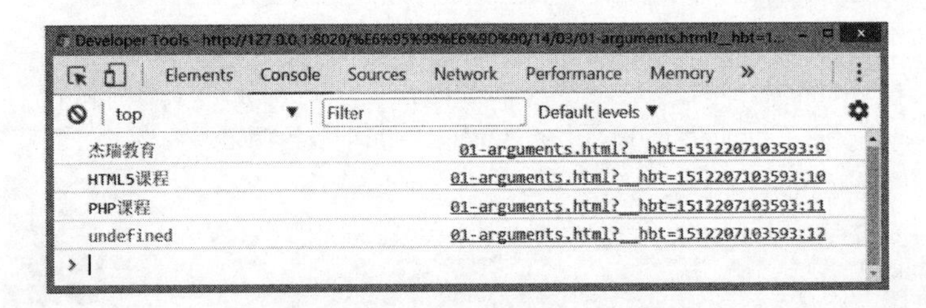

图 13-1　arguments 对象展示效果

注意：arguments 的个数是由实参决定的，不由形参决定。对于 arguments 和形参都存在的情况下，形参和 arguments 是同步的。

代码示例如下：

```
function func(num1){
    // 实参赋值为 10，打印 arguments 第一个值为 10
    console.log(arguments[0]);
    // 将形参第一个值修改为 20
    num1 = 20;
    // 再次打印 arguments 第一个值，将与形参第一个值同步变化为 20
    console.log(arguments[0]);
}
func(10);
```

代码运行效果如图 13-2 所示。

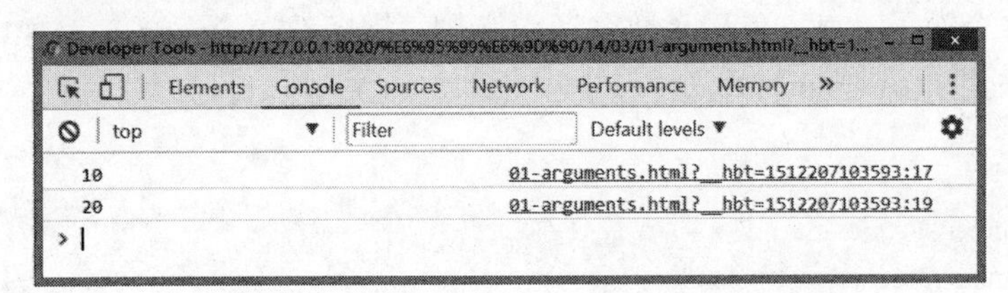

图 13-2　arguments 对象与形参同步绑定效果

2．使用 arguments.callee 表示当前函数的引用

arguments 对象除了可以保存实参列表之外，还有一个重要的属性 callee，用于返回 arguments 所在函数的引用。

arguments.callee() 可以调用自身函数执行。在函数内部调用函数自身的写法，称为递归。因此，arguments.callee()是递归调用（递归不是本课程需要重点掌握的重点，了解即可）时常用的方式。

代码示例如下：

```
<script type="text/javascript">
    var num = 1;
    function func(){
        console.log(num);
```

```
            num++;
            if(num<=5){                    // 当 num<=5 时，函数递归调用自身
                arguments.callee(); // arguments.callee()表示调用函数自身，效果与 func()相同
            }
        }
        func();
    </script>
```

从上述代码可以看到，当 num<=5 时，函数将递归调用自身，即通过递归模拟了一个循环操作。最终结果如图 13-3 所示。

图 13-3　num<=5 时函数递归调用自身

13.3.2　this 关键字

this 关键字指向当前函数调用语句所在的作用域。由于 this 关键字是重点内容且牵扯内容较多，所以将 this 关键字内容放在第 18 章面向对象章节进行详细讲解，此处只需牢记一句话**“谁调用函数，this 指向谁”**。

下面来看一个例子，直接使用函数名调用函数，相当于在 window 对象中调用函数，故这种情况下，this 指向 window 对象。

代码示例如下：

```
<script type="text/javascript">
    function func(){
        // 直接在 window 对象中使用 func()调用函数，this 指向 window 对象
        console.log(this);
    }
    func();
</script>
```

打印出 this 指向结果为 window 对象，如图 13-4 所示。

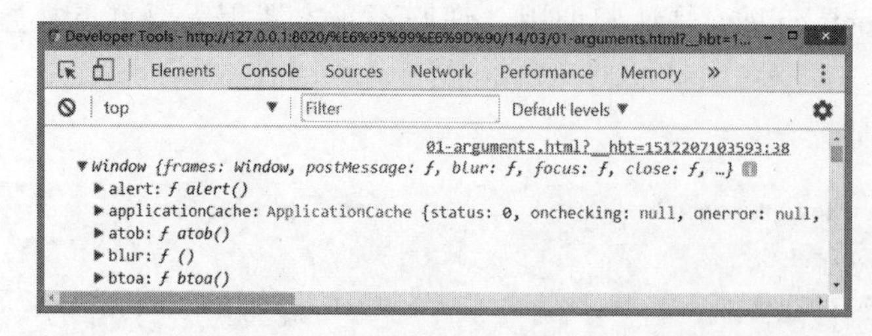

图 13-4　this 指向结果为 window 对象

13.4　JavaScript 中代码的执行顺序

代码的执行顺序是非常重要的概念！只有理解 JavaScript 代码的执行顺序，才能理解一些运行结果的原理。

首先，重新回顾两句话：

➢ 普通函数的声明语句与函数的调用语句没有先后顺序之分。

➢ 匿名函数表达式的调用语句必须在函数声明语句之后，否则报错。

这是前文强调过的两句话，那么原因是什么呢？这就需要使用 JavaScript 代码的执行顺序进行解释了。

JavaScript 代码在执行过程中，会分为两个阶段：检查装载阶段和代码执行阶段。其中，检查装载阶段的主要工作是函数的声明、变量的声明等；代码执行阶段的主要工作是函数的调用、变量的赋值、代码的执行等。

下面用一段代码来解释，代码示例如下：

```
<script type="text/javascript">
    console.log(num);  // console.log()是函数的调用，属于代码执行阶段，而在此时 num 并没有
赋值，仅仅是在检查装载阶段声明了变量 num，因此 num 为 undefined
    var num = 10; // var num;是变量赋值，在检查装载阶段，num=10 是变量赋值在代码执行阶段

    func1();  // 函数可以正常执行。函数的调用属于代码执行阶段，而函数名已经在检查装载
阶段声明完成
    function func1(){
        console.log("调用 func1 成功");
    }
    func2();  //函数不能执行，打印 func2 时显示 undefined。匿名函数表达式 num2 与变量相同
    var func2 = function(){
        console.log("调用 func2 成功");
    }
</script>
```

代码运行效果如图 13-5 所示。

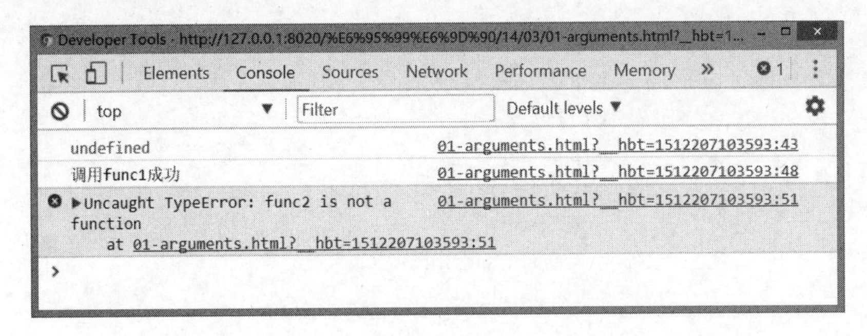

图 13-5　调用 func1 成功效果

为了让大家看清楚这个结果，下面罗列在检查装载阶段和代码执行阶段都执行了哪些步

骤的代码。

1．检查装载阶段

检查装载阶段主要执行变量的声明和函数的声明，因此上述代码在检查装载阶段执行下面几行代码。

```
① var num;
② function func1(){}
③ var func2;
```

执行完上述代码，func1 为声明完成的函数，num 和 func2 都应该是值为 undefined 的变量。

2．代码执行阶段

代码执行阶段主要执行变量的赋值、函数的调用等语句，因此上述代码在代码执行阶段执行下面几行代码。

```
① consoloe.log(num);
② num = 10;
③ func1();
④ func2();
⑤ func2 = function(){}
```

JavaScript 代码的执行顺序问题需要各位读者重点理解。

13.5 章节案例：编写函数统计任意区间内的质数

写一个函数，功能是求某区间内的质数，调用这个函数求出 1～10 区间内的质数，并使用“-”连接每个质数，输出一个字符串。例如输出结果“2-3-5-7”。

【案例代码】

```
<script type="text/javascript">
    function func(start,end){
            // 循环取出 start-end 中的每一个数
            var str = "";
            var count = 0;
            for(var i=start; i<=end; i++){
                // 判断每个数字 i，是否为一个质数
                var notZhi = false;
                for(var j=2; j<i; j++){
                    if(i%j==0){
                        notZhi = true;
                        break;
                    }
                }
                if(notZhi == false && i!=1){
                    count ++;
```

```
                    if(count==1) str += i;
                    else            str += "-"+i;
                }
            }
            return str;
        }
        console.log(func(1,10));
    </script>
```

代码运行后，输出结果如图 13-6 所示。

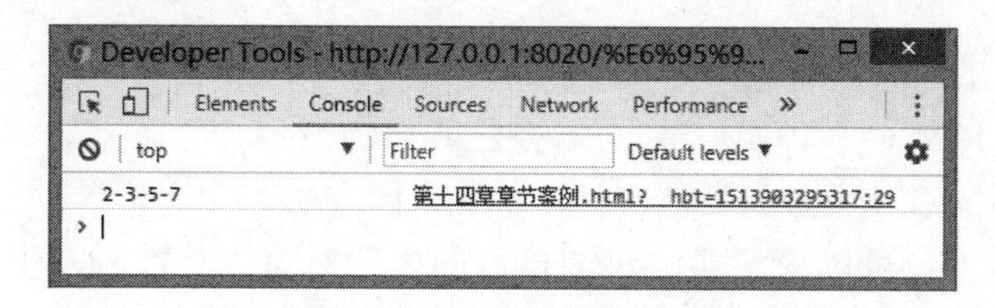

图 13-6 求出 1～10 区间内的质数

【章节练习】

1．声明匿名函数有哪三种方式？

2．自执行函数的三种写法分别是什么？

【上机练习】

1．使用函数实现计算器功能。具体要求是使用 prompt 输入两个数和运算符号，然后计算两个数的操作结果，使用 switch 判断运算符号，调用函数计算两数的结果。

2．使用递归分别计算 1+2+3+…+10 和 1!+2!+3!+…+10!。

第 14 章　BOM 与 DOM

JavaScript 由三部分组成，分别是 ECMAScript、BOM 和 DOM。通过前面的学习，读者已经了解了 ECMAScript 的基本内容，本章学习 BOM 和 DOM。

本章学习目标：

- 掌握 BOM 的对象及对象属性。
- 掌握 Core DOM 中各种操作节点的方法。
- 掌握 HTML DOM 中操作表格、行、单元格的方法。

通过本章的学习，可以更便捷地对浏览器的内置对象进行控制，也可以更灵活地操作 HTML 中的各种节点，提高 HTML 页面的动态效果，增强用户体验。

14.1　window 对象

浏览器对象模型（Browser Object Model，BOM）使 JavaScript 有能力与浏览器“对话”。由于现代浏览器几乎实现了 JavaScript 交互性方面的相同方法和属性，所以常被认为 BOM 的方法和属性。BOM 由多个对象组成，其中代表浏览器窗口的 window 对象是 BOM 的顶层对象，其他对象都是该对象的子对象，如图 14-1 所示。

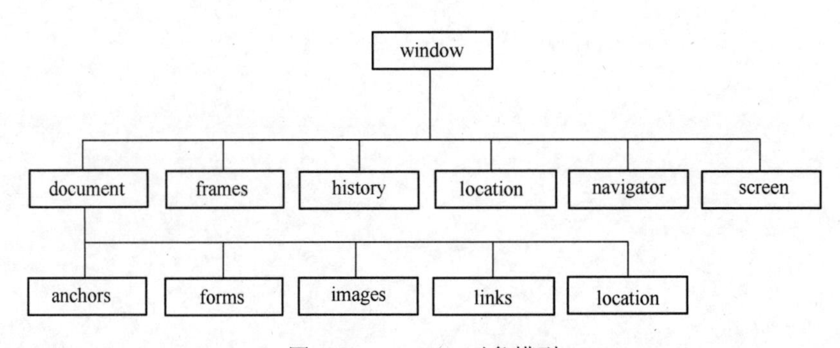

图 14-1　window 对象模型

14.1.1　window 对象的属性

所有浏览器都支持 window 对象。window 对象表示浏览器窗口。所有 JavaScript 全局对象、函数、变量均自动成为 window 对象的成员。

全局变量是 window 对象的属性。全局函数是 window 对象的方法。window 对象主要包括以下属性，见表 14-1。

表 14-1　window 对象的主要属性

属　　性	含　　义
screen	有关客户端的屏幕和显示性能的信息
history	有关客户访问过的 URL 的信息
location	有关当前 URL 的信息
navigator	包含有关浏览器的信息
document	窗口中显示的文档对象
frames	返回窗口中所有命名的框架

注意：有些 window 对象的属性本身也是对象。其中，表格 14-1 中的前五个属性也是对象，具有自己的属性和方法，具体情况会在下一小节进行介绍。

14.1.2　window 对象的常用方法

window 对象中除了有很多的属性之外，还有很多的方法，而且这些方法大多是开发过程中常用的方法。

需要注意的是，window 对象中的所有方法均可以省略前面的 window，比如 close()。

1. window 弹窗的输入输出

1）prompt()：弹窗接收用户输入，第 12 章已经介绍过。

2）alert()：弹窗警告，第 12 章已经介绍过。

3）confirm()：带有确认或取消按钮的提示框，第 12 章也已经介绍过。

2. open()与 close()

1）open()：重新打开一个窗口，主要传入三个参数：URL 地址、窗口名称、窗口特征。

代码示例如下：

```
function openWindow(){
    window.open("http://www.baidu.com"," 百 度 一 下 ","height=700px,width=1000px, top=200px,
left=300px");
}
<button onclick="openWindow()">打开一个新的浏览器窗口</button>
```

上述代码运行后，单击按钮将会打开一个新的浏览器窗口，其宽度是 1000px，高度是 700px，距离屏幕左边 300px，距离屏幕上边 200px。

窗口特征主要设置的就是这 4 个值，其他可选值可以查阅帮助文档了解。

2）close()：关闭浏览器的当前选项卡。

```
function closeWindow(){
    window.close();
}
<button onclick="closeWindow()">关闭当前窗口</button>
```

3. setTimeout()与 clearTimeout()

1）setTimeout()：设置延时执行（以 ms 为单位计时），只会执行一次。

2）clearTimeout()：清除延时，传入参数：调用 setTimeout 时返回一个 id，通过变量接收 id，传入 clearTimeout。

代码示例如下：

```
// 设置延时执行
var timeOutId = setTimeout(function(){     // 将延时器方法赋值给变量 timeOutId
        console.log("jereh");
},2000);  // 延时 2s 后控制台打印 jereh

// 使用延时器清除延时
setTimeout(function(){
        clearTimeout(timeOutId);   // 在 clearTimeout 方法里面传入变量 timeOutId
},5000); // 5s 后清除延时器
```

执行上述代码后，将会在 2s 后，在控制台打印出一个“jereh”，并在 5s 后清除该延时器。

4. setInterval()与 clearInterval()

1）setInterval()：设置定时器，循环每个 N 毫秒执行一次，两个参数：需要执行的 function / 毫秒数。

2）clearInterval()：清除定时器，传入参数：调用 setInterval 时返回一个 id，通过变量接收 id，传入 clearInterval。

下面是一段定时器、延时器的代码示例：

```
//设置定时器
var interValId = setInterval(function (){   // 将定时器方法赋值给变量 interValId
        console.log("杰瑞教育");
},1000);

// 5s 后清除定时器
setTimeout(function(){
        clearInterval(interValId);   // 将声明 Interval 返回的 id，传入 clearInterval
},5000);
```

定时器每 1s 打印一个“杰瑞教育”，并且使用延时器设置了 5s 后清除定时器。最终效果如图 14-2 所示，共打印 5 个杰瑞教育。

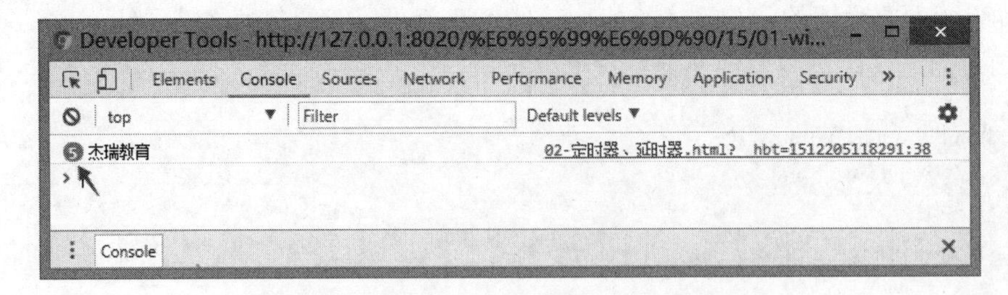

图 14-2　定时器、延时器方法的应用效果

14.2　浏览器对象模型的其他对象

在 JavaScript 中，除了最常用的 window 对象，还有很多常用的其他对象，如 screen 对象、location 对象、history 对象等。这些对象都是包含在 window 对象里面的，以 screen 对象为例，可以使用 window.screen 表示，当前也可以省略 window 直接使用 screen 表示。

14.2.1　screen：屏幕对象

screen 对象包含有关客户端显示屏幕的信息，有四个常用属性，分别是屏幕宽度、屏幕高度、可用宽度和可用高度。

```
screen.width;           //屏幕宽度
screen.height;          //屏幕高度
screen.availWidth;      //屏幕可用宽度
screen.availHeight;     //屏幕高度 = 屏幕高度-底部工具栏
```

注意：

- 当 Windows 桌面的任务栏在底部或上部时，可用高度等于屏幕高度减去底部任务栏高度，可用宽度等于屏幕宽度。
- 当 Windows 桌面的任务栏在左侧或右侧时，可用宽度等于屏幕宽度减去底部任务栏高度，可用高度等于屏幕高度。

另外，screen 作为 window 对象属性时，可以显示页面的屏幕的相关信息。基本语法如下：

```
console.log(window. screen);
```

代码示例如下：

```
<script type="text/javascript">
    console.log(screen);   /* screen 对象里面所包含的所有信息 */
    console.log(screen.availHeight); /* 屏幕的有效高度 */
</script>
```

打印效果如图 14-3 所示。

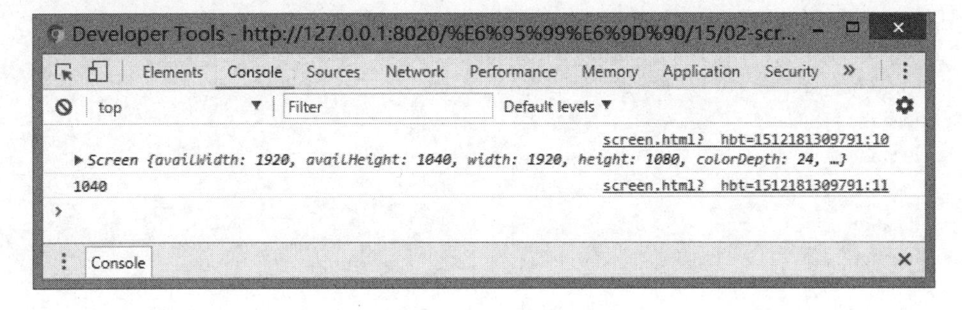

图 14-3　screen 对象效果

14.2.2 location：地址栏对象

location 对象包含有关当前 URL 的信息。它存储在 window 对象的 location 属性中，表示那个窗口中当前显示的文档的 Web 地址，可通过 window.location 属性来访问。

location 作为 window 对象属性时，可以设置页面跳转。基本语法如下：

```
window.location = "http://www.baidu.com";
```

在学习 location 对象有哪些属性和方法前，首先要了解完整的 URL 路径包括哪些内容。下面就是一个完整的 URL 路径中包含的所有部分。

```
完整的 URL 路径：
协议名://主机名(IP 地址):端口号/文件路径?传递参数(name1=value1&name2=value2)#锚点
例如：
http://127.0.0.1:8080/wenjianjia/index.html?name=jredu#top
```

location 对象的 href 属性存放的是文档的完整 URL，其他属性则分别描述了 URL 的各个部分。location 对象常用属性见表 14-2。

表 14-2　location 对象的常用属性

属　性	说　明
href	完整路径
protocol	使用的协议（http、https、ftp、file、mailto）
pathname	文件路径
port	端口号
search	从?开始往后的部分
hostname	主机名（IP 地址）
host	主机名和端口号
hash	从#开始的锚点

代码示例如下：

```
console.log(location);        //取到浏览器的完整 URL 信息
location.href;                //返回当前完整路径
location.protocol;            //返回协议名　http://
location.host;                //返回主机名+端口号　127.0.0.1:8080
location.hostname;            //返回主机名　127.0.0.1
location.port;                //返回端口号　:8080
location.pathname;            //返回文件路径
location.search;              //返回?开头的参数列表
location.hash;                //返回#开头的锚点
```

除了 URL 属性外，location 对象还具有三个常用方法。location 对象的 reload() 方法可以重新装载当前文档；replace()方法可以装载一个新文档而无须为它创建一个新的历史记录，即在浏览器的历史列表中，新文档将替换当前文档；assign()方法可以加载新的文档。具体见表 14-3。

表 14-3　location 的常用方法

方　法	说　明
assign()	加载新的文档
replace()	用新的文档替换当前文档
reload()	重新加载当前文档

代码示例如下：

```
function locationAssign(){
    location.assign("http://www.baidu.com");  // 加载新的文档，加载以后，可以后退
}
function locationReplace(){
    location.replace("http://www.baidu.com"); // 使用新的文档替换当前文档，替换以后不能后退
}
function locationReload(){
    location.reload(true); // 重新加载当前页面
}
<button onclick="locationReplace()">replace </button>
<button onclick="locationAssign()">assign</button>
<button onclick="locationReload()">reload</button>
```

assign()方法的效果如图 14-4 所示。

图 14-4　assign()方法的效果图

注意：reload()传参与不传参情况的区别，当 reload(true)时，表示从服务器重新加载当前页面；而当 reload()不传参时，表示在本地刷新当前页面。

14.2.3　history：历史记录对象

history 对象包含用户（在浏览器窗口中）访问过的 URL。它是 window 对象的一部分，可通过 window.history 属性对其进行访问。基本语法如下：

```
console.log(window.history);
```

history 对象是浏览器历史记录相关的对象，包括了一个 length 属性表示历史列表的 URL 数量，还包括三个常用方法，见表 14-4。

表 14-4　history 对象的属性和方法

属性或方法	说　明
length	返回浏览器历史列表中的 URL 数量
back()	加载 history 列表中的前一个 URL，与在浏览器中单击后退按钮相同
forward()	加载 history 列表中的下一个 URL，与在浏览器中单击按钮向前相同
go()	跳转到浏览历史列表的任意位置。位置标志：当前页为第 0 个，前一个页面第 1 个，后一个页面-1 个

代码示例如下：

```
history.length;  // 浏览历史列表个数
history.back();  // 后退
history.forward(); // 前进
```

效果如图 14-5 所示。

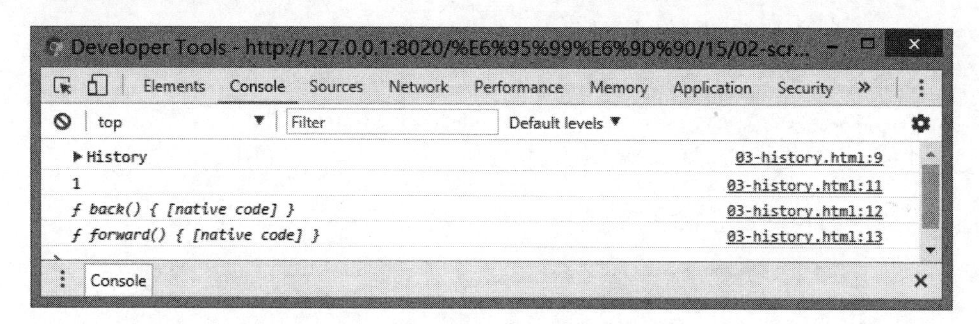

图 14-5　history 对象效果

下面介绍 history 对象的 go()方法。代码示例如下：

```
<button onclick="go()">history.go</button>
function go(){
        history.go(-1);  /* 跳转到浏览历史的任意界面，0 表示当前页面；-1 表示后一页（back）；
1 表示前一页（forward）*/
}
```

执行上述代码，单击“history.go”按钮，页面跳转到后一页。当 history.go()中传入参数为 1 时，表示前一页，相当于 forward()；当 history.go()中传入参数为-1 时，表示后一页，相当于 back ()；当 history.go()中传入参数为 0 时，表示当前页。

14.2.4　navigator：浏览器配置对象

navigator 对象包含了有关浏览器基本配置的各种信息，所包含的属性较多。在此只介绍几个常用属性，见表 14-5。

表 14-5　navigator 对象的属性

属　　性	说　　明
appName	产品名称
appVersion	产品版本号
userAgent	用户代理信息
platform	系统平台
plugins	返回一个数组，检测浏览器安装的所有插件
MimeTypes	检查浏览器安装的插件支持的文件类型

navigator 对象中的各种属性，仅仅是用来查询显示的，在实际开发过程中用的并不算多。使用“navigator.appName”即可查看浏览器产品名称，其他属性此处不再赘述。

下面重点了解 plugins 属性。它可以查看浏览器安装的所有插件，包括四个属性。

1）description：插件的描述信息。

2）filename：插件在本地磁盘的文件名。

3）length：插件的个数。

4）name：插件名。

基本语法如下：

```
navigator.plugins;  // 监测浏览器安装的各种插件
```

控制台输出效果如图 14-6 所示。

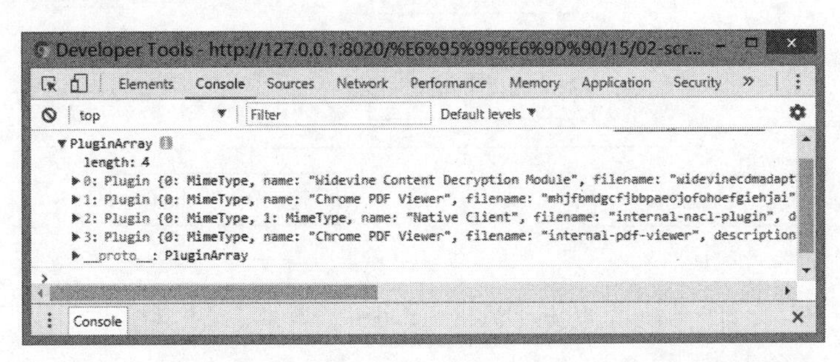

图 14-6　navigator 对象的 plugins 属性可查看浏览器安装的插件

每个浏览器都具有自己独到的扩展，所以在开发阶段来判断浏览器是一个非常重要的步骤。虽然浏览器开发商在公共接口方面投入了很多精力，努力去支持最常用的公共功能，但在现实中，浏览器之间的差异，以及不同浏览器的兼容性因此客户端检测是一种补救措施，更是一种行之有效的开发策略。

14.3　Core DOM

文档对象模型（DOM）是万维网联盟（W3C）的标准。DOM 定义了访问 HTML 和 XML 文档的标准。W3C DOM 是中立于平台和语言的接口，它允许程序和脚本动态地访问和更新文档的内容、结构和样式。

W3C DOM 标准被分为三个不同的部分：

1）Core DOM 是核心 DOM，定义了一套标准的针对任何结构化文档的对象，包括 HTML、XHTML 和 XML。核心 DOM 适合操作节点，如创建、删除、查找等。

2）XML DOM 定义了所有 XML 元素的对象和属性，以及访问它们的方法。

3）HTML DOM 定义了所有 HTML 元素的对象和属性，以及访问它们的方法。HTML DOM 适合操作属性，如读取或修改属性的值等。

由于 XML 并不是学习的重点内容，所以接下来的章节着重讲解 Core DOM 与 HTML DOM 两部分的内容。

当网页被加载时，浏览器会创建页面的文档对象模型。Document 对象使用户可以从脚本中对 HTML 页面中的所有元素进行访问。另外，Document 对象是 window 对象的一部分，可通过 window.document 属性对其进行访问。

14.3.1 DOM 树结构分析

DOM 节点分为三大类：元素节点、文本节点、属性节点。其中，元素节点又叫标签节点，指文档中的各种 HTML 标签；文本节点和属性节点为元素节点的两个子节点，分别表示标签中的文字和标签的属性。通过 getElement 系列方法，可以取到元素节点。DOM 树结构如图 14-7 所示。

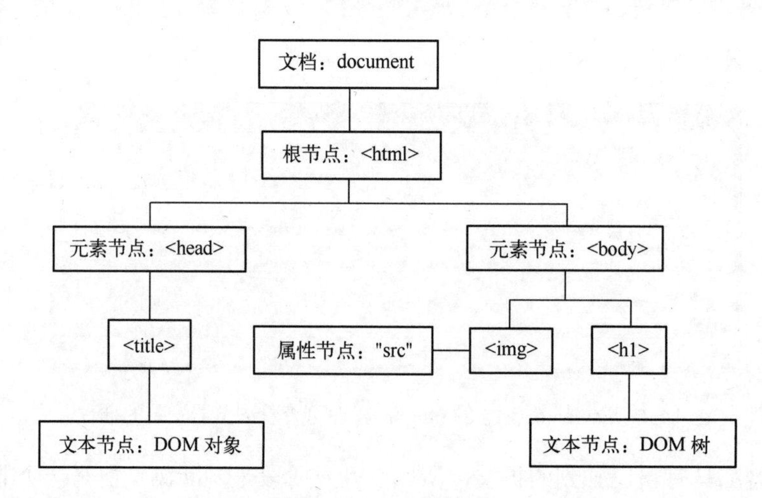

图 14-7　DOM 树结构

14.3.2 操作元素节点

在 DOM 操作中，操作元素节点是最基础的一步，使用 HTML 操作任何内容都需要选中一个标签，才能对标签以及标签的文字、属性、样式进行修改。

1. getElementById

getElementById() 方法可返回对拥有指定 id 的第一个对象的引用。如果需要查找文档中一个特定的元素，最有效的方法是 getElementById()。在操作文档中一个特定的元素时，最好给该元素一个 id 属性，为它指定一个（在文档中）唯一的名称，然后就可以用此 id 查找想要的元素。

代码示例如下：

```
<div id="box" >div 文字</div>
var divById = getElementById("box");
```

注意：通过 id 获取唯一的节点，如果存在多个同名 id，则只会选取第一个。

2. getElementsByName / getElementsTagName / getElementsClassName

通过 Name、TagName、ClassName 取到一个数组，包含多个节点。

它们的使用方式是，通过循环取到每一个节点。而循环的次数是从 0 开始，直到数组的最大长度后结束。使用方法代码示例如下：

```
<div name="div1" class="div2">div 文字</div>
var divByName = getElementsByName("div1");
var divByTagName = getElementsByTagName("div");
var divByClassName = getElementsByClassName("div2");
```

3. document.querySelector / querySelectorAll

querySelector() 方法仅仅返回匹配指定 CSS 选择器的第一个元素。如果需要返回所有的元素，则使用 querySelectorAll() 方法替代。

代码示例如下：

```
document.querySelector("#demo");
```

执行上述代码，获取文档中 id="demo" 的元素。

注意：圆括号“()”中传入参数指定一个或多个匹配元素的 CSS 选择器。可以使用它们的 id、类、类型、属性、属性值等来选取元素。对于多个选择器，使用逗号隔开，返回一个匹配的元素。

14.3.3 操作文本节点

在 DOM 操作中，操作元素节点取到标签节点后，接下来就可以通过 JavaScript 中提供的方法对标签中的文字进行获取、修改操作。

1. tagName

tagName 属性返回元素的标签名，即获取节点的标签名。在 HTML 中，tagName 属性的返回值始终是大写字母。

代码示例如下：

```
<div id="div"></div>
<button id="btn">单击</button>
<script type="text/javascript">
    var btn = document.getElementById("btn");
    var div = document.getElementById("div");
```

```
        btn.onclick = function(){   /* 单击按钮弹出对话框 */
            alert(div.tagName);
        }
</script>
```

代码运行效果如图 14-8 所示。

图 14-8　tagName 属性获取节点的标签名

2. innerHTML

innerHTML 属性设置或返回表格行的开始和结束标签之间的 HTML，即设置或者获取节点内部的所有 HTML。

代码示例如下：

```
<div id="box"></div>
<button id="btn">单击</button>
<script type="text/javascript">
        var btn = document.getElementById("btn");
        var div = document.getElementById("box");
        btn.onclick = function(){
            div.innerHTML = "<h1>杰瑞教育</h1>"
            alert(div.innerHTML);
        }
</script>
```

代码运行效果如图 14-9 和图 14-10 所示。

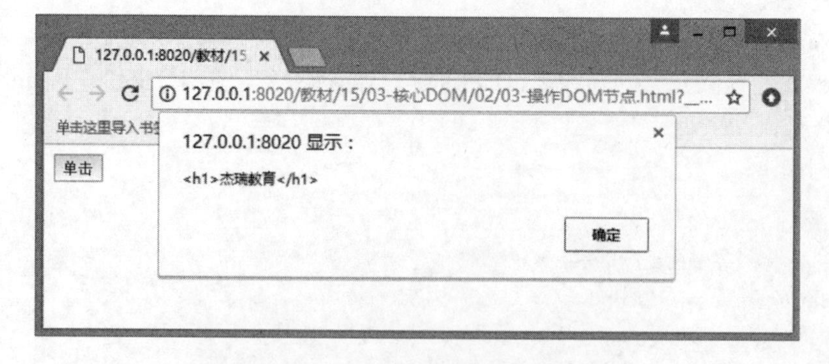

图 14-9　单击按钮后的弹出显示效果

图 14-10 弹窗单击“确定”按钮后的页面显示效果

从上述图片可以看出，代码执行时，单击按钮后首先执行的是 alert 弹窗，弹窗中显示内容为“<h1>杰瑞教育</h1>”，即代码中所设置的 innerHTML 中的内容，单击“确定”按钮后，页面<div>中的内容显示为<h1>标签中的内容。

3. innerText

innerText 属性用来定义对象所要输出的文本，即它可以用来设置或者获取节点内部的所有文字。

代码示例如下：

```
<div id="div"></div>
<button id="btn">单击</button>
<script type="text/javascript">
    var btn = document.getElementById("btn");
    var div = document.getElementById("div");
    btn.onclick = function(){
        div.innerText = "杰瑞教育"
        alert(div.innerText);
    }
</script>
```

单击按钮后，效果如图 14-11 和图 14-12 所示。

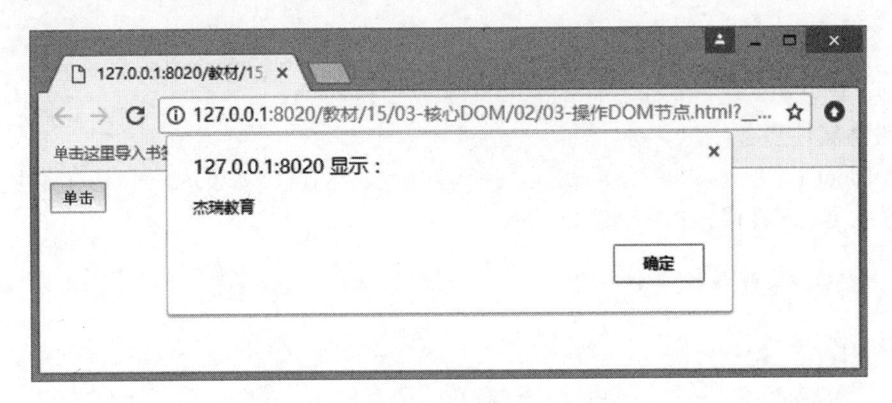

图 14-11 单击按钮后的弹出显示效果

图 14-12 单击“确定”按钮后的页面显示效果

学习了文本节点的操作后，下面来梳理一下 innerHTML 与 innerText 的区别。通过上面两个示例，可以看出：

1）innerHTML 指的是从对象的起始位置到终止位置的全部内容，包括 HTML 标签。

2）innerText 指的是从起始位置到终止位置的内容，但它去除 HTML 标签。

innerText 只适用于 IE 浏览器（现在也适应 Chrome 浏览器），而 innerHTML 是符合 W3C 标准的属性。因此，尽可能地使用 innerHTML，而少用 innerText。

14.3.4 操作属性节点

在 DOM 操作中，操作元素节点取到标签节点后，接下来就可以通过 JavaScript 中提供的方法对标签的属性进行获取、修改操作。具体方法如下讲解。

1. 查看属性节点

getAttribute() 方法返回指定属性名的属性值，如果以 attr 对象返回属性，则需要使用 getAttributeNode。基本语法如下：

```
getAttribute("属性名");
```

代码示例如下：

```
document.getElementsByTagName("a")[0].getAttribute("target");
```

执行上述语句，获得 a 标签的 target 属性为“_blank”。

2. 设置属性节点

setAttribute() 方法添加指定的属性，并为其赋指定的值。如果这个指定的属性已存在，则仅设置或更改属性值。基本语法如下：

```
setAttribute("属性名","属性值");
```

代码示例如下：

```
<button onclick="getAttr()">取到 a 的 href 属性值</button>
<button onclick="setAttr()">修改 a 的 href 属性值</button>
<a href="http://www.baidu.com" id="a1"/>这是一个超链接</a>
```

```
function getAttr(){
    var a1 = document.getElementById("a1");
    alert(a1.getAttribute("href"));
}
function setAttr(){
    var a1 = document.getElementById("a1");
    a1.setAttribute("href","http://www.jredu100.com");
    console.log(a1.href);
}
```

代码运行后效果如图 14-13 所示，单击第一个按钮后在控制台看到地址 http://www.baidu.com，单击第二个按钮会改变超链接的地址并在控制台打印输出新地址 http://www.jredu100.com。

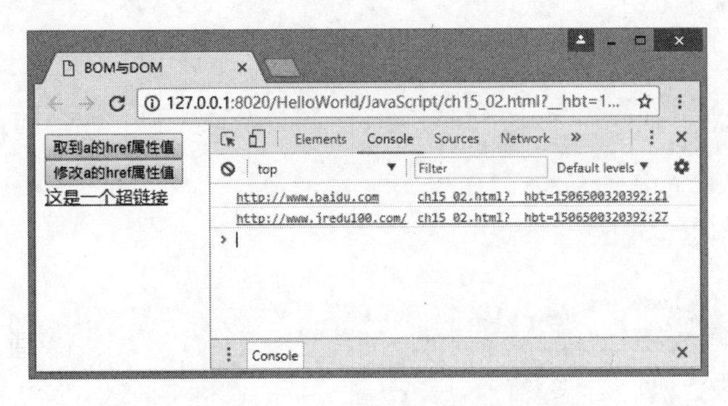

图 14-13　属性节点操作效果

14.3.5　JavaScript 修改元素样式

学习了前面的几种操作 DOM 的方法后，可以先操作元素节点取到标签节点，然后通过 JavaScript 中提供的方法对标签元素的样式进行修改。修改元素样式的方法主要有以下三种。

1. className

使用 className 直接设置 class 类，为元素设置一个新的 class 名字，注意写法是 className。基本语法如下：

```
div.className = "cls1";
```

2. style

使用 style 设置单个属性，为元素设置一个新的样式，注意属性名要使用小驼峰命名法则。基本语法如下：

```
div.style.backgroundColor = "red";
```

3. style.cssText

style.cssText 为元素同时修改多个样式。使用 style 或 style.cssText 可以设置多个样式属性。基本语法如下：

```
div.style = "background-color:red;color:yellow;"
div.style.cssText = "background-color:red;color:yellow;"   // 推荐使用第二种；有输入提示
```

下面是一段修改元素样式的综合代码示例。HTML 部分代码如下：

```
<button onclick="cssByClassName()">通过 className 修改字号</button>
<button onclick="cssByStyle()">通过 style 修改字号</button>
<button onclick="cssByCssText()">通过 style.cssText 修改字号</button>
<div id="div2" name="div2" class="div">div 文字</div>
```

CSS 部分代码如下：

```
.div{
    font-size: 50px;
}
.div2{
    font-size: 16px;
}
```

JavaScript 部分代码如下：

```
function cssByClassName(){
    var div2 = document.getElementById("div2");
    div2.className = "class2";
}
function cssByStyle(){
    var div2 = document.getElementById("div2");
    div2.style.fontSize = "30px";
}
function cssByCssText(){
    var div2 = document.getElementById("div2");
    div2.style.cssText = "font-size: 50px;";
}
```

代码运行效果如图 14-14 所示。

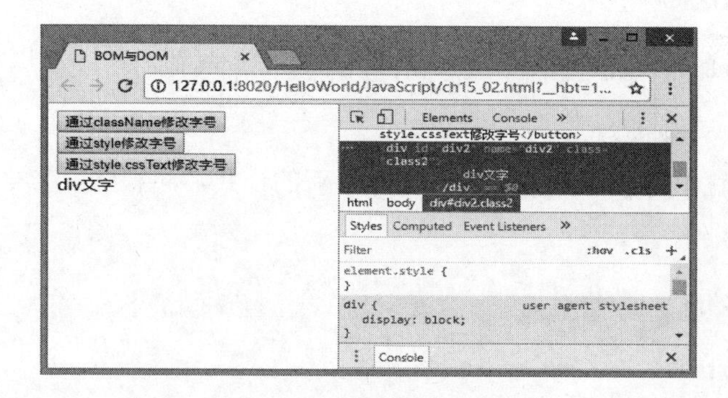

图 14-14　JavaScript 修改 CSS 样式（一）

div 中的文字默认字体大小为 50px，可以通过三个按钮来修改其字体大小。单击“通过 className 修改字号”按钮会为 div 添加一个 class="div2"，字号也会变小，效果如图 14-15 所示。

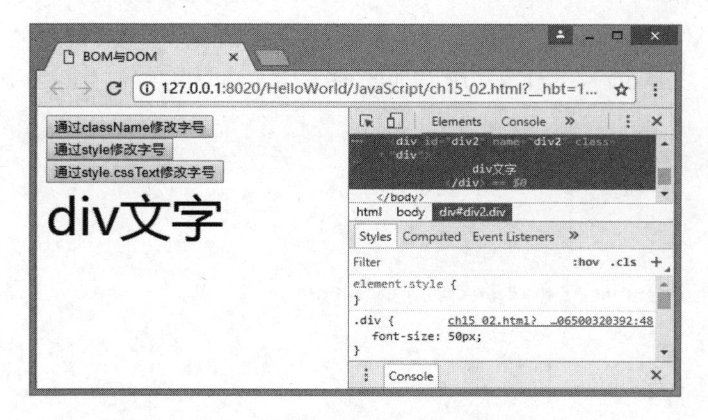

图 14-15　JavaScript 修改 CSS 样式（二）

单击第二个按钮时，会为 div 添加一个行内样式，字号被修改为 30px，如图 14-16 所示。

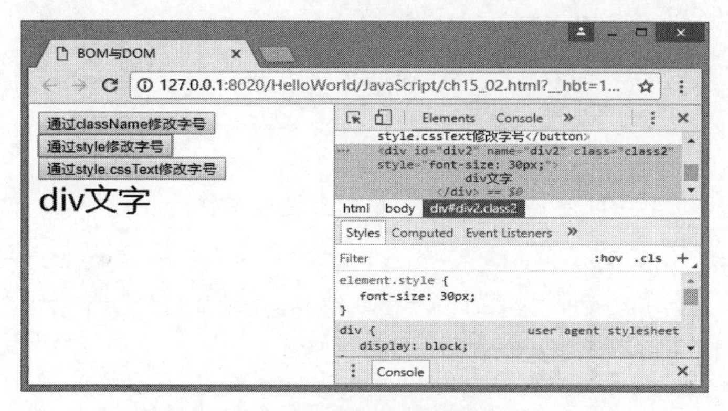

图 14-16　JavaScript 修改 CSS 样式（三）

再单击第三个按钮，会发现行内样式又被修改为 50px，效果如图 14-17 所示。

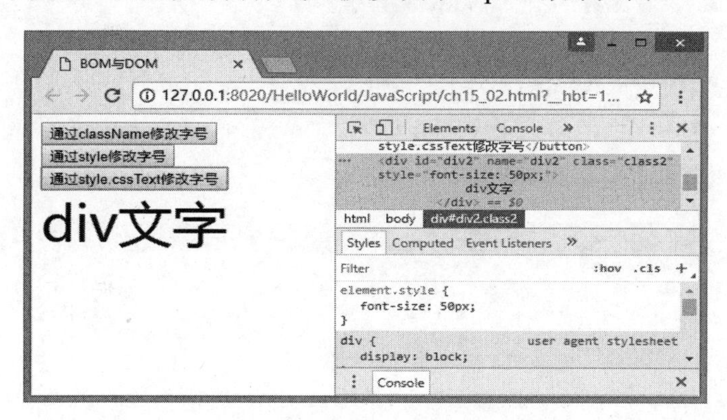

图 14-17　JavaScript 修改 CSS 样式（四）

在使用 style 和 style.cssText 修改样式时，需要注意这两种方式都是通过给元素添加行内样式来实现样式修改的，如果要再进行样式修改也只能使用行内样式修改。

14.3.6 获取层次节点

文档中所有节点相互之间都有关系，包括父子关系、同胞关系。例如，每个节点都有 childNodes 属性，保存着一个 NodeList 对象。NodeList 是一种类数组的对象，可以使用 childeNode[0]，childNode.item(1)来访问，同时拥有 length 属性，但并不是 Array 实例。接下来一一进行讲解。

先看一段 DOM 结构，代码如下：

```
<div id="box">
    第一个 div 标签
    <p id="p" title="P 标签">第一个 p 标签</p>
    <ul>
        <li>第一个 li 标签</li>
        <li>第二个 li 标签</li>
        <li>第三个 li 标签</li>
    </ul>
    <p>
        第二个 p 标签
        <span>第一个 span 标签</span>
    </p>
</div>
```

注意：接下来的讲解都是在这段代码的基础上进行操作的。

1. childNodes / children

childNodes：获取元素的所有子节点，包括按 Enter 键换行等文本节点，结果为数组。

children：获取元素的所有元素节点，结果为数组。

基本语法如下：

```
<script type="text/javascript">
    var box =document.getElementById("box");
    var childs = box.childNodes;
    var child = box.children;
</script>
```

控制台打印效果如图 14-18 所示。

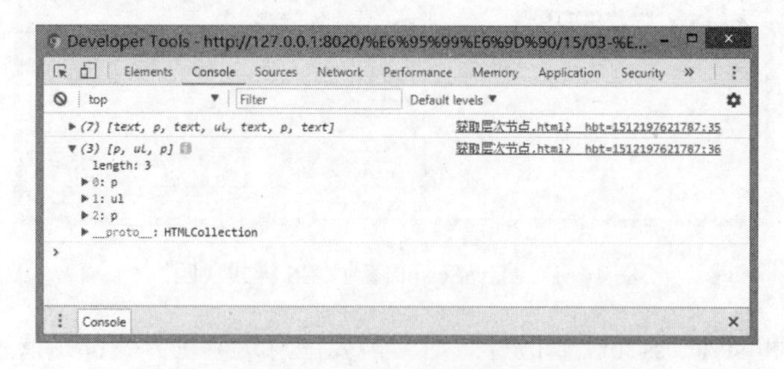

图 14-18　childNodes 与 children 的区别

从图 14-18 可以总结出，childNodes 能获取元素的所有子节点，包括按 Enter 键换行、空格等文本节点。而 children 只能获取元素的元素节点，即只能取到 HTML 的标签。在接下来的几组方法中都用到了子节点、元素节点等概念，就不再一一解释了。

2. firstChild / firstElementChild

firstChild: 获取元素的第一个子节点，包括按 Enter 键换行等文本节点；如果存在子元素，则返回第一个子元素，否则返回 null。

firstElementChild：获取元素的第一个元素子节点，不包括按 Enter 键换行等文本节点；如果没有元素子节点，则返回 null。

基本语法如下：

```
<script type="text/javascript">
    var box =document.getElementById("box");
    var childs = box.firstChild;
    var child = box.firstElementChild;
</script>
```

执行上述代码后，打印变量 childs 可以在控制台打印出的结果为“第一个 div 标签”；打印变量 child 可以在控制台打印出的结果为“<p id="p">第一个 p 标签</p>”。

3. lastChild / lastElementChild

lastChild：获取元素的最后一个子节点，包括按 Enter 键换行等文本节点。

lastElementChild：获取元素的最后一个元素子节点，不包括按 Enter 键换行等文本节点。

基本语法如下：

```
<script type="text/javascript">
    var box =document.getElementById("box");
    var childs = box.lastChild;
    var child = box.lastElementChild;
</script>
```

执行上述代码后，打印变量 childs 可以在控制台打印出的结果为“#text”；打印变量 child 可以在控制台打印出的结果为“<p>…</p>”。

4. parentNode

parentNode：获取当前节点的父节点。基本语法如下：

```
<script type="text/javascript">
    var box =document.getElementById("box");
    var nodes = box.parentNode;
</script>
```

执行上述代码后，打印变量 nodes 可以在控制台打印出的结果为“<body>… </body>”。

5. previousSibling / previousElementSibling

previousSibling：获取当前节点的前一个兄弟节点，包括按 Enter 键换行等文本节点。

previousElementSibling：获取当前节点的前一个兄弟节点，不包括按 Enter 键换行等文本节点。

基本语法如下：

```
<script type="text/javascript">
    var box =document.getElementById("box");
    var childs = box.previousSibling;
    var child = box.previousElementSibling;
</script>
```

执行上述代码后，打印变量 childs 可以在控制台打印出的结果为“#text”；打印变量 child 可以在控制台打印出的结果为“null”，说明 box 没有前一个兄弟节点。

6. nextSibling / nextElementSibling

nextSibling：获取当前节点的后一个兄弟节点，包括按 Enter 键换行等文本节点。

nextElementSibling：获取当前节点的后一个兄弟节点，不包括按 Enter 键换行等文本节点。

基本语法如下：

```
<script type="text/javascript">
    var box =document.getElementById("box");
    var childs = box.nextSibling;
    var child = box.nextElementSibling;
</script>
```

执行上述代码后，打印变量 childs 可以在控制台打印出的结果为“#text”；打印变量 child 可以在控制台打印出的结果为“<script type="text/javascript">…</script>”。

7. attributes

attributes：获取当前元素节点的所有属性节点。基本语法如下：

```
<script type="text/javascript">
    var p =document.getElementById("p");
    var attrs = p.attributes;
</script>
```

执行上述代码后，打印变量 attrs 可以在控制台打印出的结果为“NamedNodeMap {0: id, 1: title, length: 2}”，可以发现该标签具有 id、title 两个属性，该方法返回的是一个数组。

14.3.7 创建新节点

在进行 DOM 操作时，创建新节点（元素）是必不可少的步骤，因为操作 DOM 的基础就是先获得标签节点。

1. createElement("标签名")

创建一个新的节点，需要配合 setAttribute()方法给新节点设置相关属性。

基本语法如下：

```
var img = document.createElement("img");  //  创建一个 img 节点
img.setAttribute("src"," kouhao.png");  // 给 img 节点设置属性值
```

2. appendChild("节点名")

appendChild() 方法可向节点的子节点列表的末尾添加新的子节点，即在某元素的最后

追加一个新节点。基本语法如下：

```
document.body.appendChild(img);   // 将设置好的 img 节点追加到 body 最后
```

3. insertBefore(新节点名,目标节点名)

将新节点插入到目标节点之前。基本语法如下：

```
document.body.insertBefore(img,div1);   // 将 img 节点插到 div1 之前
```

下面是一段追加节点和插入节点的代码示例。

HTML 部分代码如下：

```
<ul id="ul" class="ul">
        <li>第一项</li>
        <li>第二项</li>
        <li>第三项</li>
        <li>第四项</li>
</ul>
<div style="width: 100%; height: 30px; background-color: blue;" id="div1"></div><br />
<button onclick="appendImg()">在文档最后插入一张图片</button>
<button onclick="insertImg()">在 ul 与 div 之间插入一张图片</button>
```

JavaScript 部分代码如下：

```
function appendImg(){
        var img = document.createElement("img");        // 1. 创建一个图片节点
        img.setAttribute("src","logo.png");               // 2. 给 img 节点设置属性
        document.body.appendChild(img);                   // 3. 将设置好的 img 节点追加到 body 最后
}
function insertImg(){
        var img = document.createElement("img");        // 1. 创建一个图片节点
        img.setAttribute("src"," kouhao.png");            // 2. 给 img 节点设置属性
        var div1 = document.getElementById("div1");
        document.body.insertBefore(img,div1);             // 3. 在 ul 与 div 之间插入图片
}
```

代码运行后效果如图 14-19 所示。

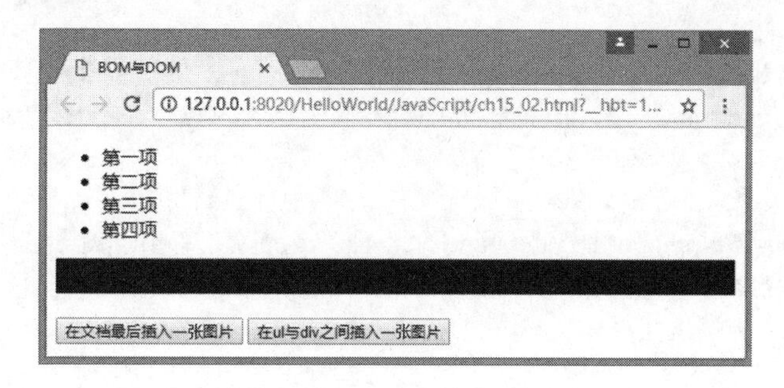

图 14-19　创建新节点（一）

在单击两个按钮后会在 div 下方、ul 列表与 div 之间分别插入两张图片，如图 14-20 所示。

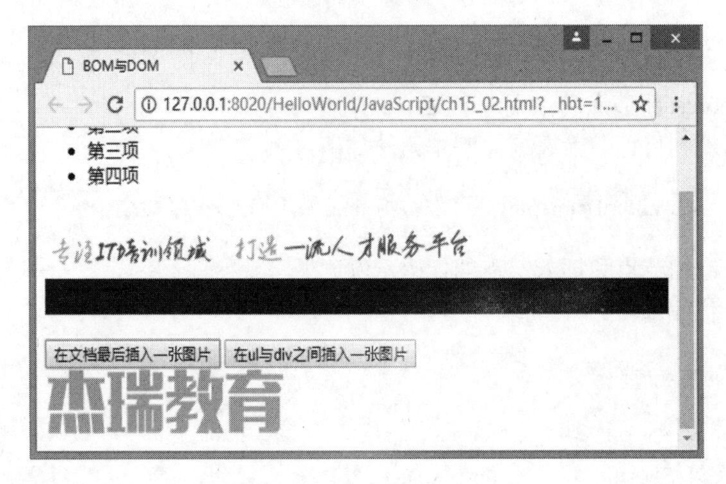

图 14-20 创建新节点（二）

4. cloneNode(true/false)

cloneNode 的作用是复制节点，需要复制哪个节点，就用哪个节点去调用被复制对象；传递参数为 true 或 false， true 表示复制当前节点及所有子节点，false 表示只复制当前节点，不复制子节点（默认）。

下面是一段复制节点的代码示例。HTML 部分代码如下：

```
<ul id="ul" class="ul">
        <li>第一项</li>
        <li>第二项</li>
        <li>第三项</li>
        <li>第四项</li>
</ul>
<div style="width: 100%; height: 30px; background-color: blue;" id="div1"></div>
<br />
<button onclick="copyUl()">复制一个 ul</button>
```

JavaScript 部分代码如下：

```
var count = 1;
function copyUl(){
        var ul = document.getElementById("ul");
        var div1 = document.getElementById("div1");
        count++;
        var ulClone = ul.cloneNode(true);                    // 复制 ul 的所有子节点
        ulClone.setAttribute("id","ul"+count);               //为新复制的节点设置 id
        document.body.insertBefore(ulClone,div1);            // 在 div 之前，插入新复制节点
}
```

单击按钮后的显示效果如图 14-21 所示。

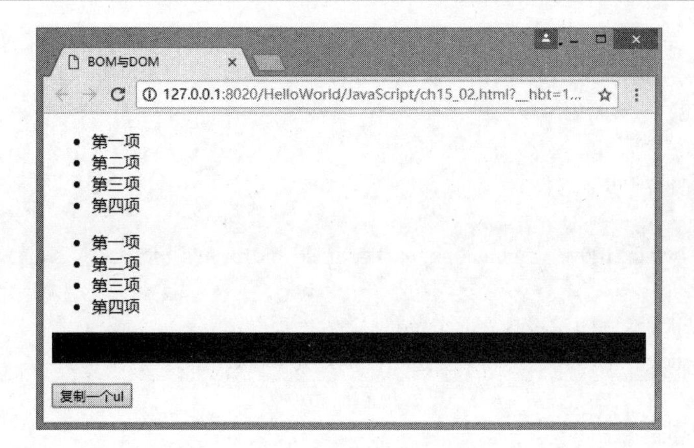

图 14-21　复制节点效果

14.3.8　删除/替换节点

学习了之前的方法可以发现，除了新增节点，有些情况还需要使用到删除节点或者替换节点。接下来给大家介绍删除、替换节点的方法。

1. removeChild(需删除节点)

removeChild() 方法指定元素的某个指定的子节点，并从父容器中删除指定节点；以 Node 对象返回被删除的节点，如果节点不存在则返回 null。基本语法如下：

```
document.body.removeChild(ul); // 从 ul 的父容器 body 中删除 ul 节点
```

代码示例如下：

```
var list=document.getElementById("myList");
list.removeChild(list.childNodes[0]);
```

实现的效果：删除操作之前，mylist 的列表有 Coffee、Tea、Milk 三项，删除操作之后，mylist 的列表项有 Tea、Milk 两项，说明上述例子已经将 mylist 的第一项删除了。

2. replaceChild(新节点,被替换节点)

用新节点替换指定节点。如果新节点是页面中已有节点，则会将此节点删除后，替换到指定节点。基本语法如下：

```
document.body.replaceChild(newDiv,oldDiv);   // 使用 newDiv 替换掉 oldDiv
```

代码示例如下：

```
document.getElementById("myList").replaceChild(newnode,oldnode);
```

实现的效果：用一个新项目替换列表中的某个项目，替换操作之前，例如 mylist 的列表有 Coffee、Tea、Milk 三项，替换操作之后，mylist 的列表项有 Water、Tea、Milk 三项，说明上述实例已经将 mylist 的第一项替换了。

下面是一个删除节点和替换节点综合示例。HTML 部分代码如下：

```
<ul id="ul" class="ul">
        <li>第一项</li>
        <li>第二项</li>
        <li>第三项</li>
        <li>第四项</li>
</ul>
<div style="width: 100%; height: 30px; background-color: blue;" id="div1"></div>
<br />
<button onclick="delUl()">删除 ul</button>
<button onclick="divReplaceUl()">新建 div 替换 ul</button>
```

JavaScript 部分代码如下：

```
function delUl(){
        // 取到 ul1
        var ul = document.getElementById("ul");
        if(ul){
                document.body.removeChild(ul); // 从 ul 的父容器 body 中删除 ul 节点
        }else{
                alert("ul 已经被删除！");
        }
}
function divReplaceUl(){
        var new_div = document.createElement("div");
        new_div.setAttribute("style","width: 100%; height: 20px; background-color: yellow;");
        var ul = document.getElementById("ul");
        document.body.replaceChild(new_div,ul);
}
```

代码运行后的效果仍与图 14-21 相同，单击“删除 ul”按钮后 ul 列表被删除，单击“新建 div 替换 ul”按钮后效果如图 14-22 所示。

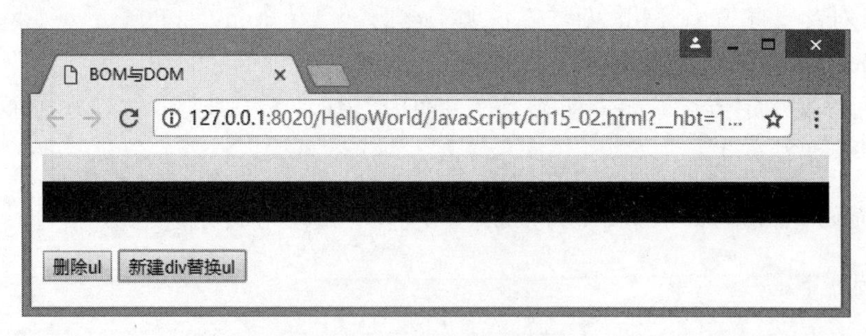

图 14-22　替换节点后的效果

14.4　HTML DOM

HTML DOM 的特性和方法是专门针对 HTML 的，HTML 中每个节点都是一个对象，通过对象访问属性和方法的方式，让一些 DOM 操作更加简便。在 HTML DOM 中有专门用来处理表格及其元素的属性和方法。

在 HTML DOM 中，Table 对象代表一个 HTML 表格，TableROW 对象代表 HTML 表格的行，TableCell 对象代表 HTML 表格的单元格。在 HTML 文档中可通过动态创建 Table 对象、TableRow 对象和 TableCell 对象来创建 HTML 表格。

14.4.1 HTML DOM 操作表格对象

要使用 HTML DOM 对表格空间进行操作，首先就需要选中一个表格对象。使用 document.getElement 系列函数选中一个表格对象，就可以用 HTML DOM 操作这个对象了。

1. rows 属性

返回表格中的所有行，返回的是一个数组格式。返回包含表格中所有行（TableRow 对象）的一个数组。基本语法如下：

```
table.rows[];  // 返回表格的所有行 tr
获得第一行对象：table.rows[0]
```

代码示例如下：

```
<body>
    <table id="table" style="border: 1px solid black;">
        <tr style="border: 1px solid black;">
                <td>第 1 行第 1 列</td>
                <td>第 1 行第 2 列</td>
        </tr>
        <tr>
                <td>第 2 行第 1 列</td>
                <td>第 2 行第 2 列</td>
        </tr>
        <tr>
                <td>第 3 行第 1 列</td>
                <td>第 3 行第 2 列</td>
        </tr>
        <tr>
                <td>第 4 行第 1 列</td>
                <td>第 4 行第 2 列</td>
        </tr>
    </table>
    <script type="text/javascript">
        var table = document.getElementById("table");
        console.log(table.rows);  // 打印表格的行对象
    </script>
</body>
```

控制台打印效果如图 14-23 所示。

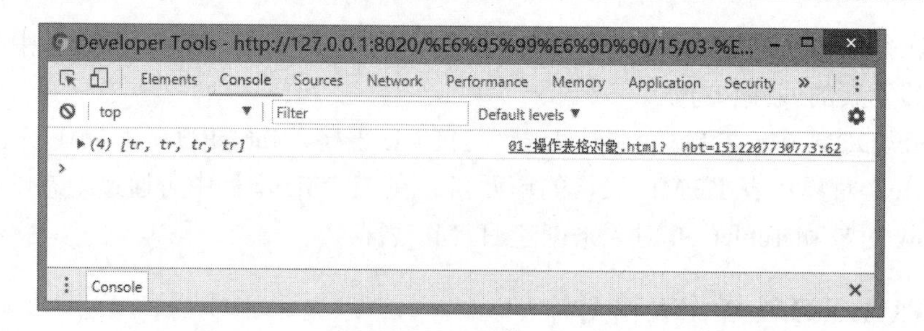

图 14-23　rows 属性效果

2. insertRow(index) 方法

在表格的第 index 行，插入一个新行，index 表示插入的位置， 0 <= index <= 表格的行数。基本语法如下：

```
table.insertRow(index);   // index 表示插入的位置， 0 <= index <= 表格的行数
table.insertRow(table.rows.length);   // 在表格最后插入一新行
```

3. deleteRow(index) 方法

删除表格的第 index 行，index 表示删除的位置， 0 <= index <= 表格的行数。基本语法如下：

```
table.deleteRow(index); // 0 <=  index <= 表格的行数
table.deleteRow(table.rows.length-1);   // 删除表格最后一行
```

14.4.2　HTML DOM 操作行对象

通过上述章节的学习，可以使用表格对象的 rows 属性获得当前表格的所有行，可以通过 rows[i]取到表格的每一行，那么每一行的 rows[i]就是行对象。

1. cells 属性

返回当前行中的所有单元格的一个数组，即返回包含行中所有单元格的一个数组。基本语法如下：

```
table.rows[0].cells;  // 返回表格的第一行的所有单元格
获得第一行第一个单元格对象：table.rows[0].cells[0]
```

代码示例如下：

```
<body>
    <table id="table" style="border: 1px solid black;">
        <tr style="border: 1px solid black;">
                <td>第 1 行第 1 列</td>
                <td>第 1 行第 2 列</td>
        </tr>
        <tr>
                <td>第 2 行第 1 列</td>
                <td>第 2 行第 2 列</td>
```

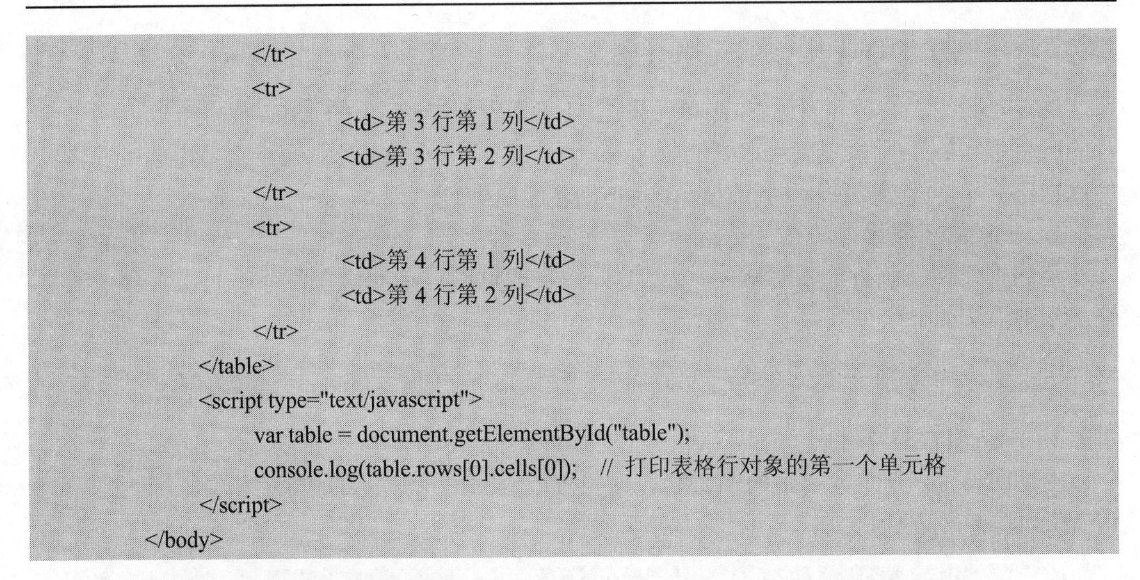

```
            </tr>
            <tr>
                    <td>第 3 行第 1 列</td>
                    <td>第 3 行第 2 列</td>
            </tr>
            <tr>
                    <td>第 4 行第 1 列</td>
                    <td>第 4 行第 2 列</td>
            </tr>
        </table>
        <script type="text/javascript">
            var table = document.getElementById("table");
            console.log(table.rows[0].cells[0]);  // 打印表格行对象的第一个单元格
        </script>
    </body>
```

控制台打印结果如图 14-24 所示。

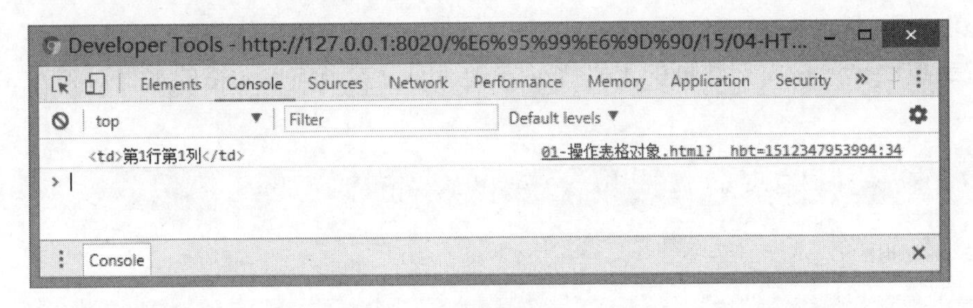

图 14-24　行对象的 cells 属性

2. rowIndex 属性

返回当前行在表格中的索引顺序，索引从 0 开始，即返回该行在表中的位置。

基本语法如下：

```
table.rows[].rowIndex;  // 返回该行在表格中的索引值
```

3. insertCell(index) 方法

在当前行的第 index 处插入一个<td>， index 表示插入的位置， 0 <= index <= 表格的行数。基本语法如下：

```
tableRow.insertCell(index);  // index 表示插入的位置， 0 <= index <= 表格的行数
tableRow.insertCell(table.rows.cells.length);  // 在行最后插入一新单元格
```

4. deleteCell(index) 方法

删除当前行的第 index 个<td>， index 表示删除的位置， 0 <= index <= 表格的行数。基本语法如下：

```
tableRow.deleteCell(index);  // index 表示删除的位置， 0 <= index <= 表格的行数
tableRow.deleteCell(table.rows.cells.length-1);  // 删除该行最后一个单元格
```

14.4.3 HTML DOM 操作单元格对象

通过 14.4.2 节可知，行对象由单元格组成，同样使用行对象的 cells 属性可以返回当前行的所有单元格。而 cells[i]所取到的每一个单元格就是单元格对象。由于需要先选中表格，所以操作单元格就需要使用 table.rows[i].cells[i]才能取到。

1. cellIndex 属性

返回单元格在该行的索引顺序，从 0 开始，即返回该单元格在某行单元格集合中的位置。基本语法如下：

```
table.rows[0].cells[0].cellIndex;  // 返回该单元格在某行中的索引值 0
```

2. innerHTML 属性

返回或设置当前单元格中的 HTML，即设置或返回单元格的开始标签和结束标签之间的 HTML。基本语法如下：

```
table.rows[].cells[].innerHTML;  // 返回该当前单元格中的 HTML
```

3. align 属性

设置或返回单元格内部数据的水平排列方式，即设置当前单元格的水平对齐方式。基本语法如下：

```
table.rows[].cells[].align;  // 返回该行在表格中的索引值
```

代码示例如下：

```
var table = document.getElementById("table");
table.rows[0].cells[0].align = "center";
console.log(table.rows[0].cells[0].align);
```

实例效果：控制台打印出的结果为“center”。

4. className 属性

设置或返回元素的 class 属性，即设置或获取单元格的 class 名称。基本语法如下：

```
table.rows[].cells[].className;  // 返回该行在表格中的索引值
```

代码示例如下：

```
<table border="1" id="table">
    <tr>
        <th class="head">Header</th>
        <th>Header</th>
        <th>Header</th>
    </tr>
</table>
console.log(table.rows[0].cells[0].className);
```

实现效果：给表格的第一行的第一个单元格设置一个 class，名字为“head”，执行打印语句后，在控制台的打印结果为“head”，即该属性获取了该单元格的 class 名称。

14.5　章节案例：实现评论提交展示功能

在学习了本章节的内容之后，下面来看一个实现评论提交展示功能的案例。最终实现效果如图 14-25 所示。

图 14-25　最终效果图

【主要实现功能】

- 输入昵称和评论内容，单击“提交评论”按钮，可以将最新的评论插入到已有评论的下方。
- 昵称和评论内容为空时，不能提交。

【案例代码】

```
<!DOCTYPE html>
<html>
	<head>
		<style type="text/css">
			#outside{
				width: 1000px;
				margin: 0 auto;
				border: 1px solid #E7EAEE;
				overflow: hidden;
				padding-bottom: 15px;
			}
			#outside h3{
				width: 95%;
				margin: 15px auto;
				padding-bottom: 10px;
				border-bottom: 1px solid #E7EAEE;
				font-family: "宋体",sans-serif;
			}
```

```
#outside .comment1{
        width: 95%;
        margin: 10px auto;
        color: #BBBBBB;
        font-size: 12px;
        border-bottom: 1px dashed #E7EAEE;
        font-family: "宋体",sans-serif;
}
#outside .comment1 time{
        float: right;
}
#outside .comment1 span{
        color: #5979B2;
        margin-left: 5px;
        font-weight: bold;
}
#outside .comment1 p{
        font-size: 16px;
        color: black;
}
#outside h4{
        width: 95%;
        margin: 15px auto;
        color: #404E73;
        font-size: 16px;
        font-weight: bold;
        font-family: "宋体",sans-serif;
}
#outside #addComment{
        width: 95%;
        margin: 0 auto;
        font-size: 12px;
        color: #BBBBBB;
}
#outside #name{
        width: 200px;
        border: 1px solid #D9E2EF;
}
#outside #comContent{
        width: 800px;
        height: 100px;
        resize: none;
        border: 1px solid #D9E2EF;
        vertical-align: text-top;
}
#outside button{
```

```
                width: 100px;
                height: 30px;
                background-color: #2D46A3;
                color: white;
                border: hidden;
                float: right;
                margin: 15px 100px;
            }
        </style>
    </head>
    <body>
        <div id="outside">
            <h3>最新评论</h3>
            <div id="comment">
                <div id="comment1" class="comment1">
                    杰瑞网友<span>杰小瑞</span>
                    <time>2017 年 10 月 5 日  19:21:12</time>
                    <p>学习 JavaScript 使我快乐！</p>
                </div>
            </div>
            <h4>发表评论</h4>
            <div id="addComment">
            昵    称：<input type="text" id="name" /><br /><br />
            评论内容:<textarea id="comContent"></textarea>
            <button onclick="addComment()">提交评论</button>
            </div>
        </div>
        <script type="text/javascript">
            var idNum = 1;
            function addComment(){
                idNum++;
                var inputValue = document.getElementById("name").value;
                var textValue = document.getElementById("comContent").value;
                if(inputValue==""||textValue==""){
                    alert("昵称和评论内容不能为空！！"); return;
                }
                var comContent1 = document.getElementById("comment1");
                var newComment = comContent1.cloneNode(true);
                newComment.setAttribute("id","comment"+idNum);
                newComment.getElementsByTagName("span")[0].innerText = inputValue;
                newComment.getElementsByTagName("p")[0].innerText = textValue;
                var commentDiv = document.getElementById("comment");
                commentDiv.appendChild(newComment);
                document.getElementById("name").value = "";
                document.getElementById("comContent").value = "";
            }
```

```
            </script>
        </body>
    </html>
```

添加评论展示如图 14-26 所示。

图 14-26　添加评论展示

【章节练习】

1．window 对象的属性主要包括_______、screen、_______、_______、_______、history。

2．window 对象的常用方法包括_______、alert、_______、_______、_______、open、_______、_______、_______。

3．通过 JavaScript 修改 CSS 有哪三种方式？

4．获取层次节点的常用属性有 _______、firstChild、_______、_______、parentNode、_______、_______、_______。

5．复制节点方法中的 true 和 false 分别代表什么意思？

【上机练习】

1．通过 JavaScript 修改 CSS 实现选项卡切换功能。要求使用 ul 和 div 实现。示例效果如图 14-27 所示。

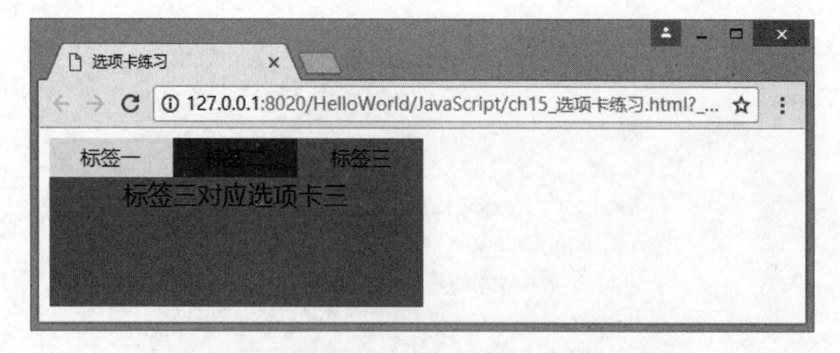

图 14-27　单元格内数据的删除操作

2．使用 HTML DOM 操作表格单元格的知识，实现表格单元格内数据的修改以及删除操作。最终实现效果如图 14-28 所示。

主要实现功能如下：

1）单击“修改”，将单元格变为可编辑状态，同时将“修改”二字变为“完成”。

2）单击“完成”，结束修改操作，并将“完成”二字变为“修改”。

3）单击“删除”，将本行内容添加删除线，同时取消修改、删除的操作（无须真实地删除数据）。

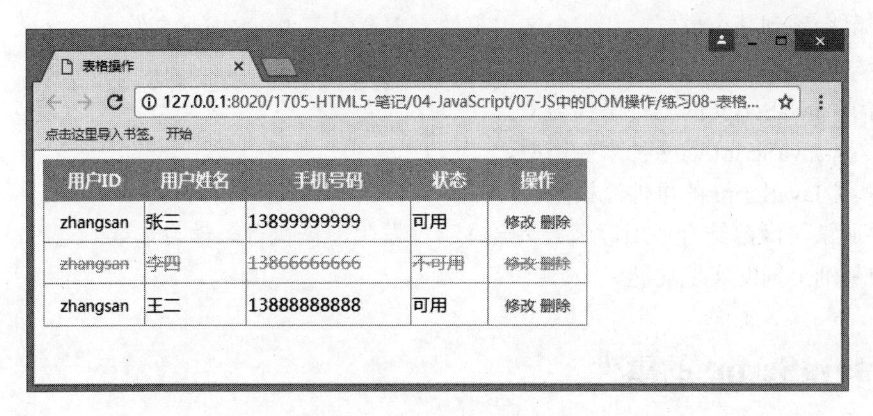

图 14-28　最终实现效果

第 15 章　JavaScript 事件

事件是由访问 Web 页面的用户引起的一系列操作，比如用户敲击键盘或按下鼠标按键时，或者鼠标移到某个位置时，都会产生事件。本章学习 JavaScript 事件。

本章学习目标：

- 了解 JavaScript 的三种事件类型。
- 掌握 JavaScript 的两种事件模型。
- 掌握 JavaScript 的事件流模型。

事件通常与函数结合使用，函数不会在事件发生前被执行。学习本章节之后，读者可以在事件的基础上辅助实现功能。

15.1　JavaScript 的事件

在 JavaScript 中，事件是一个非常重要的概念。由于 JavaScript 是一门基于事件的语言，所以 JavaScript 中的很多操作都离不开事件的支持。比如之前提到的 onclick 就是一种鼠标事件，而 JavaScript 中的事件共分为鼠标事件、键盘事件、HTML 事件三大类。

15.1.1　鼠标事件

鼠标事件，顾名思义就是需要通过鼠标进行触发的事件。这是在 JavaScript 中最常用的一种事件类型，也是使用起来最简单的一种事件类型。常用的鼠标事件见表 15-1。

表 15-1　常用的鼠标事件

事　件	发生时间
onclick	用户单击对象时
ondblclick	用户双击对象时
onmouseover	鼠标移到某个元素之上时
onmouseout	鼠标移出某个元素时
onmousemove	鼠标被移动
onmousedown	鼠标按键被按下
onmouseup	鼠标按键被松开

事件的使用通常是需要配合函数的调用，可以给标签添加事件属性，当标签触发事件的时候调用一个函数。代码示例如下：

```
<button onclick="func()">单击我触发事件</button>
<script type="text/javascript">
    function func(){
```

```
            alert("触发按钮的 onclick 事件");
        }
    </script>
```

除了这种方式外，还可以通过选中一个标签节点，通过 JavaScript 动态绑定一个匿名函数触发事件。代码示例如下：

```
    <button id="btn">单击我触发事件</button>
    <script type="text/javascript">
        var btn = document.getElementById("btn");
        btn.onclick = function(){
            alert("触发按钮的 onclick 事件");
        }
    </script>
```

上述代码是两种常用的绑定事件方式。关于事件的绑定方式将在本章 15.2 详细讲解。代码运行之后的结果如图 15-1 所示，单击“确定”按钮会弹出提示框。

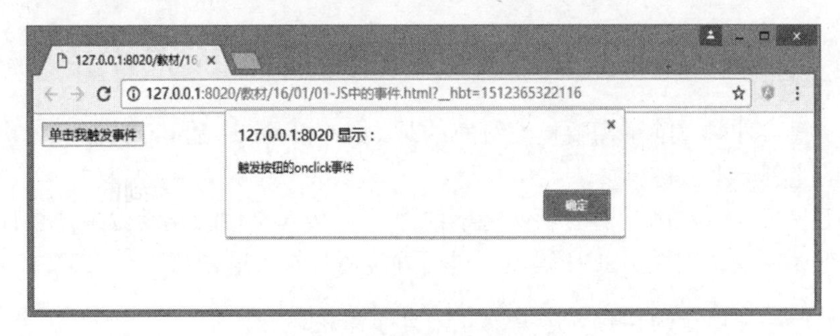

图 15-1　触发按钮的 onclick 鼠标事件

15.1.2　键盘事件

键盘事件是指通过按下键盘按键所触发的事件。按下一个按键并抬起的过程，实际上可以分为三个阶段，每个阶段的触发时间见表 15-2。

表 15-2　键盘事件

事　件	发生时间
onkeydown	键盘按下去触发
onkeypress	键盘按下并松开的瞬间触发
onkeyup	键盘抬起时触发

键盘事件没有鼠标事件的类型繁多，但是在使用过程中有很多的注意事项。

1. 键盘事件注意事项

（1）三个事件的执行顺序

键盘事件一共有三种类型。这三种类型是按顺序执行的，依次是 onkeydown、onkeypress、onkeyup。

（2）长按时触发的事件

当长按一个按键时，会不断触发 onkeydown 和 onkeypress，只有按键抬起以后才会触发 onkeyup 事件。

（3）onkeydown/onkeyup 和 onkeypress 的区别

1）onkeypress 只能捕获字母、数字、符号键，不能捕获功能键（如 Enter 键、F1～F12 键等）；onkeydown/onkeyup 基本可以捕获所有功能键（特殊键盘的某些按键除外）。

2）捕获字母键时，onkeypress 可以区分大小写，onkeydown 和 onkeyup 不区分大小写。

3）捕获数组键时，onkeydown/onkeyup 可以区分主键盘和小键盘，onkeypresg 不能够区分。

（4）通常将键盘事件声明在 document 上

在使用键盘事件时，通常会直接将键盘事件监测到 document 上，而且 onkeydown 和 onkeyup 通常监测一个即可。代码示例如下：

```
document.onkeydown = function(){
    // 键盘按键按下时触发的函数
}
```

2. 判断键盘按键

在使用键盘事件时，除了需要检测触发的是 onkeydown 还是 onkeyup，更重要的是判断用户按下去的是哪一个按键。

当监测键盘事件时，浏览器会默认将事件因子 e 传入事件触发函数中，事件因子可以通过 keyCode 等属性确认按键 ASCII 码值，进而确定用户按下的是哪一个按键。

注意：关于事件因子的详细内容将在 15.1.4 节中讲述。

判断浏览器按键的第一步是取到事件因子，绝大部分浏览器可以将事件因子通过触发函数传入，但是部分浏览器需要通过 window.event 手动取到。所以，通常使用如下代码兼容所有浏览器。

```
document.onkeydown = function(e){  // 触发事件时，会将事件因子通过事件触发函数传入
    // 用两种方法兼容所有浏览器取到事件因子
    var evn = e||window.event;
}
```

取到事件因子后，可以通过事件因子取到用户按键的 ASCII 码值。最常用的方式是 evn.keyCode，但是为了兼容所有浏览器，通常采用如下写法。

```
// 使用兼容方式取到按键 ASCII 编码
var code = evn.keyCode||evn.which||evn.charCode;
```

整合所有步骤，以 Enter 键为例，可以判断用户按键是否为 Enter 键。

代码示例如下：

```
document.onkeydown = function(e){
    var evn = e||window.event;
```

```
        var code = evn.keyCode||evn.which||evn.charCode;
        if(code==13){
            alert("您按下了 Enter 键"); // 用户按下 Enter 键后需要执行的操作
        }
    }
```

上述代码中，Enter 键的 ASCII 码值为 13。除此之外，常用的 ASCII 码值见表 15-3。表 15-3 罗列了开发过程中常用的按键，实际还有很多 ASCII 码，可以参照帮助文档学习。

表 15-3　常用的 ASCII 码值参照表

ASCII 码值	按键或含义
0	空字符（Null）
13	Enter 键
27	Esc 键
32	空格键
48~57	数字键 0~9
65~90	大写字母 A~Z
97~122	小写字母 a~z
127	Delete 键

15.1.3　HTML 事件

15.1.1 节和 15.1.2 节讲解的鼠标事件和键盘事件是需要用户通过鼠标或键盘才能触发的事件。在 JavaScript 中还有一类非常重要的事件——HTML 事件，表示网页中的 HTML 标签发生变化的时候自动触发的事件。最常用的是 window.onload 事件，表示文档加载成功以后再执行 JavaScript 代码。常见的 HTML 事件见表 15-4。

表 15-4　常见的 HTML 事件

事　件	发 生 时 间
onload	文档或图像加载后
onunload	文档卸载后，即退出页面时
onblur	元素失去焦点
onselect	文本被选中
oninput	元素在用户输入时触发
onchange	内容被改变
onfocus	元素获得焦点时
onsubmit	表单提交时
onreset	重置按钮被单击
onresize	窗口被重新调整大小时
onscroll	当文档被滚动时发生的事件
ondrag	当元素正在拖动时触发的事件
ondragstart	当元素开始被拖动的时候触发的事件
ondragover	元素被拖动到指定区域的时候触发的事件
ondrop	当放置被拖动元素时触发的事件

了解了常用的 HTML 事件，以表格中提到的 oninput 事件为例，做一个简单的类似发表微博时动态提示文本框剩余字数的控件。

效果图如图 15-2 所示。

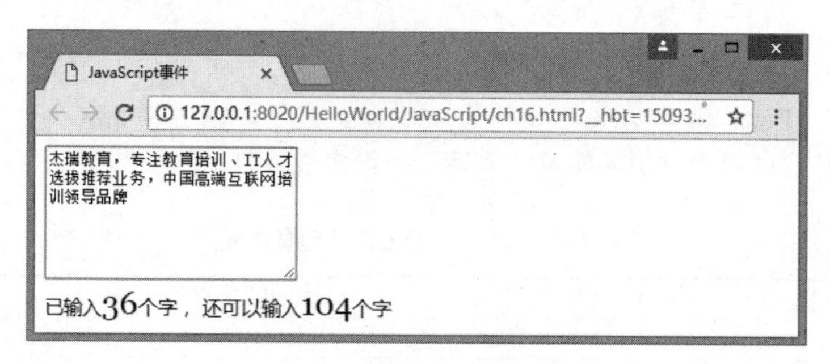

图 15-2　输入框剩余字数提示

【功能描述】

➢ 输入框中输入内容，下方提示文字可以动态显示输入数据。

➢ 输入框最多输入 140 个字，超出字数限制给予提示。

首先创建一个用于输入的文本域，文本域下面加上字数提示信息，其中剩余字数用两个 span 标签包裹起来，以便实时修改。代码如下：

```
<div>
    <textarea oninput="checkText()" style="height: 100px;width: 200px;" id="textContent"
name="content" style="overflow-y: scroll">
    </textarea>
</div>
<div>
    已输入<span style="font-family: Georgia; font-size: 26px;" id="write">0</span>个字，
    还可以输入<span style="font-family: Georgia; font-size: 26px;" id="leftText">140</span>个字
</div>
```

通过 JavaScript 来获取已输入的字数并且计算剩余的字数。代码如下：

```
var textContent = document.getElementById("textContent");
var leftText = document.getElementById("leftText");
var write = document.getElementById("write");
function checkText(){
    var max = 140;
    if (textContent.value.length > max) {
        textContent.value = textContent.value.substring(0,max);
        leftText.innerText = 0;
        alert("不能超过"+max+"个字!");
    } else{
        write.innerText = textContent.value.length
        leftText.innerText = max-textContent.value.length;
    }
}
```

15.1.4　event 事件因子

取到事件因子有两种方式，除了键盘事件，还可以在任何事件的触发函数中使用 window.event 取到事件因子对象。

代码示例如下：

```
<button id="btn">单击我查看事件因子</button>

<script type="text/javascript">
        var btn = document.getElementById("btn");
        btn.onclick = function(e){
                var evn = e || window.event;
                console.log(evn);
        }
</script>
```

如上述代码所示，给按钮添加的是 onclick 鼠标事件，但依然可以在鼠标事件的函数中查看事件因子，如图 15-3 所示。

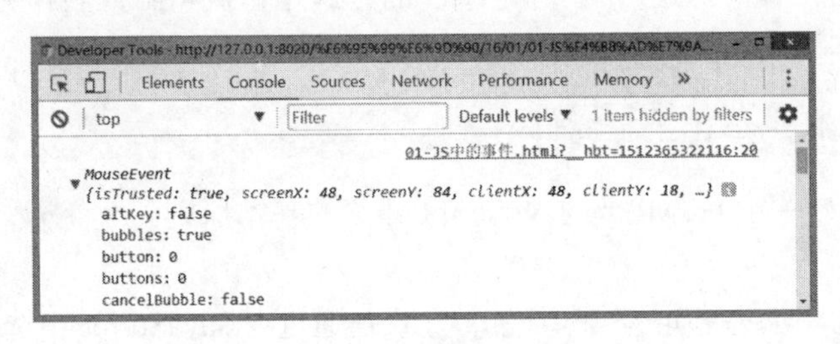

图 15-3　鼠标单击事件中的事件因子

除了已经讲到的 keyCode 属性取到 ASCII 码值之外，event 对象还有很多属性。event 对象常用的属性见表 15-5。

表 15-5　event 对象常用的属性

属 性 名	说　明
keyCode	检测键盘事件相对应的 Unicode 字符码
srcElement	返回触发事件的元素
type	返回当前 event 对象表示的事件名称
button	检查按下的鼠标键
x,y	返回鼠标相对于 css 属性中有 position 属性的上级元素的 x 和 y 坐标
clientX,clientY	返回鼠标在浏览器窗口区域中的 x 和 y 坐标
screenX,screenY	返回鼠标相对于用户屏幕中的 x 和 y 坐标
altKey	检查 Alt 键的状态。当 Alt 键按下时，值为 True；否则为 False
ctrlKey	检查 Ctrl 键的状态。当 Ctrl 键按下时，值为 True；否则为 False
shiftKey	检查 Shift 键的状态。当 Shift 键按下时，值为 True；否则为 False
toElement	检测 onmouseover 和 onmouseout 事件发生时，鼠标所进入的元素
fromElement	检测 onmouseover 和 onmouseout 事件发生时，鼠标所离开的元素

注意：检测鼠标按键的 button 属性仅用于 onmousedown、onmouseup 和 onmousemove 事件。对于其他事件，不管鼠标状态如何，都返回 0（比如 onclick）。它有 8 个属性值，分别是 0 没按键、1 按左键、2 按右键、3 按左右键、4 按中间键、5 按左键和中间键、6 按右键和中间键、7 按所有的键。

15.2 JavaScript 的事件模型

在 JavaScript 中，事件的绑定方式被称为“事件模型”。之前小节讲述的两种绑定事件方式都属于 DOM0 事件模型，除此之外还有一种被称为 DOM2 事件模型的绑定方式。

15.2.1 DOM0 事件模型

DOM0 事件模型是最早诞生的事件模型，也是最常用的事件绑定方式。DOM0 模型有两种绑定事件的方式，分别是内联模型和脚本模型。

1. 内联模型

内联模型又称为“行内绑定”，其绑定事件的方式是直接将函数名作为 HTML 标签某个事件的属性值。基本语法如下：

```
<button onclick="func()">按钮</button>
```

缺点：违反 W3C 关于 HTML 与 JavaScript 分离的基本原则。

2. 脚本模型

脚本模型又称为“动态绑定”，其绑定的方式是通过在 JavaScript 中选中一个节点，并给节点的 onlick 事件添加监听函数。基本语法如下：

```
// 给 window 对象添加 onload 事件
window.onload = function(){}

// 选中 div 节点，并添加 onlick 事件
document.getElementById("div").onlick = function(){}
```

优点：实现了 HTML 与 JavaScript 分离，符合 W3C 的基本原则。

缺点：

1）同一节点只能绑定一个同类型事件，如果绑定多次，则只有最后一次生效。

2）一旦绑定事件，无法取消事件绑定。

15.2.2 DOM2 事件模型

DOM0 绑定事件的两种方式都有其局限性。为了解决 DOM0 事件模型所存在的局限性，DOM2 事件模型应运而生。

1. 添加事件绑定

DOM2 事件模型的绑定相对于 DOM0 要稍微复杂一些，并且针对浏览器版本的不同，有两种不同的绑定方式。

1）针对 IE8 之前的浏览器，使用 attachEvent()进行事件绑定。基本语法如下：

```
var btn = document.getElementById("btn");
btn.attachEvent("onclick",function(){
    // oncick 触发时执行的回调函数
});
```

其中，attachEvent 接收两个参数。

① 第一个参数是触发的事件类型，主要事件名称需要用“on”开头。

② 第二个参数是触发事件时执行的回调函数。

2）除 IE8 之外的其他浏览器，统一使用 W3C 规范，使用 addEventListener()进行事件绑定。基本语法如下：

```
var btn = document.getElementById("btn");
btn.addEventListener("click",function(){
    // click 触发是执行的回调函数
},true/false);
```

其中，addEventListener 接收 3 个参数。

① 第一个参数是触发的事件类型，主要事件名称不需要用“on”开头。

② 第二个参数是触发事件时执行的回调函数。

③ 第三个参数是模型参数，表示事件冒泡或事件捕获，false（默认）表示事件冒泡，true 表示事件捕获。

注意：关于事件冒泡和事件捕获将在 15.3 节进行详细讲解。

3）为了能够兼容各种浏览器，可以采用兼容写法进行操作。基本语法如下：

```
var btn = document.getElementById("btn");
if(btn.attachEvent){
    // 判断浏览器如果支持 attachEvent，就用 attachEvent 进行绑定
    btn.attachEvent();
}else{
    // 如果浏览器不支持 attachEvent，就用 addEventListener 进行绑定
    btn.addEventListener();
}
```

2. 取消事件绑定

DOM2 和 DOM0 相比有一个非常重要的区别，就是使用 DOM2 绑定的事件可以取消事件绑定。如果要取消事件绑定，那么在绑定事件时，回调函数必须使用有名函数，而不能使用匿名函数。基本语法如下：

```
var btn = document.getElementById("btn");
// IE8 之前
btn.attachEvent("onlick",clickFunction);
```

```
// 其他浏览器
btn.addEventListener("click",clickFunction,true);

function clickFunction(){
    // 单击事件的回调函数
}
```

为什么绑定的时候不能使用匿名函数作为回调函数呢？主要原因在于取消事件绑定的时候，语法要求必须传入需要取消的函数名。而匿名函数没有函数名，故无法取消。针对不同浏览器，取消事件绑定也有两种不同方式。

1）针对 IE8 之前使用 attachEvent()绑定的事件，可以使用 detachEvent()取消事件绑定。基本语法如下：

```
btn.detachEvent("onclick",函数名);
```

2）针对其他浏览器使用 addEventListener()绑定的事件，可以使用 removeEventListener()取消事件绑定。基本语法如下：

```
.removeEventListener("click",函数名);
```

3. DOM2 事件模型的优点

相比于 DOM0 事件模型，DOM2 的优点主要有以下几条：

1）实现了 HTML 与 JavaScript 的分离，符合 W3C 关于内容与行为分离的要求。

2）使用 DOM2 绑定的事件，可以取消事件绑定。

3）使用 DOM2 可以为同一节点添加多个同类型事件，多个事件可以同时生效，而不会被覆盖掉。

15.3 JavaScript 的事件流模型

15.2 节使读者了解到 JavaScript 中的事件模型，而在 JavaScript 中还有一种模型——事件流模型。所谓的事件流，就是当一个节点触发事件时，事件会从当前节点流向其他节点，而根据事件流动的方向，事件流模型可以分为事件冒泡和事件捕获。基于事件冒泡，又诞生了一种新的事件绑定方式——事件委派。

15.3.1 事件冒泡

事件流指页面接收事件的顺序，当一个事件产生时，该事件传播的过程就是事件流。首先介绍事件流模型中的第一种类型——事件冒泡。

1. 事件冒泡的概念

当某 DOM 元素触发某事件时，会从当前 DOM 元素开始，逐个触发其祖先元素的同类型事件，直到 DOM 根节点。事件冒泡示意图如图 15-4 所示。

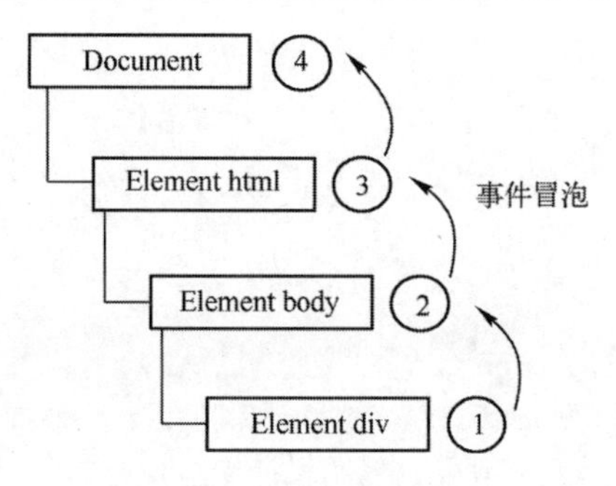

图 15-4　事件冒泡示意图

2. 触发事件冒泡的情况

在人们接触到的事件绑定方式中，绝大部分都是事件冒泡。详细可以分为如下几种情况。

1）DOM0 事件模型绑定的事件均为事件冒泡。

2）IE8 之前使用 attachEvent()添加的事件均为事件冒泡。

3）对于其他浏览器使用 addEventListener()添加的事件，当第三个参数为 false 或省略时，为事件冒泡。

3. 事件冒泡举例

了解了事件冒泡的概念，继续来看一段代码示例：

```
<!DOCTYPE html>
<html>
    <head>
        <meta charset="UTF-8">
        <title></title>
        <style type="text/css">
            #div1{
                width:150px;
                height: 150px;
                background-color: blue;
            }
            #div2{
                width:100px;
                height: 100px;
                background-color: red;
            }
            #div3{
                width:50px;
                height: 50px;
                background-color: yellow;
            }
        </style>
    </head>
    <body>
```

```
            <div id="div1">
                <div id="div2">
                    <div id="div3"></div>
                </div>
            </div>
        </body>
        <script type="text/javascript">
            document.getElementById("div1").onclick = function(){
                console.log("触发 div1 单击事件")
            }
            document.getElementById("div2").onclick = function(){
                console.log("触发 div2 单击事件")
            }
            document.getElementById("div3").onclick = function(){
                console.log("触发 div3 单击事件")
            }
        </script>
    </html>
```

上述三个 div 是相互嵌套的关系，并且都添加了 onclick 事件，当单击最内层的 div3 时，可以发现三个 div 的 onclick 事件都被触发，并且触发顺序是从当前元素 div3 开始，依次向祖先元素触发，如图 15-5 所示。

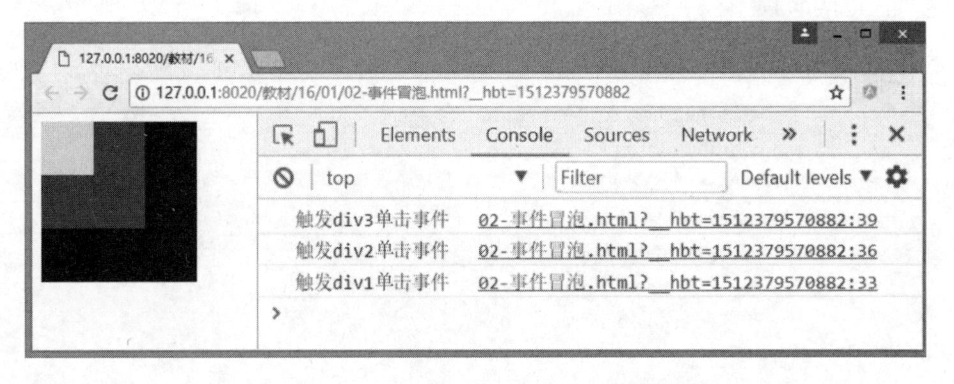

图 15-5　单击 div3 触发的 onclick 事件（事件冒泡）

15.3.2　事件捕获

事件捕获与事件冒泡类似，只是在事件流的方向上与事件冒泡恰恰相反。

1. 事件捕获的概念

当某 DOM 元素触发某事件时，会从根节点开始，逐个触发其祖先元素的同类型事件，直到当前节点。事件捕获示意图如图 15-6 所示。

2. 触发事件捕获的情况

相比于事件冒泡，事件捕获只有一种方式能够触发，即 IE8 之外的其他浏览器使用 addEventListener()添加的事件，当第三个参数为 true 时，为事件捕获。

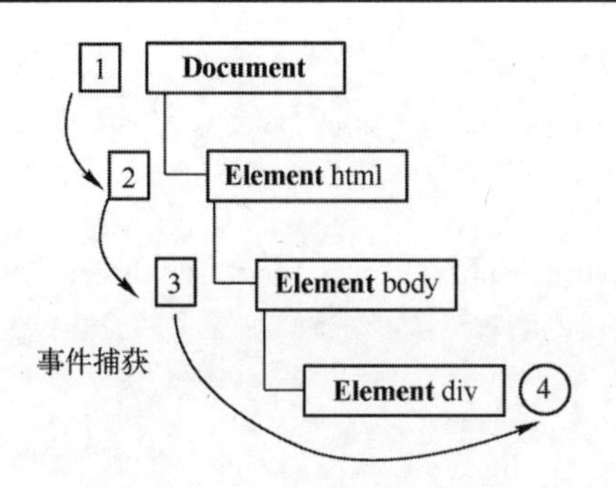

图 15-6　事件捕获示意图

3. 事件捕获举例

了解了事件捕获的概念后，继续来看一段代码示例：

```
<!DOCTYPE html>
<html>
    <head>
        <meta charset="UTF-8">
        <title></title>
        <style type="text/css">
            #div1{
                width:150px;
                height: 150px;
                background-color: blue;
            }
            #div2{
                width:100px;
                height: 100px;
                background-color: red;
            }
            #div3{
                width:50px;
                height: 50px;
                background-color: yellow;
            }
        </style>
    </head>
    <body>
        <div id="div1">
            <div id="div2">
                <div id="div3"></div>
            </div>
        </div>
    </body>
    <script type="text/javascript">
        document.getElementById("div1").addEventListener("click",function(){
            console.log("触发 div1 单击事件");
```

```
            },true);
            document.getElementById("div2").addEventListener("click",function(){
                console.log("触发 div2 单击事件");
            },true);
            document.getElementById("div3").addEventListener("click",function(){
                console.log("触发 div3 单击事件");
            },true);
        </script>
</html>
```

上述三个 div 为相互嵌套的关系，使用 addEventListener()添加 click 事件并设为事件捕获，当单击最内层的 div3 时，可以发现三个 div 的 onclick 事件都被触发，并且触发顺序是从祖先元素 div1 开始，依次触发到当前元素 div3，如图 15-7 所示。

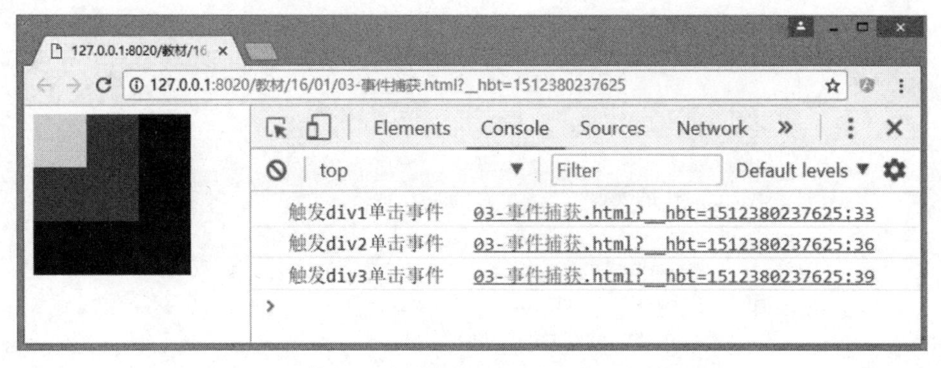

图 15-7 单击 div3 触发的 onclick 事件（事件捕获）

15.3.3 事件委派

基于事件冒泡诞生了一种新的事件绑定方式——事件委派。

1. 事件委派的概念

事件委派也叫事件委托，是将本该添加在节点自身的事件，选择添加到其父节点上，同时委派给当前元素来执行。

2. 事件委派的原理

事件委派的原理就是事件冒泡。由于给多个子元素添加事件，会沿着事件冒泡流触发其父元素的同类型事件，所以可以直接将事件添加在父元素上，并在事件函数中判断单击的是哪一个子元素，进而进行具体操作。

3. 原生 JavaScript 实现事件委派

在开发过程中，事件委派的实现通常使用 JQuery 框架进行，由于现在没有学习 JQuery，所以选择使用原生 JavaScript 来实现事件委派功能。

代码示例如下：

```
<!DOCTYPE html>
<html>
    <head>
        <meta charset="UTF-8">
```

```
        <title></title>
    </head>
    <body>
        <ul id="ul">
            <li>杰瑞教育</li>
            <li>Web 前端培训</li>
            <li>JavaEE 培训</li>
            <li>PHP 培训</li>
        </ul>
    </body>
    <script type="text/javascript">
        var ul = document.getElementById("ul");
        // 将本该添加在 li 的事件，添加在其父节点 ul 上
        ul.onclick = function(e){
            // 取到事件因子
            var evn = e || window.event;
            // 取到当前单击的是哪一个标签
            var target = event.target || event.srcElement;
            // 判断单击的标签是不是 li 标签
          if(target.nodeName.toLowerCase() === 'li'){
            // 使用 target 代指当前被单击的节点
              console.log(target.innerText);
          }
        }
    </script>
</html>
```

从上述代码可以看到，将本该添加在 li 上面的单击事件，添加在 li 的父节点 ul 上，并在事件函数中取到事件因子，进而通过事件因子取到当前单击的元素。如果单击的元素是 li，则触发操作。

当单击每个 li 时，运行效果如图 15-8 所示。

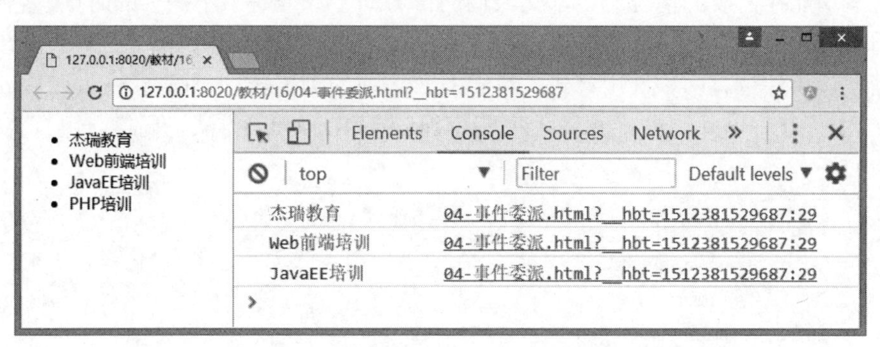

图 15-8　使用事件委派绑定事件效果

4. 事件委派的作用

事件委派有很大用处，主要体现在如下两点：

（1）提高性能

将事件绑定在父节点上，只需要绑定一个事件就可以；而将事件依次添加给子节点，则需要绑定多个事件。因此，事件委派具有更优的性能。

（2）新添加的元素会具有同类型元素的事件

如果使用其他方式绑定事件，当页面新增同类的节点时，这些节点不会获得之前绑定的事件。但是，使用事件委派可以让新添加的元素获得之前绑定的事件。

15.3.4 阻止事件冒泡

事件委派的原理就是事件冒泡，但并不是所有的事件冒泡都是对开发有利的，实际开发中，大多情况并不想让子元素的事件影响到父元素。因此，阻止事件冒泡的传播也是一种重要方法。

对于阻止事件冒泡的写法，由于浏览器的兼容性问题，存在两种不同的写法。对于 IE8 以前的浏览器，可以将 e.cancelBubble 属性设为 true；对于其他浏览器，则可以调用 e.stopPropagation()方法。当然也有兼容写法，基本语法如下：

```
function myParagraphEventHandler(e) {
    e = e || window.event;
    if (e.stopPropagation) {
        e.stopPropagation(); // IE8 以外的浏览器
    } else {
        e.cancelBubble = true; // IE8 之前
    }
}
```

15.3.5 阻止默认事件

除了事件冒泡，还有一种情况存在妨碍开发的问题，那就是某些标签的默认事件。比如，a 标签自带跳转页面功能，submit 标签自带提交表单功能，reset 标签自带清除表单功能……这些功能在需要的情况下，都是人们的得力助手。但是，不需要的时候，它们就会影响功能的实现效果。这时候就需要选择取消 HTML 标签的默认事件。

取消默认事件也有两种常用方式。对于 IE8 之前的浏览器，可以将 e.returnValue 属性设为 false；对于 IE8 以外的浏览器，可以调用 e.preventDefault()方法。同样，也有兼容写法，基本语法如下：

```
function eventHandler(e) {
    e = e || window.event;
    // 阻止默认行为
    if (e.preventDefault) {
        e.preventDefault(); //IE 以外
    } else {
        e.returnValue = false; //IE
    }
}
```

15.4　章节案例：对表格进行修改删除操作

使用之前学过的 HTML DOM 操作表格单元格，以及本章所学的键盘事件，实现表格单元格内数据的修改及删除操作。最终实现效果如图 15-9 所示。

【主要实现功能】

- 单击“修改”，将单元格变为可编辑状态，同时将“修改”二字变为“完成”。
- 单击“完成”，结束修改操作，并将“完成”二字变为“修改”。
- 按下 Enter 键，结束修改操作，同时将“完成”二字变为“修改”。
- 单击“删除”，将本行内容添加删除线（无须真实地删除数据），同时取消修改、删除的操作。

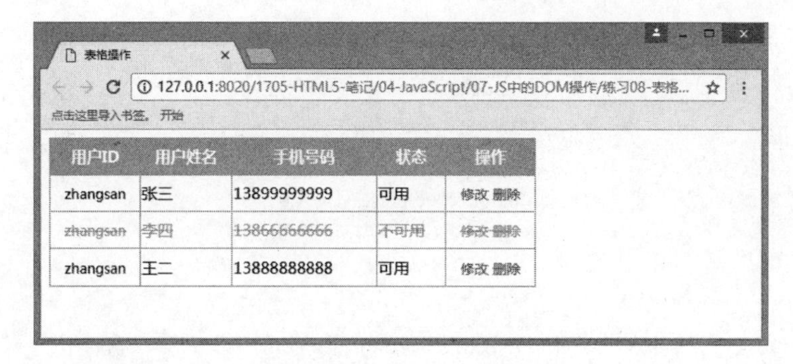

图 15-9　最终实现效果

【案例代码】

```
<!DOCTYPE html>
<html>
    <head>
        <style type="text/css">
            #table{
                width: 600px;
                height: 200px;
                border-collapse: collapse;
            }
            #table td,th{
                border: 1px solid #C5C9CE;
            }
            #table th{
                background-color: #95B3D7;
                color: white;
            }
            #table td:first-child,td:last-child{
                text-align: center;
            }
            #table td:last-child{
                color: #2172B8;
                cursor: pointer;
```

```
        }
    </style>
</head>
<body>
    <table id="table">
        <tr>
            <th>用户 ID</th>
            <th>用户姓名</th>
            <th>手机号码</th>
            <th>状态</th>
            <th>操作</th>
        </tr>
        <tr>
            <td>zhangsan</td>
            <td>张三</td>
            <td>13899999999</td>
            <td>可用</td>
            <td>
                <a onclick="update(1)">修改</a>
                <a onclick="deletes(1)">删除</a>
            </td>
        </tr>
        <tr>
            <td>lisi</td>
            <td>李四</td>
            <td>13866666666</td>
            <td>可用</td>
            <td>
                <a onclick="update(2)">修改</a>
                <a onclick="deletes(2)">删除</a>
            </td>
        </tr>
        <tr>
            <td>wangermazi</td>
            <td>王二</td>
            <td>13888888888</td>
            <td>可用</td>
            <td>
                <a onclick="update(3)">修改</a>
                <a onclick="deletes(3)">删除</a>
            </td>
        </tr>
    </table>
    <script type="text/javascript">
        var table = document.getElementById("table");
        function deletes(index){
            var cells = table.rows[index].cells;
            if(!confirm("您确认删除一条记录吗？")){
                alert("操作已取消");
                return;
```

```
                }
                for(var i=0; i<cells.length; i++){
                    cells[i].style.color = "#CCC";
                    cells[i].style.textDecoration = "line-through";
                }
                var a = cells[cells.length-1].getElementsByTagName("a");
                a[0].removeAttribute("onclick");
                a[1].removeAttribute("onclick");

            }
            function update(index){
                var cells = table.rows[index].cells;
                var a = cells[cells.length-1].getElementsByTagName("a");
                if(a[0].innerText == "修改"){
                    for(var i=0; i<cells.length-1; i++){
                        cells[i].setAttribute("contenteditable","true");
                    }
                    a[0].innerText = "完成";
                }else{
                    for(var i=0; i<cells.length-1; i++){
                        cells[i].setAttribute("contenteditable","false");
                    }
                    a[0].innerText = "修改";
                }
                document.onkeyup = function(e){   // 按下 Enter 键完成修改操作
                    if(e.keyCode == 13){
                        return false;
                        for(var i=0; i<cells.length-1; i++){
                            cells[i].setAttribute("contenteditable","false");
                        }
                        a[0].innerText = "修改";
                    }
                }
            }
        </script>
    </body>
</html>
```

【章节练习】

1．鼠标事件包括_______、onmouseup、_______、_______、onmouseover、_______、_______。

2．键盘事件的执行顺序是什么？

3．确定键盘按键的方法，写出代码表示。

4．添加事件绑定和取消事件绑定的方法，写出代码表示。

5．阻止事件冒泡和阻止默认事件的方法，写出代码表示。

第 16 章　数组和对象

JavaScript 中的所有事物都是对象。对象是带有属性和方法的特殊数据类型，其中属性是与对象相关的值，方法是能够在对象上执行的动作。数组也是对象，它是一种集合型对象。数组对象的作用是使用单独的变量名来存储一系列的值。

本章学习目标：

➢ 掌握数组的常用方法。

➢ 掌握 JavaScript 内置对象的属性和方法。

➢ 掌握 JavaScript 自定义对象的属性和方法。

通过本章的学习，读者可以使用 JavaScript 提供的多种数组方法、多种内置对象的属性和方法简便、高效地实现对变量值的操作。

16.1　JavaScript 的数组

数组对象用来在单独的变量名中存储一系列的值，即它的主要作用是用于在单个的变量中存储多个值。JavaScript 提供了许多数组对象的属性和方法，大大方便了人们对数据的操作。

16.1.1　数组的概念

数组是在内存中连续存储多个有序元素的结构。所谓数组，就是相同数据类型的元素按一定顺序排列的集合，就是把有限个类型相同的变量用一个名字命名，然后用编号区分变量的集合，这个名字称为数组名，编号称为下标。

组成数组的各个变量称为数组的分量，也称为数组的元素。数组是多个相同类型数据的组合，实现对这些数据的统一管理。数组中的元素可以是任何数据类型，包括基本类型和引用类型。数组属于引用类型，数组型数据是对象（object)，数组中的每个元素相当于该对象的成员变量。

16.1.2　数组的声明

数组对象可以分为一维数组与二维数组。本小节仅介绍一维数组，二维数组在下一节中会作简单介绍，了解即可。声明数组的语法分为两种，一种是直接使用方括号声明；另二种是使用 new 关键字声明，实例化（new）一个 array 对象。

1. 字面量声明

字面量声明就是直接使用方括号声明，方括号中可以直接传入元素，表示数组的各个值。基本语法如下;

```
var arr = [];
```

JavaScript 中同一数组，可以储存多种不同的数据类型，但一般同一数组只用于存放同一种数据类型。语法结构如下：

```
var arr = [1,"2",true,{"name":"张三"},[1,2]];
```

2. new 关键字声明

通过 new 关键字实例化一个数组对象，并把这个数组对象的句柄赋值给一个变量。语法结构如下：

```
var arr = new Array(参数);
```

其中参数可以有以下三种情况。

1）不写，即括号内没有内容，表示声明一个没有指定长度的数组。

```
var arr = new Array();
```

2）写入数值，即数组的长度，表示声明一个指定长度的数组，但是数组的长度随时可变，可追加，最大长度为 0～$(2^{32}-1)$。

```
var arr = new Array(20);  // 声明长度为 20 个数的数组
```

3）写入数组默认的 N 个值，例如 new Array(1,"2",true); 相当于数组有三个默认值 [1,"2",true]。

```
var arr = new Array("1",2,true);
```

注意：*使用 var arr = [] 的方式创建的数组，相对来说要比 new Array()创建的数组在性能方面要更好。*

3. 引用数据类型和基本数据类型

（1）引用数据类型

（数组或对象）赋值时，将原变量的地址赋给新变量。两个变量实际上操作的是同一份数据，所以修改其中一个变量，另一个会跟着变化。代码示例如下：

```
var arr = new Array(1,2,3); // 创建一个数组 arr，数组是引用数据类型
var brr = arr; // 将 arr 赋值给 brr，实际上是将数组的地址赋值给 brr
brr[0] = "a"; // brr 通过地址修改了数组的第 0 个值
console.log(arr[0]); //再次打印 arr 的第 0 个值，实际上访问的是同一个数组，因此 arr[0]也是"a"
```

（2）基本数据类型

赋值时，是将原变量的值赋给新的变量。两个变量属于不同的内存空间，修改其中一个，不会影响另一变量的值。代码示例如下：

```
var a = 10; // 创建一个变量 a，变量是基本数据类型
var b = a; // 将 a 的值赋值给 b
b = 20; //  将 b 的值修改为 20
```

```
console.log(a); // a、b 为两个不同的变量，a 的值不会受影响
```

16.1.3 数组的访问

数组的访问主要分为两种操作，一种是通过数组的下标读取数组的元素值、通过数组下标给数组赋予新值；另一种是通过 JavaScript 提供的方法实现对数组元素的增删操作。

1. 数组对象的读写

1）读：通过下标来访问元素。语法结构如下：

```
var arrValue = arr[2];   // 访问数组下标为 2 的元素值，即数组的第三个值
```

2）写：通过下标来写入元素。语法结构如下：

```
arr[1]= "要赋予新值"; // 给数组下标为 1 的元素赋予新的值，也就是数组的第二个值
```

2. 数组对象的增删

1）delete arr[n]：删除数组的第 n 个值，但数组长度不变，对应位置值变为 Undefined。

2）arr.push(值)：数组最后增加一个值，数组长度加 1，相当于 arr.length += 1。

3）arr.unshift(值)：数组的第 0 位插入一个值，其余位顺延。

4）arr.pop()：删除数组最后一位。与 delete 不同的是，pop 执行后数组长度也会减少一个，相当于 arr.length -= 1。

5）arr.shift()：删除数组第 0 位，长度也会减 1，其余位的下标依次改变。

注意：调用上述方法后，会直接修改原数组的值。

16.1.4 数组常用方法

16.1.3 节中已经介绍了数组对象的增删方法，如 pop()、push()等，人们可以发现这些方法对于操作数组中的数据很有帮助，接下来继续学习一些更有用的数组对象的方法。

1. join("separator ")

join()将数组用指定分隔符分隔，连接为字符串。参数为空时，默认用逗号分隔。

语法结构如下：

```
var arr1 = arr.join("separator");
```

注意：

- 参数 separator 表示字符串中元素的分隔符，可以为空，默认为半角逗号。
- 该方法并不修改原数组，需要返回一个新的变量。

代码示例如下：

```
<script type="text/javascript">
    var arr = new Array(3);   // 声明一个数组 arr
    arr[0] = "George"
    arr[1] = "John"
```

```
        arr[2] = "Thomas"

        var arr1 = arr.join("———"); // 将更改后的数组赋值给一个新变量后，传回新变量
        console.log(arr1);
    </script>
```

代码运行效果如图 16-1 所示。

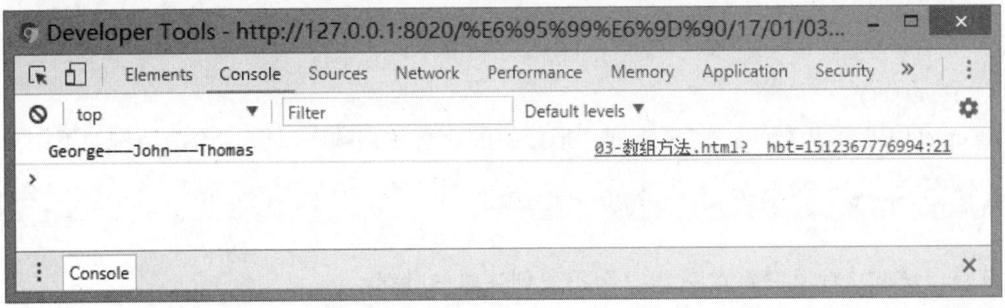

图 16-1　数组 join()方法效果

2. concat()

concat()将两个或两个以上的数组连接成一个数组，并返回连接后的数组。原数组不会改变，需要返回一个新的变量。语法结构如下：

```
var newArr = arr.concat(arr1); // 将 arr 与 arr1 连接成新数组
[1,2].concat([3,4],[5,6]) =[1,2,3,4,5,6];  // 连接时，中括号最多拆一层
[1,2].concat([1,2,[3,4]]) =[1,2,1,2,[3,4]]; // 多层中括号，以二维数组形式存在
```

注意：

- 该方法并不会改变现有的数组，而是返回被连接的多个数组的一个副本。
- 如果多个数组里有值相同的元素，则不会重复出现，而会把重复的元素过滤掉。

代码示例如下：

```
<script type="text/javascript">
    var arr = new Array(3);
    arr[0] = "George" ;
    arr[1] = "John";
    arr[2] = "Thomas";
    var arr1 = new Array(1);  // 声明一个新数组 arr1
    arr1[0] = "Amy";

    var  newArr  =  arr.concat(arr1); // 原数组不改变，需要将更改后的数组赋值给一个新变量
newArr，传回新变量 newArr
    console.log(newArr);
</script>
```

代码运行效果如图 16-2 所示。

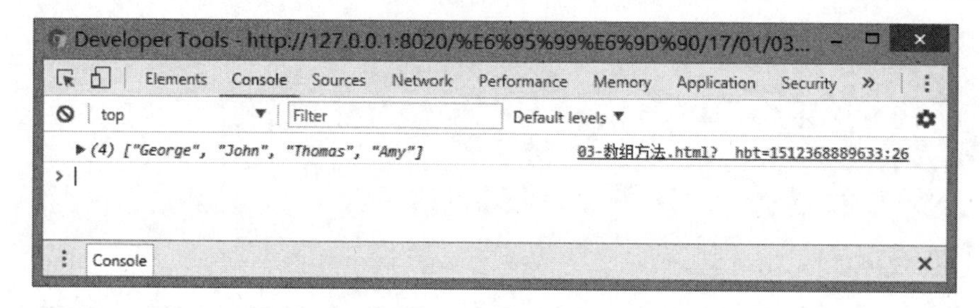

图 16-2　数组 concat()方法效果

3. reverse()

reverse()用于数组翻转，逆序排列，把数组的所有元素顺序反转。语法结构如下：

```
arr.reverse();  // 翻转，使数组中的值倒序输出
```

注意：该方法会直接修改数组，而不会创建新的数组。

代码示例如下：

```
<script type="text/javascript">
    var arr = new Array(3);
arr[0] = "George" ;
arr[1] = "John";
arr[2] = "Thomas";

    arr.reverse();    // 翻转，使数组中的值倒序输出
    console.log(arr);
</script>
```

代码运行效果如图 16-3 所示。

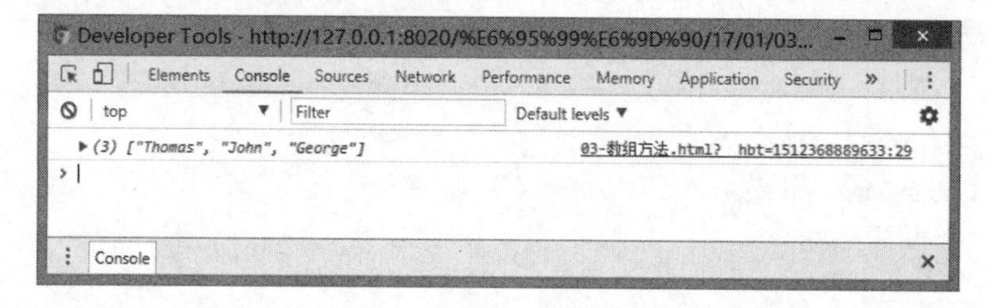

图 16-3　数组 reverse ()方法

4. slice(start,end)

slice()截取数组中指定位置的元素，并返回一个新的子数组。语法结构如下：

```
var sliceArr = arr.slice(1,2);
```

注意：

➢ 该方法不会改变现有的数组，而是原数组的一个子数组。

➢ 参数 start 是必选，表示开始下标。start 为负数，表示从末尾开始；-1 表示最后一个

元素，依次类推。

➢ end 是可选，表示结束下标，如果没有指定，表示到结尾元素。

代码示例如下：

```
<script type="text/javascript">
    var arr = new Array(3);
    arr[0] = "George" ;
    arr[1] = "John";
    arr[2] = "Thomas";

    var sliceArr = arr.slice(1,2); // 截取下标为 1 的值到下标为 2 的值，左开右闭，不包含下标为 2 的值
    console.log(sliceArr);
</script>
```

代码运行效果如图 16-4 所示。

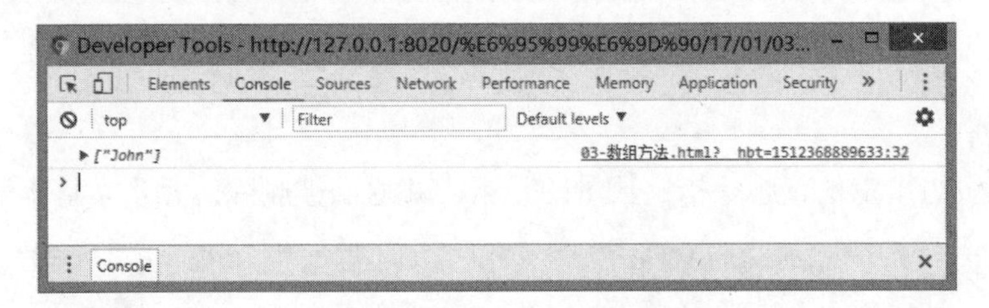

图 16-4　数组 slice ()方法效果

5. sort(function)

sort()对数组进行排序，默认按照 ASCII 码进行升序排列。如果在()里面传入函数，可以按照数值的大小，自行选择进行升序或者降序排列。语法结构如下：

```
arr.sort();      // 将原数组按照 ASCII 码进行升序排列
```

注意：

➢ 不指定排序函数：按照元素的 ASCII 码值进行升序排列；

➢ 传入排序函数：默认传入两个参数 a 和 b，如果返回值大于 0，则 a>b，升序排列；如果返回值小于 0，则 a<b，降序排列。语法结构如下：

```
arr.sort(function(a,b){
    //return a-b;       // b 在前，a 在后(升序排列)
    return b-a;         // a 在前，b 在后(降序排列)
});
```

代码示例如下：

```
var arr = [12,2,1,3,9,5,6,4,7,8];
arr.sort();
console.log(arr);       // 将原数组按照 ASCII 码进行升序排列
```

```
arr.sort(function(a,b){
    // return a-b;       //将原数组按照数值大小进行升序排列
    return b-a;          //将原数组按照数值大小进行降序排列
});
console.log(arr);
```

代码最终运行效果如图 16-5 所示。

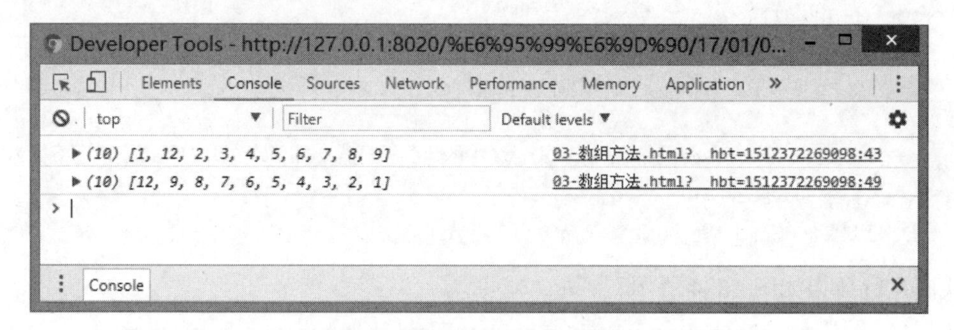

图 16-5　数组 sort()方法效果

6. splice()

splice()从数组指定位置删除指定数量的元素，并返回被删除的元素。基本语法如下：

```
arr.splice(2,1); // 删除下标为 2 的值
arr.splice(1,0,"新值"); // 在下标为 1 的位置插入一个新值
arr.splice(2,1,"新值"); // 将下标为 2 的值替换为新值
```

注意：

- 该方法会直接修改数组。
- splice() 方法与 slice() 方法的作用是不同的，splice() 方法会直接对数组进行修改，而 slice 只是截取原数组的一部分后返回一个子数组，并不会修改原数组。

代码示例如下：

```
<script type="text/javascript">
    var arr = new Array(3);
    arr[0] = "George" ;
    arr[1] = "John";
    arr[2] = "Thomas";

    arr.splice(2,1);                // 把下标为 2 的值删除
    arr.splice(1,0,"William");      // 在下标为 1 的位置插入一个值 William
    arr.splice(2,1," Amy");         // 把下标为 2 的值替换为 Amy
    console.log(arr);
</script>
```

代码运行效果如图 16-6 所示。先将第三个值“Thomas”删除，然后在第二个值的位置上插入一个值“William”，第三步将第三个值“John”替换为“Amy”。

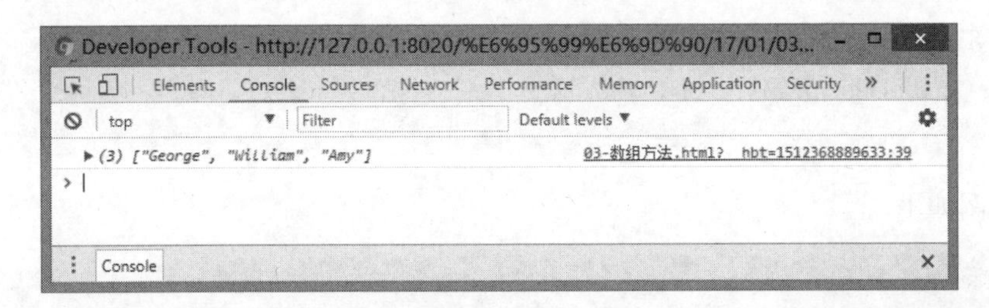

图 16-6　数组 splice ()方法

7. indexOf(value,index) / lastIndexOf(value,index)

1）indexOf(value,index)：返回数组中第一个 value 值对应的下标位置，若未找到，返回-1。语法结构如下：

```
var index1 = arr.indexOf(查询的数值,index);
```

2）lastIndexOf(value,index)：返回数组最后一个 value 值对应的下标位置，若未找到，返回-1。语法结构如下：

```
var index2 = arr.lastIndexOf(查询的数值,index);
```

注意：

- 若未指定 index 参数，则默认在数组所有元素中查询。
- 若指定 index 参数，则从当前 index 开始，向后查询。

代码示例如下：

```
var arr = [1,2,3,4,5,6,6,6];
var index = arr.indexOf(6,2); // 从 arr[2]开始查找 6 出现的第一个位置
var index1 = arr.lastIndexOf(6,-2);   // 查找 6 出现的最后一个位置，到倒数第二个位置停止
console.log(index);
console.log(index1);
```

代码运行后，在数组中的下标如图 16-7 所示。

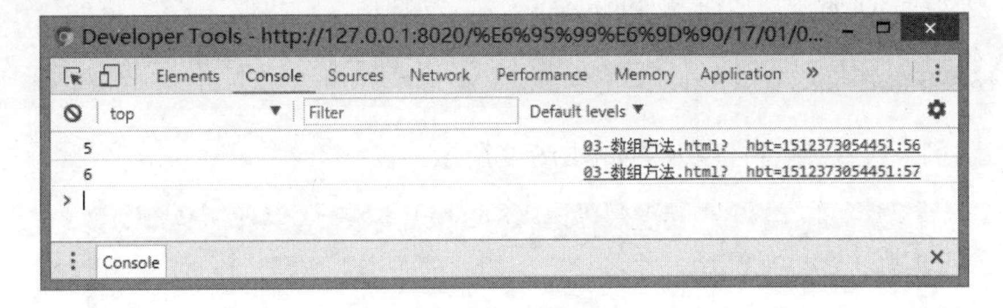

图 16-7　数组 indexOf ()和 lastIndexOf()方法效果

8. forEach()

forEach()专门用于循环遍历数组。接收一个回调函数，回调函数可以接收两个参数，第一个参数为数组每一项的值，第二个参数为数组的下标。语法结构如下：

```
arr.forEach(function(item,index){
    console.log(item);
});
```

代码示例如下：

```
var arr = [1,2,3];
arr.forEach(function( item,index ){
    console.log(item);
});
```

代码运行后，在控制台打印效果如图 16-8 所示。

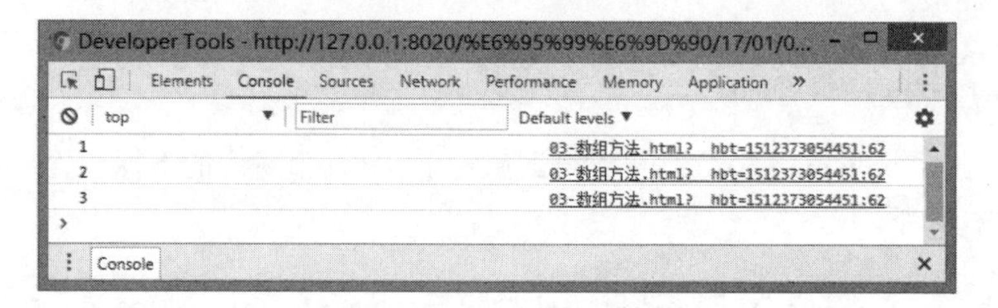

图 16-8　数组 forEach ()方法

9. map()

map()数组映射。使用方式与 forEach()相同。与 forEach()不同的是，map()可以有 return 返回值，表示将原数组的每个值进行操作，返回一个新数组。语法结构如下：

```
var arr1 = arr.map(function( item,index ){    //数组映射
    return item-1;  // 将原数组的每个值-1 后，返回
});
```

代码示例如下：

```
var arr = [1,2,3];
var arr0 = arr.map(function( item,index ){    //数组映射 返回一个新数组
    return item-1;  // 将原数组的每个值-1 后，返回
});
console.log(arr0);
```

代码运行后，在控制台打印效果如图 16-9 所示。

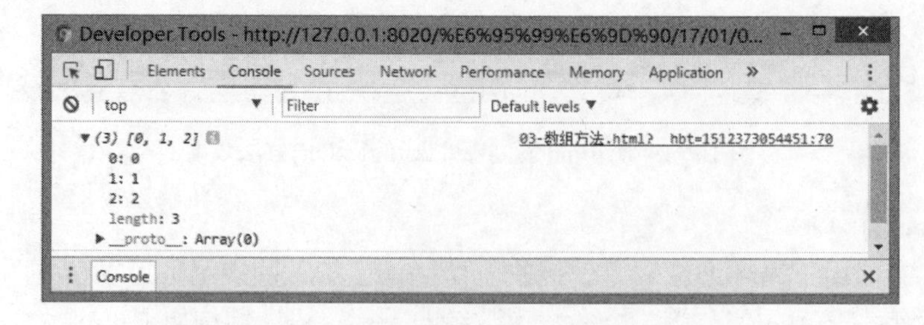

图 16-9　数组 map()方法，返回的值-1

16.1.5　二维数组和稀疏数组

二维数组是一维数组的推广，按照某种次序将数组元素排列到一个序列中，它必须有两个下标（行、列）以标识该元素的位置。所谓稀疏数组就是数组中大部分的内容值都未使用（或都为零），在数组中仅有少部分的空间使用。这两个知识点本书中只做概念性了解，其他内容不做叙述。

（1）稀疏数组

数组并不含有从 0 开始到 length-1 的所有索引（length 值比实际元素个数多）。

（2）二维数组

二维数组又称为矩阵，如 var arr = [[1,2],[3,4],[5,6]]；相当于三行两列的矩阵。

读取二维数组元素的方法，语法结构如下：

```
arr[行号][列号];
```

注意：可以使用嵌套循环遍历取得数组所有元素。

在控制台打印输出了一个二维数组，代码示例如下：

```
var arr4 = [[1,2,3], [4,5,6], [7,8,9], [0,1,2]];
for (var i=0;i<arr4.length;i++) {
        for (var j=0;j<arr4[i].length;j++) {
                console.log(arr4[i][j]);
        }
        console.log("----------------------");
}
```

代码运行后在控制台打印效果如图 16-10 所示。

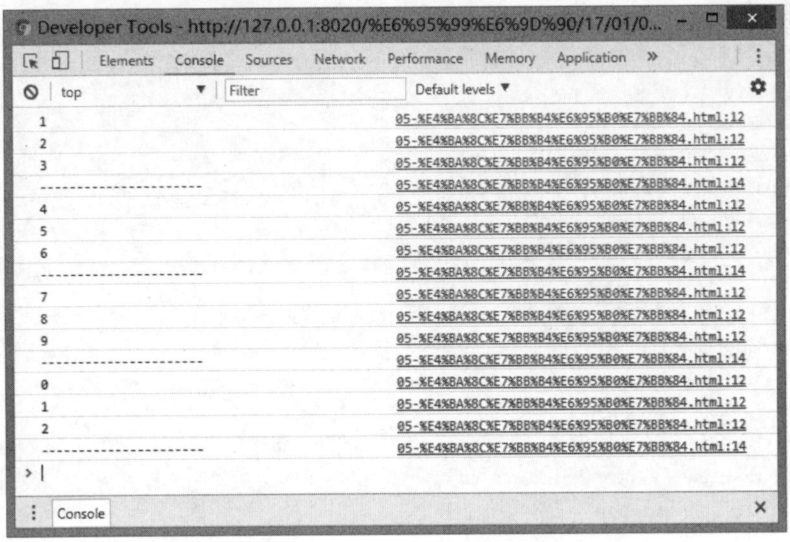

图 16-10　二维数组元素的读取效果

16.2 JavaScript 的内置对象

JavaScript 常见的内置对象有 Object、Math、String、Array、Number、Function、Boolean、JSON 等。其中，Object 是所有对象的基类，采用了原型继承方式。之前的章节介绍了 array 数组对象，接下来学习其他一些比较常用的内置对象。

16.2.1 Boolean：逻辑对象

Boolean（布尔）对象用于取到一个 Boolean 类型的变量。可以使用字面量方式和 new 关键字两种方式取到一个 Boolean 类型的变量。

1. Boolean 的声明

Boolean 变量的声明方式有两种。一种是使用字面量方式声明的变量，使用 typeof 检测是 Boolean 类型；另一种是使用 new 关键字声明的变量，使用 typeof 检测是 Object 类型。语法结构如下：

```
var boolean = true;  // 使用字面量方式声明
var newBoolean = new Boolean(false); // 使用 new 关键字声明
console.log(typeof boolean); // 使用 typeof 检测的数据类型为 Boolean
console.log(typeof newBoolean); // 使用 typeof 检测的数据类型为 Object
```

2. Boolean 转换函数

除了基本的变量声明以外，Boolean()作为一个函数，还可以用于将非布尔值转换为布尔值（true 或者 false）。

将 Boolean 对象理解为一个产生逻辑值的对象包装器，如果逻辑对象无初始值或者其值为 0、-0、null、""、false、undefined、NaN，那么返回的值为 false；否则，其值为 true。

代码示例如下：

```
// 下面的所有的代码行均会创建初始值为 false 的 Boolean 对象
var myBoolean= Boolean();
var myBoolean= Boolean(0);
var myBoolean= Boolean(null);
var myBoolean= Boolean("");
var myBoolean= Boolean(false);
var myBoolean= Boolean(NaN);

// 下面的所有的代码行均会创建初始值为 true 的 Boolean 对象
var myBoolean= Boolean(1);
var myBoolean= Boolean(true);
var myBoolean= Boolean("true");
var myBoolean= Boolean("false");
var myBoolean= Boolean("Bill Gates");
```

16.2.2 Number：数字对象

在 JavaScript 中，数字是一种基本的数据类型。在必要时，JavaScript 会自动地在原始数据和对象之间转换。构造函数 Number() 可以不与运算符 new 一起使用，而直接作为转化函数来使用。

1. Number 的声明

语法结构如下：

```
var num1 = 10;   // 字面量声明
var num2 = new Number(10); // new 关键字声明
console.log(typeof num1); // 使用 typeof 检测的数据类型为 Number
console.log(typeof num2); // 使用 typeof 检测的数据类型为 Object
```

2. Number 的属性

1）MIN_VALUE：Number 对象的属性，可表示的最小数。语法结构如下：

```
Number.MAX_VALUE;
```

2）MAX_VALUE：Number 对象的属性，可表示的最大数。语法结构如下：

```
Number.MIN_VALUE;
```

3. Number 的方法

1）toString()：Number 对象的方法，将数字转为字符串，相当于 num+""。语法结构如下：

```
var str = num1.toString();
```

使用 typeof 检测 str 的数据类型为 String，说明 toString()方法将 Number 对象转为了字符串 String 对象。

2）toFixed(n)：Number 对象的方法，将数字转为字符串，保留 n 位小数，四舍五入。语法结构如下：

```
var num = new Number(10.128);
console.log(num.toFixed(2));   //保留两位小数 ，结果为 10.13
```

3）valueOf()：Number 对象的方法，返回 Number 对象的基本数字值。语法结构如下：

```
var num1 = 10;
var str = num1.valueOf();
console.log(str);   // 打印结果为 10
```

4）toLocaleString()：Number 对象的方法，将数字按照本地格式的顺序转为字符串。一般，三个为一组加逗号。语法结构如下：

```
var num1 = 101123128;
var str = num1.toString();
var str = str.toLocaleString()
console.log(str);   // 打印结果为 101,123,128
```

5）toPrecision(n)：Number 对象的方法，将数字格式化为指定长度，n 为不含小数点的所有位数和。语法结构如下：

```
var num1 = 101123128.456123;
var str = num1.toPrecision(10);
console.log(str);  // 打印结果为 101123128.5 一共 10 位数
```

16.2.3 String：字符串对象

字符串是 JavaScript 的一种基本的数据类型。String 对象的 length 属性声明了该字符串中的字符数。String 类定义了大量操作字符串的方法，如从字符串中提取字符或子串，或者检索字符或子串。

1. String 对象的属性

字符串 String 类型的每个实例都有一个 length 属性，表示字符串中的字符个数。由于字符串是不可变的，所以字符串的长度也不可变。length 属性语法结构如下：

```
str.length;  // 返回字符串的长度
```

注意：对于字符串来说，最后一个字符的索引是 str.length – 1。

代码示例如下：

```
var str = "What's Your Name？";
console.log(str.length);  // 打印结果为 17
```

代码运行后在控制台打印效果如图 16-11 所示。

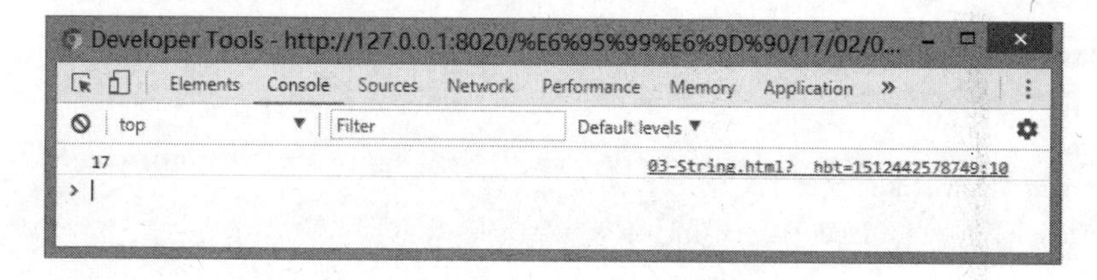

图 16-11 String 对象的 length 属性效果

2. String 对象的方法

1）toLowerCase()：所有字符转为小写。语法结构如下：

```
var str = str.toLocaleLowerCase();  // 转全小写
```

2）toUpperCase()：所有字符转为大写。语法结构如下：

```
var str = str.toLocaleUpperCase();  // 转全大写
```

3）charAt(n)：截取字符串中第 n 个字符。语法结构如下：

```
var str = str.charAt(n);  // 截取数组的第 n 个字符，相当于 str[n]
```

4）indexOf("查询子串",index)：查询从 index 开始的，第一个子串的索引。没找到返回 -1，与数组的 indexOf()方法相同。语法结构如下：

```
var str = str.indexOf("查询的子串");
```

5）substring(begin,end)：截取子串，两个参数，begin 必选，end 可选。

①只写一个参数时，表示从 begin 开始直到最后。

②写两个参数时，表示从 begin 开始，到 end 结束，左闭右开，即包含 begin，不含 end。

语法结构如下：

```
var str = str.substring(n);   // 从第 n 个截取到最后
```

6）replace("old","new")：表示将字符串中的第一个 old 替换为 new。此方法用于在字符串中用一些字符替换另一些字符，或替换一个与正则表达式匹配的子串。

第一个参数可以为普通字符串，也可以为正则表达式（普通字符串将只匹配第一个，正则表达式则根据具体情况区分）。语法结构如下：

```
var str1 = str.replace("a","*"); // 只替换字符串的第一个 a 为*
var str1 = str.replace(/a/g,"*");   // 使用正则，替换字符串中的所有 a 为*
```

代码示例如下：

```
<script type="text/javascript">
    var str = "What's Your Name？ ";
    var str1 = str.replace("a","*"); //只替换字符串的第一个 a
    var str2 = str.replace(/a/g,"*");   // 替换字符串的所有 a
    console.log(str1);
    console.log(str2);
</script>
```

代码运行后在控制台打印效果如图 16-12 所示。

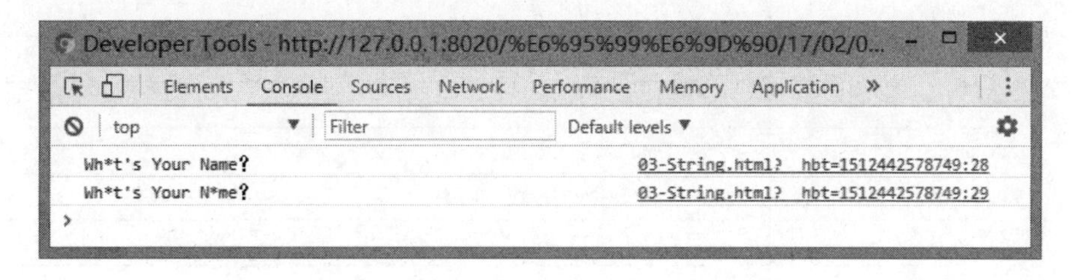

图 16-12　String 对象的 replace()方法效果

7）split("")：将字符串通过指定分隔符分为数组。只传入""空字符串时，将会把单个字符存入数组。语法结构如下：

```
var str1 = str.split().join(); // 使用空格将字符串拆为数组，后又通过空格将字符串连接
```

需要注意的是，JavaScript 的字符串是不可变的（immutable），String 类定义的方法都

不能改变字符串的内容。像 String.toUpperCase() 这样的方法，返回的是全新的字符串，而不是修改原始字符串。

16.2.4 Date：日期对象

JavaScript 的 Date 对象提供了一种方式来处理日期和时间。可以使用许多不同的方式对其进行实例化，具体方式取决于人们想要得到的结果。

1. 实例化方式

1）在没有参数的情况下对其进行实例化，语法结构如下：

```
var myDate = new Date(); // 获取当前最新时间
```

2）传递 milliseconds 作为一个参数，语法结构如下：

```
var myDate = new Date(milliseconds);
```

3）将一个日期字符串作为一个参数传递，语法结构如下：

```
var myDate = new Date(dateString);
```

4）传递多个参数来创建一个完整的日期，语法结构如下：

```
var myDate = new Date(year, month, day, hours, minutes,seconds, milliseconds);
```

2. 常用方法

Date 对象的方法有很多种，一旦该对象得到实例化，可以使用这些方法。大多数可用的方法围绕获取当前时间的特定部分，见表 16-1。

表 16-1 日期对象的方法

方　法	说　明
getFullYear()	获取年份（4 位数形式）
getMonth()	获取月份（0～11）
getDate()	获取一月中的某一天（1～31）
getDay()	获取一周中的某一天（0～6）
getHours()	返回 Date 对象的小时（0 ～ 23）
getMinutes()	返回 Date 对象的分钟（0～59）
getSeconds()	返回 Date 对象的秒数（0～59）
getTime()	返回自 1/1/1970 凌晨 0 点的毫秒数
getTimezoneOffset()	返回格林尼治标准时间和本地时间之间的时间差

将以上方法在控制台进行打印，可以发现每个方法所返回的值都相当简单，区别在于所返回值的范围。例如：

- getDate()方法返回一个月份的天数，范围为 1～31。
- getDay()方法返回每周的天数，范围为 0～6。
- getHours()方法返回小时数值，范围为 0～23。

➢ getMilliseconds()函数返回毫秒数值，范围为 0～999。

➢ getMinutes()和 getSeconds()方法返回一个范围 0～59。

➢ getMonth()方法返回一个 0～11 之间的月份数值。

表 16-1 中唯一独特的方法是 getTime()和 getTimezoneOffset()。getTime()方法返回自 1/1/1970 凌晨 0 点的毫秒数，而 getTimezoneOffset()方法返回格林尼治标准时间和本地时间之间的时间差，以分钟为单位。

学习了 Date 对象的方法，可以在网页中做一个显示日期时钟的实例。首先在 HTML 中做一个 id 为 time 的 div，接下来开始做功能。代码示例如下：

```
//HTML 部分的代码
<div id="time"></div>
//JavaScript 部分的代码
function getNewTime(){
    var timeDiv = document.getElementById("time");
    var today   = new Date();
    var year = today.getFullYear();
    var month = today.getMonth();
    var date1   = today.getDate();
    var day   = today.getDay();
    var week = ["星期天","星期一","星期二","星期三","星期四","星期五","星期六"];
    var hours = today.getHours();
    var minutes = today.getMinutes()<10?"0"+today.getMinutes():today.getMinutes();
    var seconds = today.getSeconds()<10?"0"+today.getSeconds():today.getSeconds();
    timeDiv.innerHTML   =   year+"   年   "+(month+1)+"   月   "+date1+"   日
"+week[day]+hours+":"+minutes+":"+seconds;
    // 使用 setTimeout+递归实现时钟计时
    setTimeout(arguments.callee,1000);
}
window.onload = function(){
    getNewTime();
}
```

代码运行效果如图 16-13 所示。

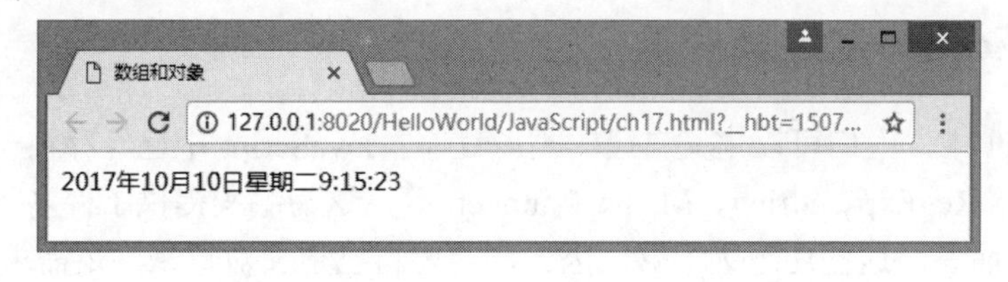

图 16-13　网页中显示的日期时间效果

16.2.5　Math：算术对象

Math 对象并不像 Date 和 String 是对象的类，所以 Math 对象没有构造函数 Math()，即 Math 对象无须在使用之前进行声明。例如，Math.sin()只是函数，而不是某个对象的方法。通过把 Math 作为对象使用，即可调用其所有的属性和方法。Math 的属性和方法见表 16-2 和表 16-3。

使用 Math 的属性和方法，语法结构如下：

```
var pi_value=Math.PI;  // 圆周率 PI 的值，结果为 3.141592653589793
var sqrt_value=Math.sqrt(15); // 15 的算术平方根，结果为 3.872983346207417
```

表 16-2　算术对象的属性

属　性	说　明
E	返回算术常量 e，即自然对数的底数（约等于 2.718）
LN2	返回 2 的自然对数（约等于 0.693）
LN10	返回 10 的自然对数（约等于 2.302）
LOG2E	返回以 2 为底的 e 的对数（约等于 1.442）
LOG10E	返回以 10 为底的 e 的对数（约等于 0.434）
PI	返回圆周率（约等于 3.14179）
SQRT2	返回 2 的算术平方根（约等于 1.414）

表 16-3　算术对象的方法

方　法	说　明
ceil(x)	返回大于或等于该数的最小整数
floor(x)	返回小于或等于该数的最大整数
min(x,y)	返回最小值
max(x,y)	返回最大值
pow(x,y)	返回 x 的 y 次幂
random()	返回 0～1 的随机数
round(x)	把数四舍五入为整数
sqrt(x)	返回数的平方根

算术对象的方法还有很多，篇幅限制就不再一一列举，有需要时可以查阅帮助文档了解使用。

16.3 JavaScript 自定义对象

在 JavaScript 中，人们可以定义自己的类。目前，JavaScript 中已经存在一些标准的类，如 Date、Array、RegExp、String、Math、Number 等，这为编程提供了许多方便，但对于复杂的客户端程序而言，这些还远远不够。因此，需要自己定义对象来满足需求。

16.3.1 对象的概念

自定义对象的前提需要知道对象是什么，对象由什么组成，以及一个对象的属性和方法是如何声明的，下面一一介绍。先来看一段对象声明的代码，语法结构如下所示：

```
var person = {
```

```
        name : "张三",
        age : 14,
        say : function(){
            alert("我会说话 ！");
        },
    }
```

1. 对象

对象是包含一系列无序属性和方法的集合。例如，上述代码就是一个完整、简洁的对象声明，它声明了一个 person 对象，这个对象具有 name 属性、age 属性和 say 方法。

2. 键值对

对象中的数据是以键值对的形式存在的，以键取值。例如，在给 person 对象添加 name 属性时，使用了“name: "张三"”语句，这条语句就是一个键值对形式。其中，name 就是它的键，“张三”就是它的值，它们之间使用“：”连接。

3. 属性

描述对象特征的一系列变量，即对象中的变量。例如，上述代码中 person 对象具有 name 属性、age 属性，表明这个 person 对象是一个 name 为张三，age 为 14 岁的人。

4. 方法

描述对象行为的一系列方法，即对象中的函数。例如，上述代码中声明的 person 对象除了具有 name 属性、age 属性，还具有一个 say 方法，表明这个 person 对象是一个 name 为张三，age 为 14 岁而且具有语言能力（说话功能）的人。

16.3.2　对象的声明

自定义对象的声明与 JavaScript 的内置对象的声明一样，都具有两种声明方式，一种是字面量声明；另一种是 new 关键字声明。

1. 字面量声明

对象中的键可以是任何数据类型，但是一般用作普通变量名（不需要""）即可。对象中的值也可以是任何数据类型，但是字符串类型必须用""包裹。

字面量声明的基本语法结构如下：

```
var obj = {
    key1: value1,            // obj 属性
    key2: value2,
    func : function(){}      // obj 方法
}
```

注意：多组键值对之间用英文逗号分隔，键值对的键与值之间用英文冒号分隔。

2. new 关键字声明

使用 new 关键字声明与字面声明方式有区别，使用 new 关键字声明，首先使用 new 关键字实例化一个 obj 对象，然后使用“obj.属性名=属性值”的方式给 obj 添加属性，使用“obj.方法名=function(){}”的方式给 obj 添加属性和方法。

代码示例：

```
var obj = new Object();
obj.name = "李四";
obj.say = function(){
    console.log("我是："+this.name);
}
```

16.3.3　对象的属性与方法

下面介绍在声明完成后，如何调用以及删除声明的方法和属性。

1. 调用

对象中的属性和方法的调用有两种方式。

（1）通过运算符（.）调用

在对象内部：

```
this.属性名
this.方法名()
```

注意：在对象中直接写变量名，默认为调用全局变量，如果需调用对象自身属性，则必须通过 this 关键字。

在对象外部：

```
对象名.属性名
对象名.方法名()
```

代码示例如下：

```
var person = {
    name : "张三",
    age : 14,
    say : function(){
        alert(" 我叫"+this.name+"今年"+this.age+"了！"); // 对象内部使用 this，调用自身属性
        // alert(name);  // 相当于使用全局变量 name，而不是使用对象的属性
    },
}

console.log(person.name);  // 在对象外部使用对象名调用自身属性
person.say();  // 在对象外部使用对象名调用自身方法
```

（2）通过["key"]调用

```
对象名["属性名"]
对象名["方法名"]()
```

如果 key 中包含特殊字符，则无法使用第一种方式，必须使用第二种方式。

代码示例如下：

```
var person = {
        name : "张三",
        age : 14,
        say : function(){
                alert(" 我叫"+this.name+"今年"+this.age+"了！ "); // 对象内部使用 this 调用自身属性
        },
}

console.log(person["name"]);   // 使用[]调用对象属性
person["say"]();   // 使用[]调用对象方法
```

2. 删除对象的属性方法

delete 对象名.属性/方法名，语法结构如下：

```
delete person.age; // 删除 Person 对象的 age 属性
```

16.4　章节案例：编写对象实现班级成绩录入

实现一个班级管理系统，这个系统具有学员成绩录入、展示所有学员成绩、删除学员信息等功能。要求创建一个对象，可以通过键盘输入一个人员的姓名、语文、数学、英语成绩并展示。控制台打印输出效果如图 16-14 所示。

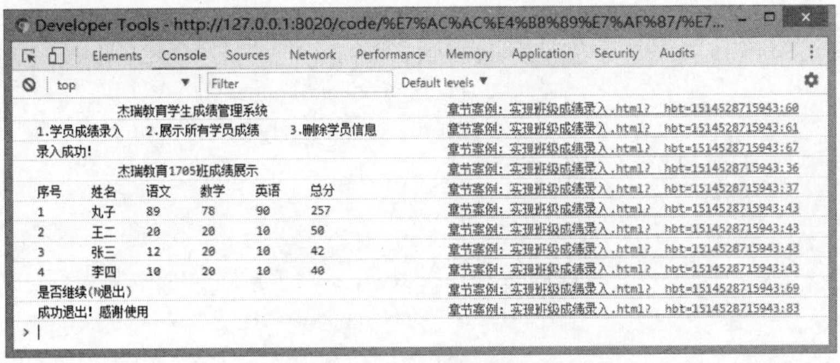

```
Developer Tools - http://127.0.0.1:8020/code/%E7%AC%AC%E4%B8%89%E7%AF%87/%E7...
Elements  Console  Sources  Network  Performance  Memory  Application  Security  Audits
top   Filter   Default levels
          杰瑞教育学生成绩管理系统                    章节案例：实现班级成绩录入.html?  hbt=1514528715943:60
1.学员成绩录入    2.展示所有学员成绩    3.删除学员信息   章节案例：实现班级成绩录入.html?  hbt=1514528715943:61
录入成功!                                           章节案例：实现班级成绩录入.html?  hbt=1514528715943:67
          杰瑞教育1705班成绩展示                      章节案例：实现班级成绩录入.html?  hbt=1514528715943:36
序号   姓名   语文   数学   英语   总分               章节案例：实现班级成绩录入.html?  hbt=1514528715943:37
1      丸子   89     78     90     257                章节案例：实现班级成绩录入.html?  hbt=1514528715943:43
2      王二   20     20     10     50                 章节案例：实现班级成绩录入.html?  hbt=1514528715943:43
3      张三   12     20     10     42                 章节案例：实现班级成绩录入.html?  hbt=1514528715943:43
4      李四   10     20     10     40                 章节案例：实现班级成绩录入.html?  hbt=1514528715943:43
是否继续(N退出)                                     章节案例：实现班级成绩录入.html?  hbt=1514528715943:69
成功退出！感谢使用                                   章节案例：实现班级成绩录入.html?  hbt=1514528715943:83
> |
```

图 16-14　案例效果图

【案例代码】

```
<!DOCTYPE html>
<html>
        <body>
                <script type="text/javascript">
                        !function (){
                                var classes = {
                                                className : "1705 班",
                                                studentCountNumber : 27,
                                                students : [
                                                        {name:"张三",chinese:12,maths:20,english:10,sum:42},
```

```
                    {name:"李四",chinese:10,maths:20,english:10,sum:40},
                    {name:"王二",chinese:20,maths:20,english:10,sum:50},
                ],
                addStudent : function(){
                    var name = prompt("请输入学员姓名：");
                    var chinese =parseFloat(prompt("请输入学员语文成绩：")) ;
                    var maths =parseFloat(prompt("请输入学员数学成绩：")) ;
                    var english =parseFloat(prompt("请输入学员英语成绩：")) ;
                    var sum = chinese + maths + english;
                    var student = {
                        name : name,
                        chinese : chinese,
                        maths : maths,
                        english : english,
                        sum : sum
                    }
                    this.students.push(student);
                },
                showStudent : function(){          //展示学生信息
                    var arr = classes.students;
                    console.log("\t\t\t 杰瑞教育 1705 班成绩展示");
                    console.log("序号\t 姓名\t 语文\t 数学\t 英语\t 总分");
                    arr.sort(function(a,b){
                        return b.sum - a.sum;
                    });
                    arr.forEach(function(item,index){
                        console.log((index+1)+"\t\t"+item.name+"\t"+item.chinese
+"\t\t"+item.maths+"\t\t"+item.english+"\t\t"+item.sum);
                    });
                },
                delStudent : function(){      // 删除学生信息
                    if(this.students.length <= 0){
                        alert("没有学员信息，无法删除！")
                        return;
                    }
                    var no = prompt("请输入要删除的学员序号：");
                    if(no <1 || no > this.students.length){
                        alert("序号输入有误！请重新输入学员序号！");
                        return;
                    }
                    this.students.splice(no-1,1);
                },
            }
        console.log("\t\t\t 杰瑞教育学生成绩管理系统");
        console.log("1.学员成绩录入 \t2.展示所有学员成绩\t 3.删除学员信息\t");
            while(true){
```

```
                var    sel =parseInt(prompt("请选择操作序号：")) ;
                switch(sel){
                    case 1:
                        classes.addStudent();
                        console.log("录入成功！");
                        classes.showStudent();
                        console.log("是否继续(N 退出)");
                        break;
                    case 2:
                        classes.showStudent();
                        break;
                    case 3:
                        classes.delStudent();
                        console.log(" 删除成功！");
                        classes.showStudent();
                        console.log("是否继续(N 退出)");
                        break;
                }
            var isGo = prompt("输入 N 退出，输入其他字符继续");
            if(isGo =="N" || isGo == "n") {
                console.log("成功退出！感谢使用");return;
            }else continue;
        }
    }();
    </script>
  </body>
</html>
```

【章节练习】

1. 数组的增删有哪些方法？

2. 写出实现数组排序功能的函数。

3. 写出创建一个 ajax 请求的步骤。

【上机练习】

1. 有一个有序整数数组（2，8，9，18，24，56，62，96），要求输入一个数字，在数组中查找是否有这个数。如果有，将该数从数组中删除，要求删除后的数组仍然保持有序；如果没有，则显示“数组中没有这个数！”。

2. 有一个已经排好序的数组（1，3，5，7，9）。现输入一个数，要求按原来的规律将其插入数组中。

3. 某个公司采用公用电话传递数据，数据是四位的整数，在传递过程中是加密的。加密规则是每位数字都加上 5，然后用除以 10 的余数代替该数字，再将第一位和第四位交换，第二位和第三位交换。

编写一个程序，用于接收一个四位的整数，并且打印输出按上述规律加密后的数。

第 17 章　JavaScript 中的正则表达式

正则表达式是网页设计中常用的功能，常用于验证表单输入时的有效性。通过简单字符的组合，可以代指各种可能的输入形式，从而对用户输入的内容进行验证。

本章学习目标：

- ➢ 掌握正则表达式的声明。
- ➢ 熟悉正则表达式的常用字符。
- ➢ 掌握正则表达的常用模式。
- ➢ 掌握正则表达式的常用方法。

正则表达式的三种模式和两个验证函数，需要大家着重学习理解。通过本章的学习，读者可以自己写出相应的正则表达式进行用户输入内容的规则验证。

17.1　正则表达式基础

正则表达式（Regular Expression）是使用单个字符串来描述、匹配一系列符合某个句法规则的字符串搜索模式。正则表达式通常用于表单的验证，如电子邮件地址、电话号码、日期等数据格式是否正确。使用正则表达式可以保证输入数据的正确性并且可以在表单提交前进行验证，减少服务器的压力。

17.1.1　正则表达式概述

正则表达式，又称规则表达式，是一种文本模式，它可以使用单个字符串来描述并且匹配一系列符合某个语法规则的字符串。

先来体验一下正则表达式的魅力。

```
var reg = /jre+du/;
// +号代表前面的字符必须至少出现一次，所以这段正则表达式可以表示“jredu”、“jreedu”、“jreeeeedu”等

var reg = /jre?du/;
// ?问号代表前面的字符最多只可以出现一次（0 次或 1 次），所以这段正则表达式可以表示“jrdu”、“jredu”

var reg = /jre*du/;
// *号代表字符可以不出现，也可以出现一次或者多次（0 次、1 次、多次），所以这段正则表达式可以表示“jrdu”、“jredu”、“jreeeedu”
```

看完上述代码，是不是觉得正则表达式的功能强大呢？

用简单的字符代指字符串中可能出现的多种可能。其实，构造正则表达式的方法和创建数学表达式的方法一样，就是用各种字符之间的相互配合，创造出无数种可能的情况。

17.1.2　正则表达式的声明

在 JavaScript 中，声明一个正则表达式对象的方式有两种。一种是直接声明 RegExp 对象；另一种是使用字面量。使用双斜杠（//），就是使用字面量表达式的方式；使用 new 关键字，就是对象声明方式，两者并没有本质不同。就像声明一个数组，既可以用 new Array() ，也可以使用一对中括号[]的方式。

正则表达式的声明有两种方式。

1）字面量声明。基本语法如下：

```
var reg = /表达式主体/修饰符;
例如：
var reg = /white/g    // 字面量声明
```

2）new 关键字声明。基本语法如下：

```
var reg = new RegExp("表达式主体","修饰符");
例如：
var reg = new RegExp("white","g");    // new 关键字声明
```

注意：正则表达式主要包括两个部分，第一部分是定义的表达式主体，第二部分是正则表达式的模式（g、i、m）。

其中，表达式主体可以是一个字符串，也可以是正则表达式，这一部分由两个斜杠（/）包裹；修饰符是一个可选的字符串，包含属性 g、i 和 m，分别用于指定全局匹配、区分大小写的匹配和多行匹配。关于正则表达式的模式将在 17.3 节详细讲解。

17.2　正则表达式的常用字符

正则表达式主要由一些普通字符和元字符组成。普通字符，即大小写字母和数字，元字符是具有特殊含义的字符。

17.2.1　正则表达式中的元字符

表 17-1 中包含了常用的元字符以及它们在正则表达式上下文中的行为。

表 17-1　常用的元字符

元　字　符	说　　明
.	匹配除了换行符之外的单个字符
\w	匹配一个数字、下画线或字母字符，等价于[A-Za-z0-9]
\W	匹配任何非单字字符，等价于[^a-zA-z0-9]
\d	匹配一个数字字符，等价于[0-9]

（续）

元　字　符	说　　明
\D	匹配除数字之外的任何字符，等价于[^0-9]
\s	匹配任何空白字符
\S	匹配任何非空白字符
\n	匹配换行符

下面举例学习。

代码示例如下：

```
<script type="text/javascript">
    var str0 = "_123_jredu";
    var RegExp0 = /\w/; // 匹配一个数字、下画线或字母字符
    var regExp0 = /\W/; // 匹配任何非单字字符，即非数字、下画线或字母字符

    var str1 = "123";
    var RegExp1 = /\d/; // 字符串中有数字，会匹配成功
    var regExp1 = /\D/; // 字符串中有非数字，如字母，会匹配成功

    var str2 = "    ";
    var RegExp2 = /\s/; // 字符串中有任何空字符串，如空格，会匹配成功
    var regExp2 = /\S/; // 字符串中有任何非空字符串，如字母、数字，会匹配成功
</script>
```

通过上述代码举例，对于正则表达式中元字符的意义与使用应该都有所了解了，但是正则表达式中不只有元字符，很多时候需要配合其他特殊字符的使用。

17.2.2　正则表达式中的特殊字符

所谓特殊字符，就是一些有特殊含义的字符，如“*.txt”中的*，简而言之就是表示任何字符串的意思。如果要查找文件名中含有*的文件，则需要对*进行转义，即在其前加一个\，如“*.txt”。正则表达式中有很多特殊字符，详见表 17-2。

表 17-2　特殊字符

符　　号	说　　明
^	匹配字符串的开始
$	匹配字符串的结束
|	匹配选择字符中任意一个，如 x|y，可匹配 x 或 y
()	分组
[]	匹配方括号内的任意一个字符
[^]	匹配不在方括号内的字符
{x}	匹配前一项 x 次

（续）

符　号	说　明
{x,}	匹配前一项 x 次或者多次
{x,y}	匹配前一项至少 x 次，但是不能超过 y 次
*	匹配前一项 0 次或多次，等价于{0,}
+	匹配前一项 1 次或多次，等价于{1,}
?	匹配前一项 0 次或 1 次，等价于{0,1}

下面举例学习。

代码示例如下：

```
<script type="text/javascript">
    var str0 = "jredu 杰瑞教育";
    var RegExp = /^杰瑞|JR$/; //字符串中有‘杰瑞’或者 JR 且以任意一个开头，会匹配成功
    console.log(RegExp.test(str0)); // false 字符串 str0 没有以"杰瑞"开头，匹配不成功
    var RegExp0 = /jredu|JR/; // 字符串中有 jredu 或者 JR，会匹配成功
    console.log(RegExp0.test(str0)); // true 表示匹配成功

    var str1 = "jredu100";
    var RegExp1 = /(edu)|(100)/; // 字符串中有 edu 或 100,会匹配成功
    console.log(RegExp1.test(str1)); // true

    var str2 = "jredu12345";
    var RegExp2 = /[jredu]/; // 字符串中有 j、r、e、d、u 中的任意一个，会匹配成功
    console.log(RegExp2.test(str2)); // true

    var str3 = "jredujredujredu";
    var RegExp3 = /(jredu){3,4}/; // 字符串中有 jredu 且重复 3 次或 4 次，会匹配成功
    console.log(RegExp3.test(str3)); // true (jredu)需要用()包裹起来，表示一个整体

    var str4 = " ";
    var RegExp4 = /[jredu]*/; // jredu 在字符串中重复 0 次或多次，会匹配成功
    console.log(RegExp4.test(str4)); // true

</script>
```

17.3　正则表达式的常用模式

正则表达式中有三种匹配模型(g、i、m)，合理地选择正确的匹配模式才能让正则表达式发挥出其应有的作用。为了方便结果演示，在接下来的代码示例中均使用字符串的 replace() 方法，配合正则表达式的使用与效果对比。replace() 方法用于在字符串中用一些字符替换另一些字符，或替换一个与正则表达式匹配的子串。

17.3.1　g：全局匹配

正则表达式中的匹配模型 g，又称为全局匹配，g 的作用是匹配串中所有匹配的子串。不加 g 的话，默认非全局匹配，只匹配第一个符合条件的字符串，即如果没有加 g，找到一个匹配的之后，匹配就结束了。

下面介绍 g 的用法，语法结构如下：

```
"www".replace(/w/,"#")——> #ww
"www".replace(/w/g,"#")——> ###
```

下面是一段对比代码。

```
<script type="text/javascript">
        var str = "jredujredu";
        var newStr = str.replace("e","#");      // 普通 replace 功能，只替换第一个 e
        var newStr0 = str.replace(/e/g,"#");   //    g-全局

        console.log(newStr);
        console.log(newStr0);
</script>
```

控制台打印效果如图 17-1 所示。

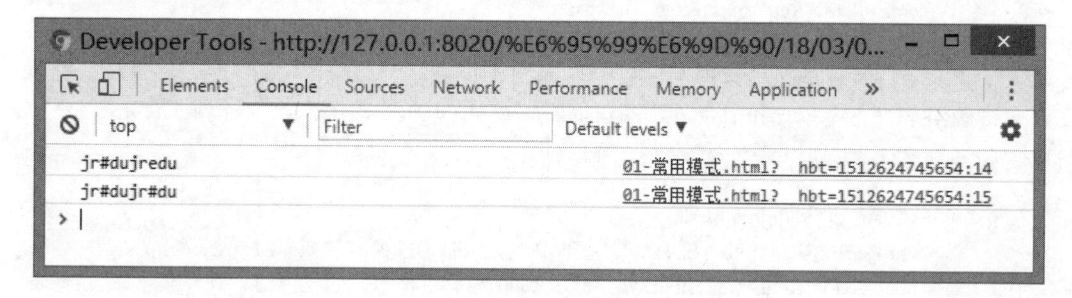

图 17-1　g 全局匹配效果

17.3.2　i：忽略大小写匹配

正则表达式中的匹配模型 i，又称为忽略大小写匹配，i 的作用是在匹配串与匹配的子串间不区分大小写地进行匹配。不加 i 的话，默认区分大小写匹配模式，若匹配串为小写，而需要匹配的字符串是大写，则匹配不成功。

下面介绍 i 的用法，语法结构如下：

```
"aAa".replace(/A/,"#")——> a#a
"aAa".replace(/A/i,"#")——> #Aa
```

下面是一段对比代码。

```
<script type="text/javascript">
        var str = "JREDUjredu";
```

```
        var newStr = str.replace("e","#");      // 普通 replace 功能，只替换第一个 e
        var newStr1 = str.replace(/e/i,"#");    //  i-不区分大小写
        console.log(newStr);
        console.log(newStr1);
    </script>
```

控制台打印效果如图 17-2 所示。

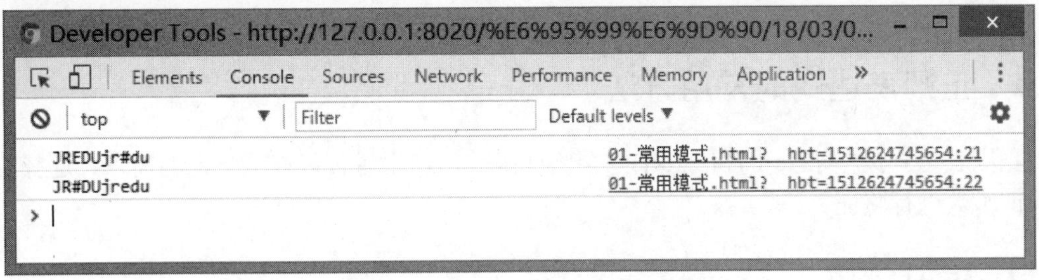

图 17-2　i 忽略大小写匹配效果

17.3.3　m：多行匹配

正则表达式中的匹配模型 m，又称为多行匹配，规定正则表达式可以执行多行匹配。m 的作用是修改^和$在正则表达式中的作用，让它们分别表示行首和行尾，如果采用多行匹配，那么每一个行都有一个^和结尾$。不加 m 的话，也就是默认状态下，一个字符串无论是否换行都是只有一个开始^和结尾$。

字符串分多行显示时，除了匹配字符串的开头和结尾外，还匹配每行的开头和结尾。

下面介绍 m 的用法，语法结构如下：

```
    abc
    abc.replace(/^a/g,"#")      // 打印结果 #bc   abc（空格表示换行）
    abc
    abc.replace(/^a/gm,"#")     // 打印结果 #bc   #bc  （空格表示换行）
```

下面是一段对比代码。

```
    <script type="text/javascript">
        var str = jredu
    jredu;          // 换行后第二行一定要顶格写
        var newStr = str.replace("jr","#");      // 普通字符串，只替换第一个 jr
        var newStr0 = str.replace(/^jr/mgi,"#");    //   m-多行匹配，按需要配合 g、i 一起使用。匹配所
有以 jr 或 JR 开头的字符串，将它们替换为#
        console.log(newStr);
        console.log(newStr0);
    </script>
```

控制台打印效果如图 17-3 所示。

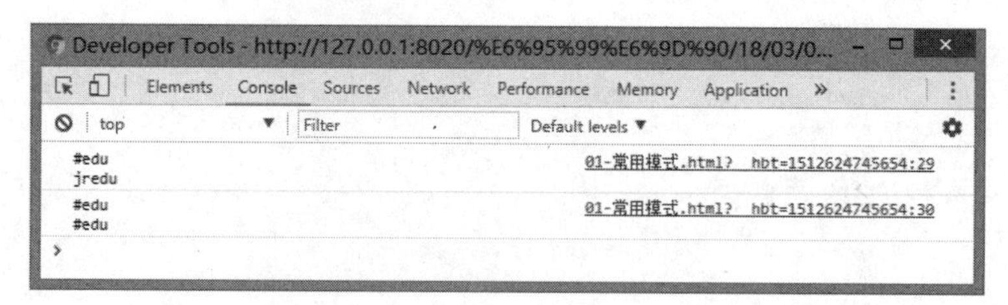

图 17-3　m 多行匹配效果

17.4　正则表达式的常用方法

正则表达式提供了 test()和 exec()两个验证函数，使用者可以根据自己的需求，选择合适的验证函数进行验证。

17.4.1　test() 方法

test()方法用于检测一个字符串是否匹配某个正则模式，如果需要检测的字符串 string 中含有与 RegExpObject 匹配的文本，则返回 true；否则返回 false。

test()方法的基本语法如下：

```
RegExpObject.test(string)
```

代码示例如下：

```
<script type="text/javascript">
        var str = "JREDU 杰瑞教育 jredu";
        var RegExp = new RegExp("jredu");
        var result = RegExp.test(str); // 验证一个字符串能否通过正则表达式的匹配，返回 true 或 false
        console.log(result);
</script>
```

控制台打印效果如图 17-4 所示。

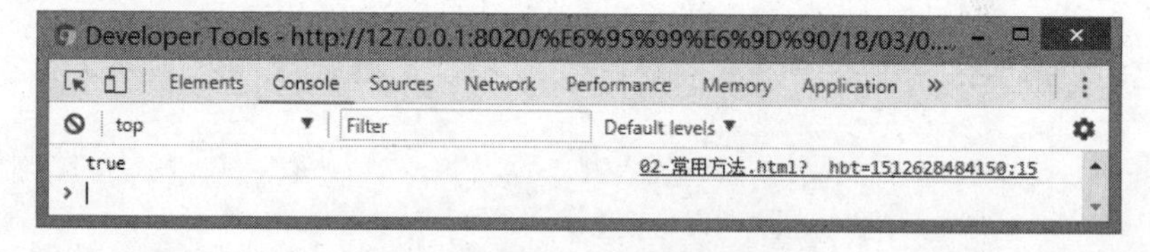

图 17-4　test()方法代码运行结果

17.4.2　exec() 方法

exec() 方法是一个通用的方法。它的功能非常强大，但是它使用起来比 test() 方法以及支持正则表达式的 String 对象的方法复杂。exec()方法用于检索字符串中指定的值，返回找到的值，并确定其位置，返回结果为数组。如果未找到匹配，则返回 null。

exec()方法的基本语法如下：

```
RegExpObject.exec(string)
```

代码示例如下：

```
var str = "Hello,JREDU 杰瑞教育 JREDU!";
var RegExp = new RegExp("JREDU","g");
var result;
while ((result = RegExp.exec(str)) != null)   {  // 当匹配成功时
        console.log(result);
        console.log(RegExp.lastIndex); // 打印结果 11
}
```

从图 17-5 中，可以观察到 exec() 方法除了返回数组元素和 length 属性之外，还返回两个属性：index 属性声明的是匹配文本的第一个字符的位置；input 属性存放的是被检索的字符串 string。控制台打印效果如图 17-5 所示。

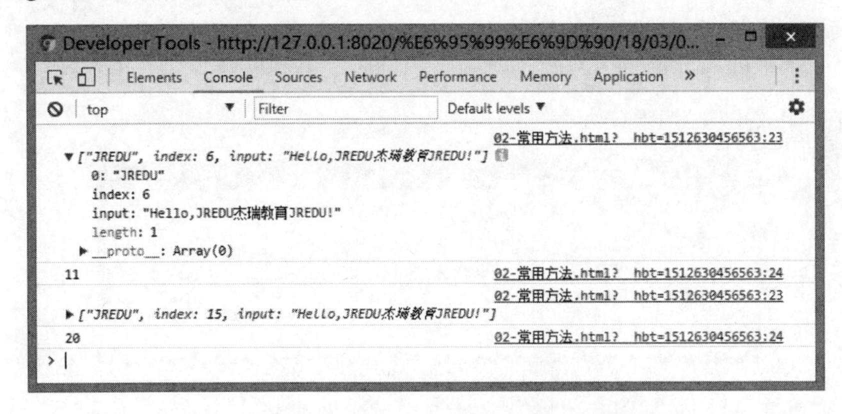

图 17-5　exec()方法代码运行结果

注意：如果 exec() 找到了匹配的文本，则返回一个结果数组；否则返回 null。此数组的第 0 个元素是与正则表达式相匹配的文本，第一个元素是与 RegExpObject 的第一个子表达式相匹配的文本（如果有的话），第二个元素是与 RegExpObject 的第二个子表达式相匹配的文本（如果有的话），以此类推。

exec()方法使用时主要分为两种情况。

1）在非全局模式下进行检索。

2）在全局模式下进行检索。

两种情况的区别是在全局模式下，exec()会在正则对象的 lastIndex 属性指定的字符处开始检索字符串 string。当 exec() 找到了与表达式相匹配的文本时，在匹配后，它将把正则对象的 lastIndex 属性设置为匹配文本的最后一个字符的下一个位置。当 exec() 再也找不到匹配的文本时，它将返回 null，并把 lastIndex 属性重置为 0。对于非全局模式，只是依次进行检索并将结果存入数组。在调用非全局的 RegExp 对象的 exec() 方法时，返回的数组与调用方法 String.match() 返回的数组是相同的。

String 对象中有四种支持正则表达式的方法，详见表 17-3。

表 17-3　支持正则表达式的 String 对象的方法

方　法	说　明
search	检索与正则表达式相匹配的值
match	找到一个或多个正则表达式的匹配
replace	替换与正则表达式匹配的子串
split	把字符串分割为字符串数组

下面是一段代码示例，可以帮助我们了解这四种方法的用法。

```
<script type="text/javascript">
        var str = "Hello,JREDU 杰瑞教育 JREDU!";
        console.log(str.search(/JREDU/,str));
        console.log(str.match(/杰瑞/,str));
        console.log(str.replace(/JREDU/,"jredu"));
        console.log(str.split(/JREDU/));
</script>
```

控制台打印效果如图 17-6 所示。

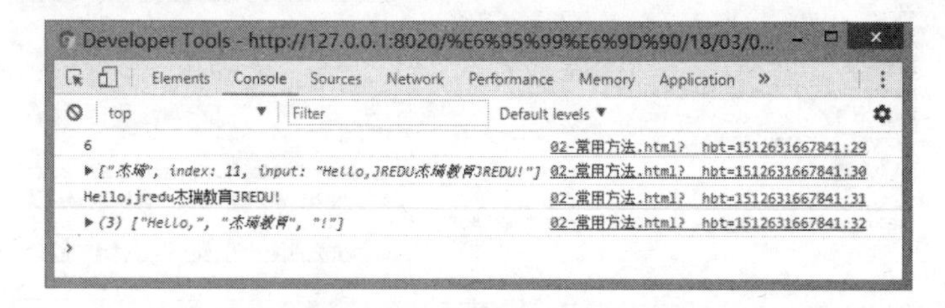

图 17-6　String 对象中支持正则表达式的方法代码运行结果

17.5　章节案例：使用正则表达式验证用户注册表单

使用正则表达式验证用户注册表单，包括用户名、密码、电子邮箱以及手机号码。其中，用户名只能由英文字母和数字组成，长度为 4～16 个字符，并且以英文字母开头；密码只能由英文字母和数字组成，长度为 4～10 个字符。

【案例代码】

```
<!DOCTYPE html>
<html>
        <body>
                <form action="" method="post">
                        用户名：  <input type="text" id="username"> <br /><br />
                        密码：  <input type="password" id="pwd"> <br /><br />
                        电子邮箱：<input type="text" id="email"> <br /><br />
                        手机号码：<input type="text" id="tel"> <br /><br />
                        <input type="button" name="" id="btn" value="验证" />
                </form>
```

```
        <script type="text/javascript">
            window.onload = function(){
                var btn = document.getElementById("btn")
                btn.onclick = function(){
                    var username = document.getElementById("username").value;
                    var pwd = document.getElementById("pwd").value;
                    var email = document.getElementById("email").value;
                    var tel = document.getElementById("tel").value;
                    var regUsername = /^[a-zA-Z][a-zA-Z0-9]{3,15}$/;
                    var regPwd = /^[a-zA-Z0-9]{4,10}$/;
                    var regEmail = /^\w+@\w+\.[a-zA-Z]{2,3}(\.[a-zA-Z]{2,3})?$/;
                    var regTel = /^1[35784]\d{9}$/;
                    if(regUsername.test(username)){
                        alert("用户名验证通过");
                    }else{
                        alert("用户名不正确！");
                    }
                    if(regPwd.test(pwd)){
                        alert("密码验证通过");
                    }else{
                        alert("密码不正确！");
                    }
                    if(regEmail.test(email)){
                        alert("电子邮箱验证通过");
                    }else{
                        alert("电子邮箱不正确！");
                    }
                    if(regTel.test(tel)){
                        alert("电话号码验证通过");
                    }else{
                        alert("电话号码不正确！");
                    }
                }
            }
        </script>
    </body>
</html>
```

【章节练习】

1．\w、\W、\d、\D、\s、\D 分别表示什么意思？

2．{x}、{x,}、{x,y}、*、+、? 分别表示什么意思？

3．正则表达式的常用模式有哪三种？作用分别是什么？

4．写出验证身份证号的正则表达式。身份证号（15 位或 18 位数字）最后一位是校验位，可能为数字或字符 X。

第 18 章　JavaScript 面向对象编程

程序语言主要分为三类：面向机器的汇编语言，面向过程的 C 语言，面向对象的 C++、Java、PHP 等。JavaScript 介于面向过程与面向对象之间，称为“基于对象”的语言。

本章学习目标：

- 熟悉类与对象的概念、关系以及声明。
- 掌握四种属性及其方法的使用。
- 掌握 this 关键字的指向规律。
- 掌握封装、继承、闭包的基本概念与应用。

学习本章后，读者将掌握封装、继承、闭包等面向对象中重点概念的理解和使用，对 JavaScript 的学习已经进入深入阶段。

18.1　面向对象编程基础

在学习 JavaScript 面向对象编程之前，先来了解面向过程与面向对象编程的概念与特点。

面向过程：专注于如何解决一个问题步骤。编程特点是由一个个函数去实现每一步的过程操作步骤，没有类和对象的概念。

面向对象：专注于由哪一个对象来解决这个问题。编程特点是出现了一个个的类，从类中拿到对象，由这个对象去解决具体问题。

18.1.1　面向对象概述

面向对象的思想是基于面向过程的编程思想。面向过程强调的是每一个功能的步骤；而面向对象强调的是对象，然后由对象去调用功能。面向对象的思想是一种更符合人们思想习惯的思想，可以将复杂的事情简单化，可以将人们从执行者变成指挥者。

例如：吃饭，不同的编程思想具有不同的解决方式。

面向过程：去超市买菜—摘菜—洗菜—切菜—炒菜—盛起来—吃。

面向对象：你（上饭店吃饭）—服务员（点菜）—厨师（做菜）—服务员（端菜）—你（吃）。

1. 面向过程

面向过程是分析解决问题的步骤，然后用函数把这些步骤一步一步地实现，然后使用的时候一一调用。

2. 面向对象

面向对象是把构成问题的事务分解成各个对象，而建立对象的目的也不是为了完成一个个步骤，而是为了描述某个事物在解决整个问题的过程中所发生的行为。

3. 面向对象三大特征

面向对象有三大特征：封装、继承、多态。封装可以隐藏实现细节，同时包含私有成员，使得代码模块化、层次化，并提高安全性；继承可以扩展已存在的模块，目的是为了提升代码可重用性及可维护性；多态是为了降低类与类之间关联，提升程序的可扩展性。

4. JavaScript 属于基于对象的语言

JavaScript 是基于面向对象的语言，不是纯面向对象的语言，在 JavaScript 中所有东西几乎都是对象。但是，它又不是一种真正的面向对象编程语言，因为它的语法中没有类的概念，无法实现多态。因此，JavaScript 只能称为基于对象的语言。

18.1.2　类与对象

类和对象是编程语言中两个重要的概念。概括来说，类是对象的抽象，对象是类的实例化。

1. 类的概念

类是一个抽象的概念，也可以说是一个模板，是将一组拥有相同特征（属性）和行为（方法）具体事物的共同之处抽象出来而形成。

以人类为例，人都拥有自己的特征（属性），如身高、体重、年龄等，也拥有自己的行为（方法），如吃饭、呼吸、思考、劳动等，将这些相同之处抽象出来，形成类的模型，也就是人类的概念。凡是符合人类模型的事物，会被称为人。

2. 对象的概念

对象是指类的具体化，实例化，是真实存在的个体。这个具体实例符合了类的定义描述，那么就可以说，这个实例是这个类的一个对象。

依然以人类为例，张三是从人类中具体化出的一个个体。他有确定的特征（属性）：身高 180cm，体重 90kg，年龄 28 岁，可以说张三就是人类的一个对象。

18.1.3　类和对象的关系

类是对象的抽象化（模板），对象是类的具体化（实例）。通俗地说，类是一个抽象的概念，表示具有相同属性和行为的集合，但是类仅仅表明这类群体具有相同的属性，没有具体的属性值；而对象是对类的属性进行具体赋值后，可以得到的一个具体的个体。

类是一个抽象的概念，只能说类有属性和方法，但不能给类赋具体的值。

例如：人类都有姓名，但不能说人类的姓名叫张三。

对象是一个具体的个例，是将类中的属性进行具体的赋值而来的个体。

例如：张三是人类的一个个体，那么可以说张三这个个体的姓名叫张三。也就是说，张三对人类的每一个属性进行了具体的赋值，那么张三就是由人类产生的一个对象。

18.1.4　JavaScript 创建类与对象的步骤

在程序中，如果声明一个类，如何从类中拿到一个具体的对象？

1. 创建一个类（构造函数）

由于 JavaScript 中类的定义方法和函数的定义方法一样，所以定义类的同时就定义了构造方法。基本语法如下：

```
function 类名（属性名 1）{
    this.属性名 1 = 属性名 1;
    this.方法名 = function(){
        // 方法中要调用自身属性，必须使用 this.属性名 调用
    }
}
```

注意：类名必须使用帕斯卡命名法，即每个单词首字母必须大写。

代码示例如下：

```
function Person(name,sex){        // 类，同时定义构造方法
    this.eat=function(){    // 类中的方法
        alert("eating");
    }
    this.name = name;    // 类中的属性
    this.sex = sex;
}
```

2. 实例化（new）出一个对象

通过类实例化出一个新的对象，实例化对象的时候会执行构造函数。基本语法如下：

```
var obj = new 类名（属性 1 的具体值）;
obj.属性名;  // 调用属性
obj.方法();  // 调用方法
```

注意：

- 通过类名，new 出一个对象的过程，称为类的“实例化”。
- 类中的 this 会在实例化的时候，指向新 new 出的对象，所以“this.属性名”、“this.方法”实际上是将属性和方法绑定在即将 new 出的对象上面。
- 在类内部，要调用自身属性，必须使用 this.属性名。如果直接使用变量名，则无法访问对应属性。
- 类名必须使用帕斯卡命名法，注意与普通函数进行区分。

3. 对象属性的删除

在 JavaScript 中，对象无须手动删除，JavaScript 提供了一种主动释放对象内存的方法，即对象无用后，自动删除。基本语法如下：

```
delete 对象名.属性名
```

代码示例如下：

```
delete zhangSan.name;  // 删除 zhangSan 对象的属性 name
```

4. 对象在内存中的存储方式

对象与数组一样也是引用数据类型。也就是说，当 new 出一个对象时，这个对象变量存

储的实际上是对象的地址，在对象赋值时，赋的其实也是地址。

关于引用数据类型与基本数据类型已在 16.1.2 节讲解过。

代码示例如下：

```
function Person(){}
var zhangsan = new Person();   // zhangsan 对象实际存的是地址
var lisi = zhangsan;   // 赋值时,实际是将 zhangsan 存的地址给了 lisi
lisi.name = "李四";   // 李四通过地址，修改了 name 属性
console.log(zhangsan.name);   // 张三再通过地址打开对象，实际 name 属性值已经改变
```

18.1.5　constructor 与 instanceof

在介绍两个属性之前，先来定义一个类，并实例化出一个对象。后面的例子将以这段代码为基础。

代码示例如下：

```
function Person(name){
        this.name = name; // 类的属性
        this.say = function(){ }   // 类的方法
}
// 从类中实例化出一个对象，并给对象的属性赋值。
var zhangsan = new Person("张三");
```

1. constructor 属性

返回当前对象的构造函数。只有对象才有构造函数，返回的是构造函数——类。例如：

```
zhangsan.constructor == Person   // 这个表达式的结果为 true
```

注意：对象的 constructor 属性储存于__proto__原型对象上（后续讲解）。

2. instanceof 属性

判断对象是否为某个类的实例。例如：

```
console.log(zhangsan instanceof Person);      // true
console.log(zhangsan instanceof Object);      // true
console.log(Person instanceof Object);        // true，函数也属于对象
```

18.1.6　for-in：对象的遍历

for-in 循环是 for 循环的一种特殊形式，专门用于遍历数组和对象，使用起来相当简单。由于数组使用普通 for 循环遍历比较常用，所以 for-in 循环常用于遍历对象的属性。

for-in 循环用于遍历对象。语法结构如下：

```
for (var prop in zhangsan){
        console.log("zhangsan 的属性有"+ zhangsan [prop]);
}
```

注意：

- 代码中的 prop 表示 zhangsan 这个对象的每一个键值对的键，所以在 for-in 循环内部，使用“zhangsan [prop]”读取每个属性的值。
- 使用 for-in 循环，不但能遍历对象本身的属性和方法，还能遍历对象原型链上的所有属性方法。原型链的知识会在后续内容中进行讲解。

18.2 成员属性、静态属性与私有属性

在 JavaScript 中，一个类可以拥有多种不同类型的属性和方法。在类中使用 this 声明的称为成员属性，在类外部使用类名声明的称为静态属性，而在类中使用 var 声明的属性称为私有属性。每种属性的使用上又各有不同。

18.2.1 成员属性与成员方法

在构造函数中，通过“this.属性”声明，或者实例化出对象后，通过“对象.属性”追加的，都属于成员属性或成员方法，也叫实例属性与实例方法。

1. 成员属性

成员属性，也叫实例属性，属于实例化出的这个对象，通过“对象.属性”调用。基本语法如下：

```
alert(zhangsan.name); // 调用成员属性
```

2. 成员方法

成员方法，也叫实例方法，也属于实例化出的这个对象，通过“对象.方法”调用。基本语法如下：

```
zhangsan.say(); // 调用成员方法
```

代码示例如下：

```
function Person(name){
    this.name = name;// 声明成员属性
    this.say = function(){}// 声明成员方法
}
var zhangsan = new Person("张三");
zhangsan.age = 14;   // 追加成员属性
alert(zhangsan.name); // 调用成员属性
zhangsan.say(); // 调用成员方法
```

18.2.2 静态属性与静态方法

通过“类名.属性名”“类名.方法名”声明的变量，称为静态属性、静态方法，也叫类属性、类方法。

1. 静态属性

静态属性，也叫类属性，是属于类（构造函数）的属性，通过“类名.属性”调用。

语法结构如下：

```
function Person(name){} // 声明一个类
Person.sex = "男";  // 声明类属性
alert(Person.age); // 调用类属性
```

2. 静态方法

静态方法，也叫类方法，也是属于类（构造函数）的方法，通过“类名.方法”调用。

语法结构如下：

```
function Person(name){} // 声明一个类
Person.sex = "男";  // 声明类属性
Person.say = function(){
    alert(“我说话了！”);
};  // 声明类方法
Person.say(); // 调用类方法
```

注意：这里要区分成员属性与类属性（静态属性），成员属性是属于实例化出的对象的，会出现在新对象的属性上；而类属性是属于构造函数自己的，不会出现在新对象的属性上。

代码示例如下：

```
function Person(name){}     // 声明一个类
Person.sex = "男";  // 声明类属性
var zhangsan = new Person("张三");   //new 一个对象
alert(zhangsan.sex); // 无法调用。类属性只能用类名调用，即使用 Person.sex 调用
```

18.2.3　私有属性与私有方法

在构造函数（类）中，使用 var 声明的变量，称为私有属性；在构造函数（类）中，使用 function 声明的函数，称为私有方法。基本语法如下：

```
function Person(){
    var num = 1; // 私有属性
    function func(){}  // 私有方法
}
```

注意：私有属性的作用域仅在当前函数有效。对外不公开，即通过对象或类都无法调用到。

代码示例如下：

```
function Person(names){
    this.name = names;
```

```
        var sex = "男";
        alert(sex); // 私有属性只能在类内部使用
    }
    alert(Person.sex); // 无法调用
    var zhangsan = new Person("张三");
    alert(zhangsan.sex); // 无法调用
```

从上述代码的执行效果看，私有属性、私有方法的作用域只在构造函数内部有效，即只能在构造函数内部使用，在构造函数外部，无论使用对象名还是类名都无法调用。

18.3 this 关键字

this 关键字是学习 JavaScript 面向对象的重要环节，理解 this 关键字才能更好地理解 JavaScript 中的各种代码含义。用一句话概括，在 JavaScript 中，this 关键字永远都指向函数的最终调用者。

18.3.1 this 的指向概述

this 关键字总是指向调用该方法的对象。但是，对于这个调用者又有什么基本要求，或是说这个调用本身又有什么规律呢？

this 的指向有三个基本要素：

1）this 指向的永远只可能是对象。

2）this 指向谁，永远不取决于 this 写在哪，而是取决于函数在哪调用。

3）this 指向的对象，称为函数的上下文（context），也叫函数的调用者。

18.3.2 this 指向的规律

要研究 this 的指向规律首先要牢记一句话，this 指向的是函数的调用者，而不是函数的声明者。也就是说，this 指向谁与函数的调用方式息息相关。具体来说，可以归纳为以下五种常见情况。

1. 函数名()直接调用

通过函数名()直接调用，this 指向 window 对象。基本语法如下：

```
function func(){   // 下面示例中用到的 func 函数都是指的此函数
    console.log(this);
}
func();   // this--->window 通过函数名() 调用的，this 永远指向 window 对象
```

2. 对象.函数名()调用

通过对象.函数名()调用的，this 指向这个对象。基本语法如下：

```
var obj = {   // 狭义对象
    name:"obj",
    func1 :func
};
```

```
obj.func1();    // this--->obj
```

代码解释：将 func 函数名当作 obj 对象的一个方法，然后使用对象名.方法名调用，这个时候函数里面的 this 指向 obj 对象。

```
document.getElementById("div").onclick = function(){    // 广义对象
    this.style.backgroundColor = "red";
}    // this--->div
```

代码解释：对象的调用还有一种情况，就是使用 getElementById 取到一个 div 控件，是一种广义的对象，使用它调用函数，则函数中的 this 指向这个 div 对象。

3. 数组下标调用

函数作为数组的一个元素，通过数组下标调用的，this 指向这个数组。基本语法如下：

```
var arr = [func,1,2,3];
arr[0]();    // this--->arr
```

4. 回调函数调用

函数作为 window 内置函数的回调函数调用，this 指向 window，如 setInterval、setTimeout 等回调函数。基本语法如下：

```
setTimeout(func,1000);    // this--->window
```

5. new 关键字调用

函数作为构造函数，用 new 关键字调用时，this 指向新 new 出的对象。基本语法如下：

```
var obj = new func();    // this---> 新 new 出的 obj
```

18.3.3　this 指向练习

下面举例学习。代码示例如下：

```
<script type="text/javascript">
    var fullname = 'John Doe';
    var obj = {
        fullname: 'Colin Ihrig',
        prop: {
            fullname: 'Aurelio De Rosa',
            getFullname: function() {
                return this.fullname;
            }
        }
    };
    console.log(obj.prop.getFullname());    // 函数的最终调用者 obj.prop
    var test = obj.prop.getFullname;
    console.log(test());        // 函数的最终调用者 test()    this-> window

    obj.func = obj.prop.getFullname;    // 给 obj 追加方法
```

```
        console.log(obj.func()); // 函数最终调用者是 obj
        var arr = [obj.prop.getFullname,1,2];
        arr.fullname = "JREDU";
        console.log(arr[0]());  // 函数最终调用者数组
    </script>
```

控制台打印结果如图 18-1 所示。

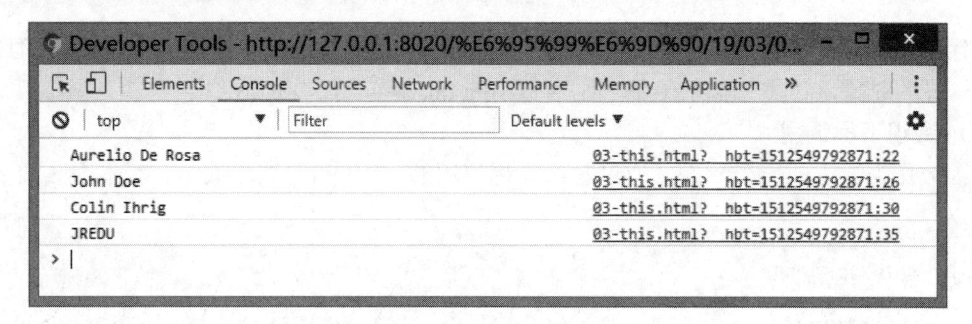

图 18-1　this 指向练习题

18.4　原型与原型链

原型与原型链是 JavaScript 中最重要的一个环节。可以说理解了原型与原型链的思想，才能够算是真正学会了 JavaScript。首先，需要理解什么是__proto__和 prototype。而一个对象的__proto__的最终指向，就是这个对象的原型链。

18.4.1　__proto__与 prototype

在学习原型与原型链之前，首先来了解两个基本概念。

1. prototype（函数的原型）

函数才有 prototype。prototype 是一个对象，指向了当前构造函数的引用地址。通过 prototype 可以为对象在运行期间添加新的属性和方法。

2. __proto__（对象的原型对象）

所有对象都要__proto__属性（这里的对象除了人们理解的狭义对象，也包括函数、数组等对象）。当用构造函数实例化（new）一个对象时，会将新对象的__proto__属性指在构造函数的 prototype。

代码示例如下：

```
function Person(){}
var zhangsan = new Person();
console.log(zhangsan.__proto__ == Person.prototype); // true
```

上例中使用函数 Person，new 出了一个对象 zhangsan，那么对象 zhangsan 的__proto__就等于函数 Person 的 prototype。

18.4.2　原型链

对象的__proto__指向了函数的 prototype，函数的 prototype 本身也是个对象，是对象就肯定有__proto__，那函数的__proto__又指向了谁？顺着这样的思路，可以沿着一个对象__proto__向上查找，由这种原型层层连接起来的结构就构成了原型链。

以下面的代码为例，原型链的示意图如图 18-2 所示。

```
function Person(){}
var zhangsan = new Person();
```

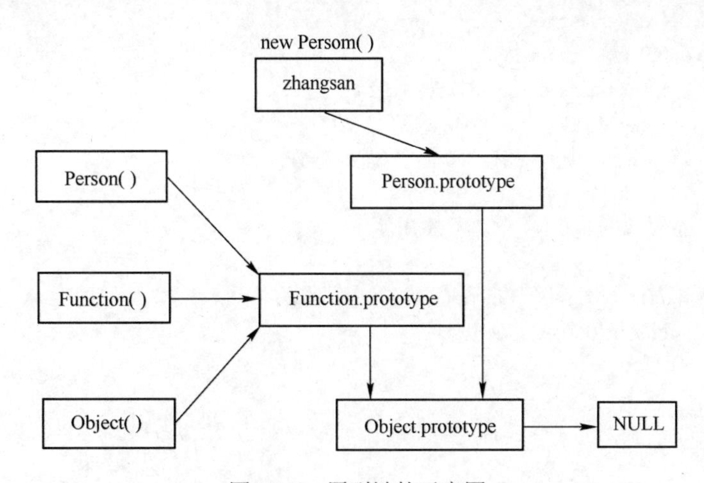

图 18-2　原型链的示意图

由图 18-2 可以得出原型链的指向规则。总结如下：

1）通过构造函数 new 出的对象，新对象的__proto__指向构造函数的 prototype。

2）所有函数的__proto__ 指向 function()的 prototype。

3）非构造函数 new 出的对象的__proto__指向 Object 的 prototype。

4）Object()的 prototype 的__proto__指向 null。

5）所有对象最终都会指向 Object()的 prototype。

18.4.3　原型属性与原型方法

原型属性和原型方法是写在构造函数的 prototype 上。当使用构造函数实例化对象时，该属性方法会进入新对象的__proto__上。基本语法如下：

```
Person.prototype.name = "";
Person.prototype.func = function(){};
```

习惯上将属性写为成员属性，而方法写为原型方法。

代码示例如下：

```
function Person(){
 this.name = "zhangsan";
}
```

```
Person.prototype.say = function(){}
```

会有这种习惯的三个原因总结如下：

1）方法写在 prototype 上，将更加节省内存。

2）原型属性在定义后不能改变，无法在实例化时进行赋值，所以属性不能使用原型属性。但是对于方法，写完后基本不用改变，所以方法可以使用原型方法。

3）实例化出对象后，属性全在对象上，方法全在原型上，结构清晰。

代码示例如下：

```
<script type="text/javascript">
    function Person( name,age ){
        this.name = name;   // 成员属性
        this.age = 15;      // 给 age 赋默认值
        var num = 1;   // 私有属性（无法访问，只能在内部显示）
    }
    Person.count = "60 亿";   // 静态属性

    Person.prototype.say = function(){    // 原型方法
        console.log("我可以说话了");
    };

    var zhangsan = new Person("张三");

    console.log(zhangsan);
    console.log(zhangsan.age);   // 打印结果 15
    console.log(zhangsan.__proto__.say());   // 打印结果 我可以说话了
</script>
```

上述代码就是按照习惯来写的，可以从控制台的打印效果中看出，Person 类的属性和方法很清晰地就可以分辨出来，而且属性在进行重新手动赋值的时候，也不会出现任何问题。控制台打印效果如图 18-3 所示。

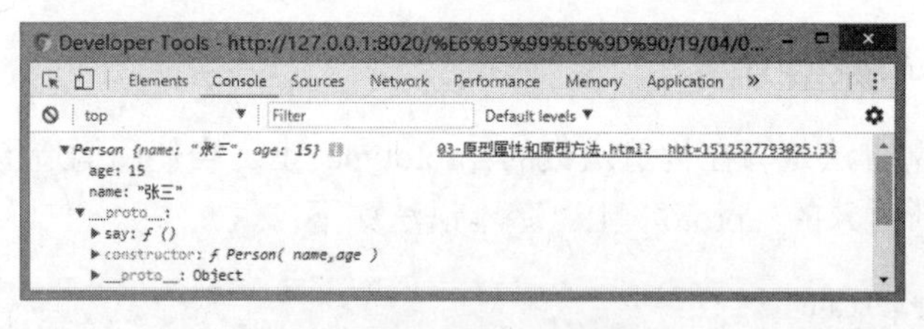

图 18-3　原型属性和原型方法

4）使用 for-in 遍历对象时，会将属性和方法全部打印出来，而方法往往不用显示出来，那么方法写在原型上，就可以使用 hasOwnProperty 方法将原型方法过滤掉。

注意：可以使用 hasOwnProperty 方法来判断一个属性是否是对象自身的属性，和 for-in 中的 in 运算符不同，该方法会忽略掉那些从原型链上继承到的属性。基本语法如下：

```
zhangsan.hasOwnProperty(name) == true;   // 结果为 true
```

这个结果表示 name 是 zhangsan 这个对象自身的一个属性。因而可以使用 hasOwnProperty 方法来将对象的原型方法过滤掉。

代码示例如下：

```
// for-in 遍历对象属性
var obj = {"name":"张三","age":15,"sex":"男"};   // 定义一个 object 对象
function allpro(obj){
        var keys=[];
        var values=[];
        for(var key in obj){
                if (obj.hasOwnProperty(key) === true){   // 使用 hasOwnProperty，只遍历对象自身的属性，而不包含继承于原型链上的属性
                        keys.push(key);
                        values.push(obj[key]);
                }
        }
        console.log("键："+keys+"       值："+values);
}
Object.prototype.bar = 1; // 修改 Object.prototype
allpro(o);   // 调用函数
```

控制台打印效果如图 18-4 所示。

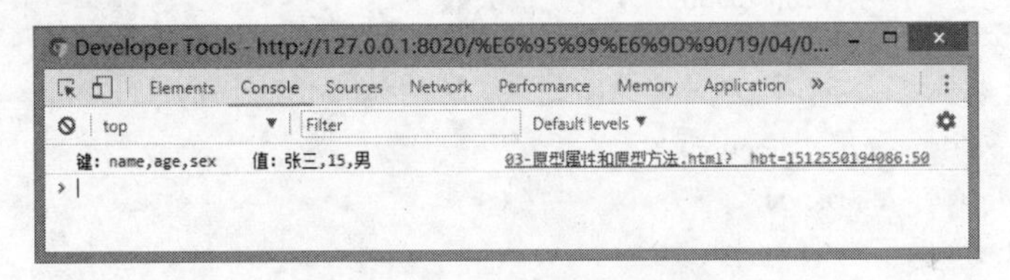

图 18-4　for-in 遍历对象属性

当访问对象的属性或方法时，会优先使用对象自有的属性和方法。如果没有找到，就使用__proto__属性在原型上查找，如果找到即可使用。如果对象自身及__proto__上有同名方法，则会执行对象自身的。

18.5　封装

封装是面向对象三大特征之一，指隐藏对象的属性和实现细节，仅对外提供公共访问方式。封装原则是将不需要对外提供的内容都隐藏起来，把属性都隐藏，只提供公共方法对其访问。

18.5.1　封装的基本概念

封装是面向对象中一个最简单的概念，就是将内部的实现细节隐藏，对外只提供统一的接口，让调用者通过提供的接口调用，而不需要关心内部的实现细节。

根据这个思想，将属性和方法封装成一个类，并通过类名拿到对象，这本身就是封装（类的封装）；而将一段段重复使用的代码，封装成一个个方法，这其实也是封装（方法的

封装）。

类中的方法封装以后，类里面的属性没有加以控制，使用者可以随意对属性进行操作。例如，对于“性别”这个属性，只能被赋值为“男”或“女”。如果不加以控制，则调用者可以随意进行赋值。因此，需要对类中的属性进行进一步的封装。

属性的封装就是将类中的属性进行私有化处理，对外不能直接使用对象名访问（私有属性），同时需要提供专门用于设置和读取私有属性的 set/get 方法，让外部使用人们提供的方法对属性进行操作。

18.5.2 JavaScript 模拟实现封装

下面通过一个实例来巩固一下刚才学习的概念性知识，更切实地了解封装是如何声明，又是如何调用的。JavaScript 模拟实现封装的具体实例如下所示。

```
<script type="text/javascript">
    function Person( name,age1 ){
        this.name = name;
        var age = 0;// 私有属性
        this.setAge = function( ages ){
            if( ages>0 && ages<=120){
                age = ages;
            }else{
                console.log("年龄赋值失败");
            }
        }
        this.getAge =function(){
            return age;
        }
        // 当实例化类拿到对象时，可以直接通过 类名的( age1 ) 传入年龄，设置私有属性
        if( age1 != undefined )    this.setAge( age1 );
    }
    var lisi = new Person("李四",99);
    lisi.setAge(999);   // 999 不合法，999 赋值失败，因而 99 生效
    console.log("李四的年龄"+lisi.getAge()); // 打印返回的私有属性值
</script>
```

控制台打印效果如图 18-5 所示。

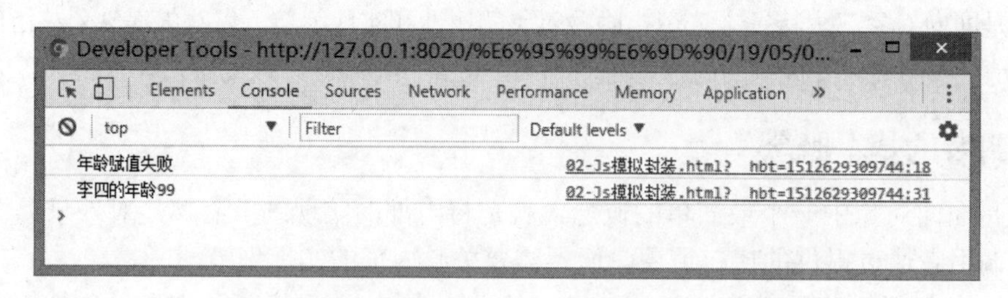

图 18-5　JavaScript 模拟实现封装

18.6　继承

由于 JavaScript 是基于对象的，它没有类的概念，所以，要想实现继承，需要模拟实现。有三种常用的方法可以实现，分别是：扩展 Object 的 prototype 实现继承，使用 call 和 apply 实现继承和使用原型实现继承。

18.6.1　继承的基本概念

使用一个子类继承另一个父类，子类可以自动拥有父类的属性和方法。继承的两方发生在两个类之间，所以继承其实就是让子类拥有父类的所有属性和方法。

1. 继承

使用一个子类继承另一个父类，那么子类可以自动拥有父类的所有属性和方法，继承的两方发生在两个类之间。

2. 实现继承的方法

本书中提供了三种 JavaScript 实现继承的方式。现在简单介绍这三种方式实现继承的原理。

（1）扩展 Object 的 prototype 实现继承

实现继承的原理：通过循环，将父类对象的所有属性和方法，全部赋给子类对象。关键点在于 for-in 循环，即使不扩展 Object，也能通过简单的循环实现操作。

（2）使用原型实现继承

实现继承的原理：将父类对象赋值给子类的 prototype，那么父类对象的属性和方法就会出现在子类的 prototype 中。那么实例化时，子类的 prototype 又会到子类对象的__proto__中，最终父类对象的属性和方法会出现在子类对象的__proto__中。

（3）使用 call 和 apply 实现继承

实现继承的原理：定义子类时，在子类中使用三个函数调用父类，将父类函数的 this 指向为子类函数的 this。

简单了解这三种实现继承方式的原理后，下面介绍这 3 种方式实现继承的具体步骤。

18.6.2　扩展 Object 的 prototype 实现继承

扩展 Object 实现继承的本质是自己写了一个方法，将父类的所有属性和方法通过遍历循环，逐个复制给子类。具体的实现步骤如下。

（1）声明父类

```
function Parent(){}
```

（2）声明子类

```
funtion Child(){}
```

（3）通过原型给 Object 对象添加一个扩展方法

```
Object.prototype.customExtend = function(parObj){
```

```
        for(var i in parObj){   // 通过 for-in 循环，把父类的所有属性方法，赋值给子类
            this[i] = parObj[i];
        }
    }
```

（4）子类对象调用扩展方法

```
Child.customExtend(Parent);
```

下面来看一个例子加深理解。代码示例如下：

```
<script type="text/javascript">
    function Person( name,age ){   // 定义父类
        this.name = name ;
        this.age = age;
        this.say = function( ){
            alert("我叫"+this.name);
        }
    }
    function Student( no ){   // 定义子类
        this.no = no;
        this.study = function(){
            alert("我在学习");
        }
    }
    Object.prototype.customExtend = function( parent ){ // 通过原型给 Object 对象添加一个扩展方
法，名字为 customExtend
        for( var i in parent ){   // 通过 for-in 循环，把父类的所有属性方法，赋值给子类
            this[i] = parent[i];
        }
    }

    var p = new Person("张三",12);
    var s = new Student("2017001");
    s.customExtend (p);
    s.say(); // 弹窗显示“我叫张三”
    console.log( s );   // 现在 s 继承了 p 的所有属性和方法
</script>
```

控制台打印效果如图 18-6 所示。

从图 18-6 中可以看出，子类 Student 已经继承了父类 Person 的所有方法和属性，说明扩展 Object 的 prototype 的方式可以实现继承。但是，这种方式存在两个缺点：

1）无法通过一次实例化直接得到完整子类对象，而需要先取到子类和父类对象，再手动合并。

2）扩展 Object 的继承方法会保留在子类对象上。

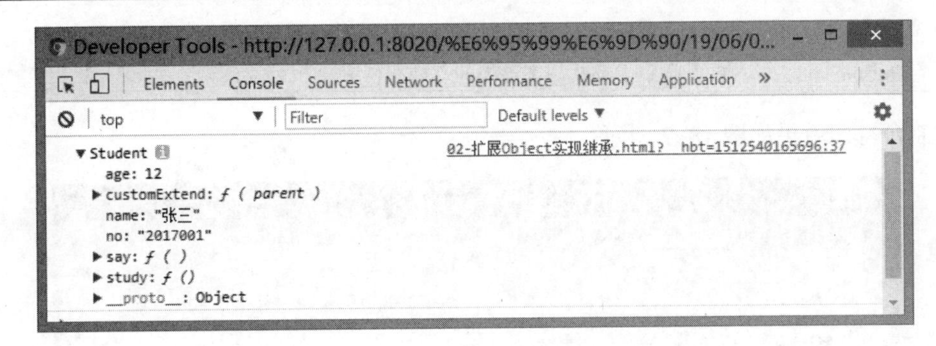

图 18-6　for-in 循环扩展 Object 的 prototype

18.6.3　使用原型继承

使用原型实现继承是比较简单而且比较好理解的一种，就是将子类的 prototype 指向父类的对象就可以了。具体的实现步骤如下。

（1）声明父类。

```
function Parent(){}
```

（2）声明子类。

```
function Child (){}
```

（3）把在子类对象的原型对象声明为父类的实例。

```
Child.prototype = new Parent();
```

下面来看一个例子加深理解。代码示例如下：

```
function Person( name,age ){
        this.name = name ;
        this.age = age;

        this.say = function( ){     // 传参
                alert("我叫"+this.name);
        }
}

function Student( no ){
        this.no = no;
        this.study = function(){
                alert("我在学习");
        }
}

Student.prototype = new Person( "张三",14   ); //子类 prototype 指向父类对象
var s = new Student(12);
```

```
stu.say();  // 弹窗显示“我叫张三”
console.log( s ); // 继承后，子类获得了父类的全部属性方法
```

控制台打印效果如图 18-7 所示。

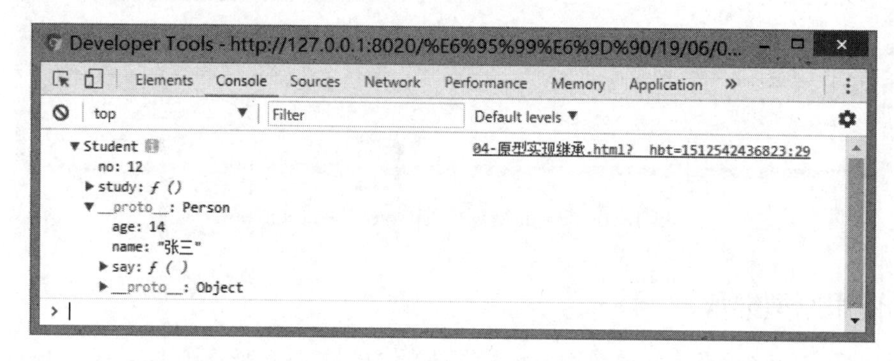

图 18-7　使用原型指向父类对象

从图 18-7 中可以看出，子类 Student 继承了父类 Person 的所有属性和方法，但是父类的所有属性和方法都继承在子类 Student 的__proto__中。

使用原型继承有以下两个特点：

1）子类自身的所有属性都是成员属性，父类继承过来的属性都是原型属性。

2）依然无法通过一步实例化拿到完整的子类对象。

18.6.4　使用 call 和 apply 实现继承

在学习使用 call 和 apply 实现继承之前，先了解一下 call 和 apply 的作用。它们的主要作用是通过函数名调用方法，强行将函数中的 this 指向某个对象。基本语法如下：

```
call 写法：func.call(func 的 this 指向的 obj,参数 1,参数 2...);
apply 写法：func.apply(func 的 this 指向的 obj,[参数 1,参数 2...]);
```

注意：call 与 apply 的唯一区别是接收 func 函数的参数方式不同。call 采用直接写多个参数的方式，而 apply 采用的是一个数组封装所有参数。

使用这两个函数实现继承的思路，就是在子类中使用父类函数调用 call 或 apply，并将父类的 this 强行绑定为子类的 this。 这样，父类绑定在 this 上的属性和方法就可以绑定到子类的 this 上。具体的实现步骤如下。

（1）声明父类

```
funtion Parent(){}
```

（2）声明子类

```
function Child (){}
```

（3）在子类中通过 call 方法或者 apply 方法去调用父类

```
function Child (){
```

```
        Parent.call(this,....); // 将父类函数中的 this 强行绑定为子类的 this
    }
```

下面来看一个例子加深理解。代码示例如下：

```
<script type="text/javascript">
    function Person(name,age){
        this.name = name;
        this.age = age;
        this.say = function(){
            alert("我叫"+this.name);
        }
    }
    function Student(no,name,age){
        this.no = no;
        this.study = function(){
            alert("我在学习！！");
        }
        Person.call(this,name,age); /*执行上述代码，相当于把 Person 类所有 this 替换为 Student
类 this。换言之，也就是把 Person 类所有属性和方法全给了 Student 类*/
    }
    var s = new Student(13,"张三",12);
    console.log(s); // 子类继承了父类 say 方法
</script>
```

控制台打印效果如图 18-8 所示。

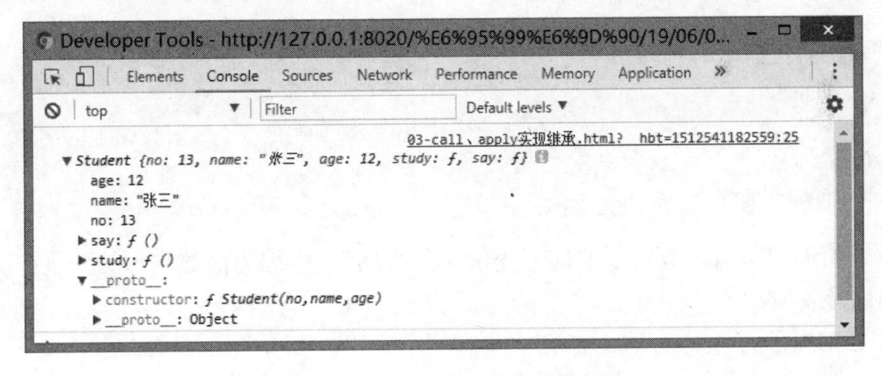

图 18-8　使用 call 和 apply 改变 this 指向

从图 18-8 中可以看出，子类 Student 已经继承了父类 Person 的所有方法和属性，说明 call、apply 方式可以实现继承，而且这种方法可以通过一步实例化得到完整的子类对象。

18.7　JavaScript 中的闭包

“闭包”一词来源于以下两者的结合，一是要执行的代码块，即由于自由变量被包含在代码块中，这些自由变量以及它们引用的对象没有被释放；二是为自由变量提供绑定的计算环境，即作用域。

18.7.1 闭包的基本概念

要理解闭包的概念，首先必须理解 JavaScript 的变量作用域。在 JavaScript 中没有块级作用域，只有函数作用域。也就是说，for、if 等有{}的结构体并不具备自己的作用域。变量的作用域有两种：全局变量和局部变量。

1. 全局变量

JavaScript 语言的特殊之处，就在于函数内部可以直接读取全局变量。代码示例如下：

```
var num=10;
function func(){
    console.log(num);
}
func(); // 10
```

2. 局部变量

在函数外部无法读取函数内的局部变量。代码示例如下：

```
function func(){
    var num=10;
}
console.log(num); // error：num is not defined
```

注意：函数内部声明局部变量的时候，要使用 var 声明。如果不用 var 声明变量，实际上是声明了一个全局变量。代码示例如下：

```
function func(){
    num=10;
}
func();
console.log(num); // 10
```

函数外部不能访问函数内部的局部变量（私有属性），因为函数内部的变量在函数执行完后就会被释放掉。

3. 闭包的概念

闭包就是能够读取其他函数内部变量的函数。由于在 JavaScript 中，只有函数内部的子函数才能读取局部变量，所以可以把闭包简单理解成“定义在一个函数内部的函数”。因此，在本质上，闭包就是将函数内部和函数外部连接起来的一座桥梁。

18.7.2 闭包的作用

闭包可以用在许多地方，通常会跟很多东西混搭起来。闭包的最大用处有两个：

1）可以在函数外部访问函数的私有变量。

2）可以让函数内部的变量保存在内存中，不会在函数调用完成后立即释放。一个是前面提到的可以读取函数内部的变量；另一个就是让这些变量的值始终保持在内存中。

注意：

- 由于闭包会使得函数中的变量都被保存在内存中，内存消耗很大，所以不能滥用闭包，否则会造成网页的性能问题，在 IE 浏览器中可能导致内存泄露。解决方法是，在退出函数之前，将不使用的局部变量全部删除。
- 闭包会在父函数外部改变父函数内部变量的值。所以，如果把父函数当作对象使用，把闭包当作它的公用方法，把内部变量当作它的私有属性，这时一定要小心，不要随便改变父函数内部变量的值。

18.7.3 闭包应用实例

如何访问函数私有变量呢？使用闭包的运行机制，在函数内部定义一个子函数，可以用子函数访问父函数的私有变量，执行完操作以后，将子函数通过 return 返回。下面是一个使用闭包解决实际问题的典型应用。

典型应用实例描述如下：

页面中有一个 ul 列表，列表有 6 个列表项，要求实现：单击每个 li 列表项，弹出这个 li 列表项所对应的序号。

HTML 代码如下：

```
<ul>
    <li>11111</li>
    <li>22222</li>
    <li>33333</li>
    <li>44444</li>
    <li>55555</li>
</ul>
```

这个题目看起来很简单，相信大多数读者可以很快写出以下代码。但是，通过正常简单的 for 循环实现该功能存在问题。

```
var lis = document.getElementsByTagName("li");
for(var i = 0;i<lis.length;i++ ){
    lis[i].onclick = function(){
        alert(i);
    }
}
```

上述代码出现的问题，显示效果如图 18-9 所示。此时无论单击哪一个 li 列表项，弹窗显示的序号都是 5。

这是因为代码自上而下执行完毕后，li 的 onclick 还没有触发，for 循环已经循环完。由于 for 循环没有自己的作用域，所以循环 5 次，用的是同一个全局变量 i，也就是说在 for 循环转完之后，这个全局变量 i 已经变成了 5。因而，在单击 li 列表项的时候，无论单击第几个，i 都是 5。

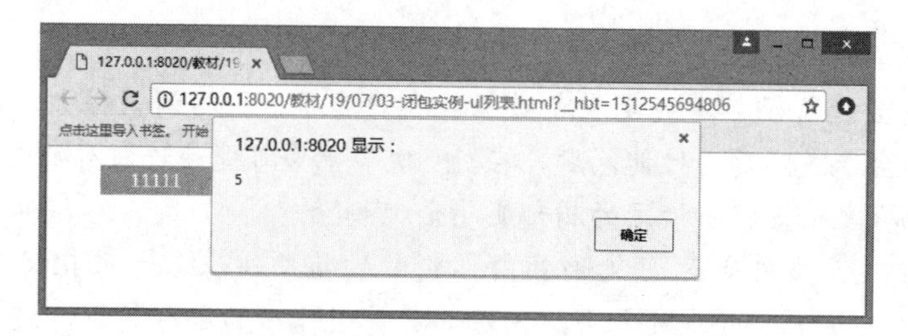

图 18-9　闭包实例的问题效果显示

要解决以上出现的问题，可以使用闭包来解决。在 for 循环外面嵌套了一层自执行函数，这种函数套函数的形式就形成了闭包。具体解决代码如下：

```
// 使用自执行函数解决(闭包)
var lis = document.getElementsByTagName("li");
    for(var i = 0;i<lis.length;i++ ){
        !function( i ){
            lis[i].onclick = function(){
                alert(i+1);
        }
    }(i);
}
```

问题解决后的显示效果如图 18-10 所示。

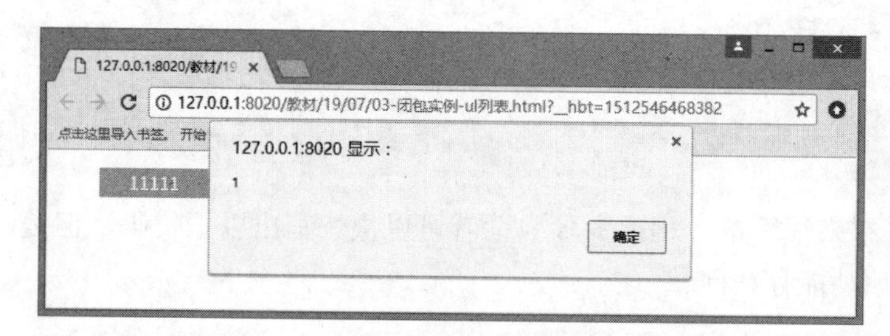

图 18-10　闭包实例的问题解决效果显示

解决原理：函数具有自己的作用域。for 循环转一次，创建一个自执行函数。在每个自执行函数中，都有自己独立的 i，而不会被释放掉。所以 for 循环转完以后，创建的 5 个自执行函数的作用域中，分别存储了 5 个不同的 i 变量，从而解决了问题。

18.8　章节案例：定义一个 URL 信息操作类

定义一个 URL 信息操作类，运行结果如图 18-11 所示。这个类具有属性和方法，具体要求如下。

属性：url 名称，例如 http://www.JavaScript.com/index.js?username=JS。

方法：构造方法，给 url 属性赋初始化值。

方法一：返回 url 的文件名，如 a.php、index.js。

方法二：返回 url 的协议名，如 http://、ftp://。

方法三：返回 url 的主机名，如 www.JavaScript.com。

方法四：返回 url 的文件扩展名，如 js、php。

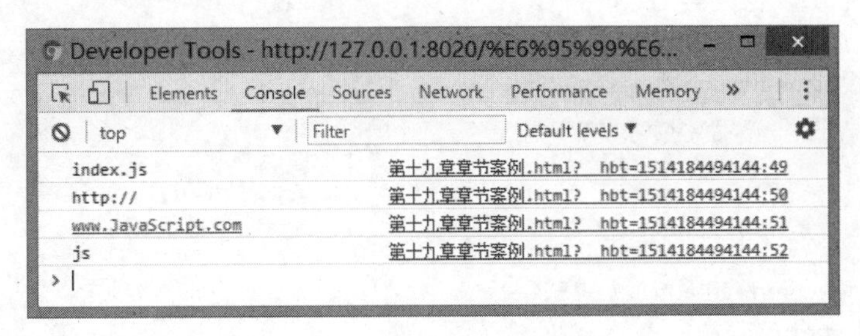

图 18-11　案例运行结果

【案例代码】

```
<script type="text/javascript">
    function URL(urls){
        this.urls = urls;
        var no = (this.urls).indexOf("?");
        this.urlWithoutParams = (this.urls).substring(0,no);
        this.urlArr = (this.urlWithoutParams).split("/");
        this.getFileName = function(){
            var count = (this.urlArr).length;
            return (this.urlArr)[count-1];
        }
        this.getXieyi = function(){
            return (this.urlArr)[0]+"//";
        }
        this.getHost = function(){
            return (this.urlArr)[2];
        }
        this.getType = function(){
            var files = this.getFileName();
            var con = files.indexOf(".");
            return files.substring(con+1);
        }
    }
    var newUrls = new URL("http://www.JavaScript.com/index.js?username=JS");
    console.log(newUrls.getFileName()) ;  // 调用方法名，返回 url 的文件名
    console.log(newUrls.getXieyi()); // 调用方法名，返回 url 的协议名
    console.log(newUrls.getHost()); // 调用方法名，返回 url 的主机名
    console.log(newUrls.getType()); // 调用方法名，返回 url 的文件扩展名
</script>
```

【章节练习】

1．写出下面代码打印出的结果。

```
var fullname = 'John Doe';
var obj = {
    fullname: 'Colin Ihrig',
    prop: {
        fullname: 'Aurelio De Rosa',
        getFullname: function() {
            return this.fullname;
        }
    }
};
var arr = [obj.prop.getFullname,12,3,4,5];
console.log(arr[0]());     // ?
console.log(obj.prop.getFullname());   // ?
var test = obj.prop.getFullname;
console.log(test());     // ?
obj.func = obj.prop.getFullname;
console.log(obj.func());   // ?
```

2．写出原型链的指向规则。

3．写出一个简单的应用闭包的代码。